普通高等教育电工电子基础课程系列教材

电 路 分 析

主　编　王彬彬
参　编　王丽君
主　审　黄锦安　李盛辉

机械工业出版社

本书根据教育部高等学校电子电气基础课程教学指导分委员会颁布的"电路理论基础"和"电路分析基础"课程教学基本要求编写。全书执行了国家关于量和单位的最新标准。

全书共 13 章。内容包括电路模型和电路定律、电阻电路的等效变换、电阻电路的一般分析、电路定理、运算放大器、一阶电路、正弦电流电路基础、正弦电流电路的分析、含耦合电感的电路、三相电路、二端口网络、Multisim 仿真设计研究和电路应用实例。各章开始设置了导读、基本要求，结尾设置了本章小结，并配有多种形式的习题，有助于读者阅读和掌握教材的内容。

本书可作为应用型本科高校电子电气信息类专业的电路或电路分析基础等课程的教材。任课教师可根据各专业的特点、需要和学时数，取舍相关内容。本书也可供有关科技人员参考。

图书在版编目（CIP）数据

电路分析/王彬彬主编. —北京：机械工业出版社，2020.11（2024.8重印）

普通高等教育电工电子基础课程系列教材
ISBN 978-7-111-66467-3

Ⅰ.①电… Ⅱ.①王… Ⅲ.①电路分析-高等学校-教材 Ⅳ.①TM133

中国版本图书馆 CIP 数据核字（2020）第 165947 号

机械工业出版社（北京市百万庄大街 22 号　邮政编码 100037）
策划编辑：王雅新　　责任编辑：王雅新
责任校对：张　薇　　封面设计：严娅萍
责任印制：单爱军
北京虎彩文化传播有限公司印刷
2024 年 8 月第 1 版第 5 次印刷
184mm×260mm・14 印张・355 千字
标准书号：ISBN 978-7-111-66467-3
定价：39.00 元

电话服务　　　　　　　　　网络服务
客服电话：010-88361066　　机　工　官　网：www.cmpbook.com
　　　　　010-88379833　　机　工　官　博：weibo.com/cmp1952
　　　　　010-68326294　　金　书　网：www.golden-book.com
封底无防伪标均为盗版　　　机工教育服务网：www.cmpedu.com

前　　言

"电路分析"是电子电气信息类专业重要的技术基础课程。现有的电路分析本科教材，大多适用于研究型人才培养目标下的高等院校的学生。十多年来，编者在教学一线工作，深感应用型本科院校需要有适合自己的电路分析教材。近年来，适用于应用型本科的电路分析教材相应增多，且各具特色。但如何更好地服务于应用型人才的培养目标，如何提高电路分析教材的可读性、适用性和有效性，如何使学生易学、易懂，这些问题的探索很有必要。为此，编者在本书编写中，力求体现以下特色与创新点：

1）重点介绍应用型人才培养目标下的电路基本内容、基本原理和基本方法，力求少而精，可读性强。叙述简明扼要，重点突出，使学生容易理解和掌握。

2）合理安排内容，层次分明，条理清楚。科学地归纳电路知识点的相互联系和发展规律，力求做到系统性和完整性的统一。

3）体现现代教育思想，精心组织内容，注重工程应用。各章中设置了微段，如你知道吗、友情提醒、实验链接和小知识等；注重启发性和互动性，各页设置了微句，如记一记、想一想、问一问、考一考、读一读、思一思、推一推或聊一聊等，激发学生自主学习的兴趣。各章开始设置了导读、基本要求，提醒学生进入学习状态；结尾设置了本章小结，督促学生归纳知识，掌握重点。

4）教材例题贯彻基础与综合、理论与实际相结合的原则，培养学生发散性思维的能力。增加了 Multisim 仿真设计研究和电路应用实例，提高学生对知识的综合应用能力和工程素质。

5）各章结束前设置了习题微库：判一判、选一选、填一填、算一算和练一练。习题的精选做到科学性与教学适用性的有机结合，既有侧重基本概念训练的，也有让学生复习思考的，还有综合提高的，以适应学生的个性化学习需求，牢固掌握所学知识。

6）教材内容可以组织学生进行大班、小班形式的授课。既可采用板书、多媒体、板书与多媒体相结合的方式进行，也可组织学生进行专题式教学，通过布置自学要点、组织交流讨论和重点精讲点评的方式进行。

本书根据教育部高等学校电子电气基础课程教学指导分委员会颁布的"电路理论基础"和"电路分析基础"课程教学基本要求编写，可作为应用型本科高校电子电气信息类专业的电路或电路分析基础等课程的教材。任课教师可根据各专业的特点、需要和学时数，取舍相关内容。

参加本书编写的有南京理工大学紫金学院电子工程与光电技术学院的王彬彬（第1、2、3、4、8、9、10、11章）和王丽君（第5、6、7、12、13章）。黄锦安教授和李盛辉副教授仔细审阅了本书，并提出了很多宝贵的意见。在编写过程中还得到了紫金学院教务处、电子工程与光电技术学院领导及电气教研室老师的支持和帮助，在此一并表示感谢。同时，也衷心感谢本书参考文献的全体作者。

限于编者水平，对书中的不足与错误之处，恳请读者给予批评指正。

编　者

目 录

前言

第1章 电路模型和电路定律 ············ 1

导读 ·· 1
基本要求 ·· 1
你知道吗 ·· 1
1.1 电路和电路模型 ························· 1
    1.1.1 实际电路 ························· 1
    1.1.2 电路模型 ························· 2
1.2 电流和电压的参考方向 ·················· 2
    1.2.1 电流及其参考方向 ··············· 2
    1.2.2 电压及其参考方向 ··············· 3
1.3 能量和功率 ······························· 4
    1.3.1 能量 ······························· 4
    1.3.2 功率 ······························· 4
1.4 电阻元件 ·································· 5
    1.4.1 线性电阻 ························· 5
    1.4.2 电阻器相关知识 ················· 6
1.5 电压源和电流源 ························· 7
    1.5.1 电压源 ···························· 7
    1.5.2 电流源 ···························· 8
1.6 受控源 ···································· 9
    1.6.1 受控源定义 ······················ 9
    1.6.2 受控源分类和图形符号 ········· 9
    1.6.3 受控源与独立源的异同 ······· 10
1.7 基尔霍夫定律 ·························· 10
    1.7.1 几个常用术语 ·················· 10
    1.7.2 基尔霍夫电流定律（KCL） ··· 11
    1.7.3 基尔霍夫电压定律（KVL） ··· 11
本章小结 ······································· 13
实验链接 ······································· 14
小知识 ··· 14
习题 ·· 14

第2章 电阻电路的等效变换 ············ 18

导读 ·· 18
基本要求 ······································· 18
你知道吗 ······································· 18
2.1 等效变换的概念 ························ 18

    2.1.1 二端网络 ························ 18
    2.1.2 等效二端网络 ·················· 18
2.2 电阻的串联、并联和混联 ············· 19
    2.2.1 电阻的串联 ····················· 19
    2.2.2 电阻的并联 ····················· 20
    2.2.3 电阻的混联 ····················· 21
    2.2.4 电桥电路 ························ 21
2.3 电阻Y联结、△联结及其等效变换 ··· 23
    2.3.1 电阻的Y联结、△联结 ········ 23
    2.3.2 电阻的Y—△等效变换 ······· 23
2.4 电压源、电流源的串联和
    并联 ···································· 25
    2.4.1 电压源串联和并联 ············· 25
    2.4.2 电流源串联和并联 ············· 26
    2.4.3 元件同电压源并联、同电
         流源串联的等效变换 ········· 26
2.5 实际电源的等效变换 ·················· 27
    2.5.1 实际电压源和实际电流源的
         电路模型 ······················ 27
    2.5.2 实际电源的等效变换 ········· 28
    2.5.3 含受控源电路的等效变换 ··· 28
本章小结 ······································ 30
实验链接 ······································ 30
小知识 ··· 30
习题 ·· 30

第3章 电阻电路的一般分析 ············ 35

导读 ·· 35
基本要求 ······································ 35
你知道吗 ······································ 35
3.1 支路电流法 ····························· 35
    3.1.1 定义 ····························· 35
    3.1.2 步骤 ····························· 35
    3.1.3 举例 ····························· 36
3.2 网孔电流法和回路电流法 ············ 37
    3.2.1 网孔电流法 ···················· 37
    3.2.2 回路电流法 ···················· 39
3.3 节点电压法和弥尔曼定理 ············ 40
    3.3.1 节点电压 ······················· 40

3.3.2 节点电压法 …………………… 41
3.3.3 弥尔曼定理 …………………… 43
3.3.4 讨论 …………………………… 43
3.4 图论应用 ……………………………… 44
3.4.1 树 ……………………………… 44
3.4.2 利用树确定独立 KCL 方程 …… 45
3.4.3 利用树确定独立 KVL 方程 …… 47
本章小结 …………………………………… 47
实验链接 …………………………………… 48
小知识 ……………………………………… 48
习题 ………………………………………… 48

第 4 章 电路定理 …………………………… 52

导读 ………………………………………… 52
基本要求 …………………………………… 52
你知道吗 …………………………………… 52
4.1 叠加定理和齐次定理 ………………… 52
4.1.1 叠加定理 ……………………… 52
4.1.2 齐次定理 ……………………… 55
4.2 替代定理 ……………………………… 56
4.3 戴维南定理和诺顿定理 ……………… 57
4.3.1 戴维南定理 …………………… 57
4.3.2 诺顿定理 ……………………… 61
4.3.3 戴维南定理的应用(一)
——最大功率传输定理 ……… 62
4.3.4 戴维南定理的应用(二)
——非线性电阻电路的求解 … 63
本章小结 …………………………………… 64
实验链接 …………………………………… 65
小知识 ……………………………………… 65
习题 ………………………………………… 65

第 5 章 运算放大器 ………………………… 69

导读 ………………………………………… 69
基本要求 …………………………………… 69
你知道吗 …………………………………… 69
5.1 运算放大器概述 ……………………… 69
5.1.1 运算放大器 …………………… 69
5.1.2 运算放大器模型 ……………… 70
5.1.3 理想运算放大器的两个
重要特性 ……………………… 70
5.2 运算放大器构成的
比例器 ………………………………… 70
5.2.1 反相比例器 …………………… 71

5.2.2 同相比例器 …………………… 71
5.3 理想运放典型电路分析 ……………… 72
5.3.1 电压跟随器 …………………… 72
5.3.2 负电阻变换器 ………………… 72
5.3.3 加法器 ………………………… 72
5.3.4 含两运放电路的分析 ………… 73
本章小结 …………………………………… 73
实验链接 …………………………………… 74
小知识 ……………………………………… 74
习题 ………………………………………… 74

第 6 章 一阶电路 …………………………… 77

导读 ………………………………………… 77
基本要求 …………………………………… 77
你知道吗 …………………………………… 77
6.1 电容元件 ……………………………… 77
6.1.1 电容元件的库伏关系 ………… 77
6.1.2 电容元件的伏安关系 ………… 78
6.1.3 电容元件的储能 ……………… 79
6.2 电感元件 ……………………………… 79
6.2.1 电感元件的韦安关系 ………… 79
6.2.2 电感元件的伏安关系 ………… 80
6.2.3 电感元件的储能 ……………… 81
6.3 换路定律与电压电流初始
条件的确定 …………………………… 81
6.3.1 一阶电路 ……………………… 81
6.3.2 换路定律 ……………………… 82
6.4 一阶电路的零输入响应 ……………… 83
6.4.1 零输入响应 …………………… 83
6.4.2 RC 电路的零输入响应 ……… 84
6.4.3 RL 电路的零输入响应 ……… 85
6.5 一阶电路的零状态响应 ……………… 87
6.5.1 零状态响应 …………………… 87
6.5.2 RC 电路的零状态响应 ……… 87
6.5.3 RL 电路的零状态响应 ……… 89
6.6 一阶电路的全响应 …………………… 90
6.6.1 全响应 ………………………… 90
6.6.2 RC 电路的全响应 …………… 90
6.6.3 RL 电路的全响应 …………… 91
6.6.4 电路全响应的分解 …………… 91
6.7 一阶电路的三要素法 ………………… 93
6.7.1 一阶电路全响应的
一般形式 ……………………… 93

6.7.2 直流激励时一阶电路的
三要素法 ………………… 93
6.8 一阶电路的阶跃响应 …………… 96
6.8.1 阶跃函数 ………………… 96
6.8.2 阶跃响应 ………………… 97
6.9 一阶电路的应用 ………………… 99
6.9.1 微分电路 ………………… 99
6.9.2 积分电路 ………………… 99
本章小结 …………………………… 100
实验链接 …………………………… 100
小知识 ……………………………… 100
习题 ………………………………… 100

第7章 正弦电流电路基础 …………… 105

导读 ………………………………… 105
基本要求 …………………………… 105
你知道吗 …………………………… 105
7.1 正弦量 …………………………… 105
7.1.1 正弦电流电路 …………… 105
7.1.2 正弦量及其三要素 ……… 105
7.1.3 正弦量的相位差 ………… 107
7.2 正弦量的有效值 ………………… 108
7.3 相量法的基本概念 ……………… 109
7.3.1 复数的表示及运算 ……… 109
7.3.2 正弦量与复数的关系 …… 111
7.3.3 同频率正弦量的运算 …… 111
7.4 基尔霍夫定律的相量形式 ……… 112
7.4.1 KCL 的相量形式 ………… 112
7.4.2 KVL 的相量形式 ………… 113
7.5 正弦电流电路中的三种基本
电路元件 ………………………… 113
7.5.1 正弦电流电路中的
电阻元件 ………………… 113
7.5.2 正弦电流电路中的
电感元件 ………………… 115
7.5.3 正弦电流电路中的
电容元件 ………………… 116
本章小结 …………………………… 118
实验链接 …………………………… 118
小知识 ……………………………… 118
习题 ………………………………… 118

第8章 正弦电流电路的分析 ………… 121

导读 ………………………………… 121

基本要求 …………………………… 121
你知道吗 …………………………… 121
8.1 阻抗和导纳 ……………………… 121
8.1.1 阻抗及其求取 …………… 121
8.1.2 导纳及其求取 …………… 123
8.1.3 阻抗和导纳的等效变换 … 124
8.2 简单正弦电流电路的分析
及相量图 ………………………… 125
8.2.1 阻抗的串联和并联 ……… 125
8.2.2 导纳的并联 ……………… 126
8.2.3 相量图 …………………… 126
8.3 正弦电流电路的功率 …………… 128
8.3.1 一端口网络的功率 ……… 128
8.3.2 功率因数的提高 ………… 130
8.3.3 复功率 …………………… 131
8.4 正弦电流电路的一般
分析方法 ………………………… 132
8.4.1 正弦电流电路的相量分析 … 132
8.4.2 用相量图分析正弦
电流电路 ………………… 134
8.5 最大平均功率的传输 …………… 134
8.6 正弦电流电路的谐振 …………… 136
8.6.1 串联谐振 ………………… 136
8.6.2 并联谐振 ………………… 139
8.7 正弦电流电路的拓展——
非正弦周期电流电路分析 ……… 141
8.7.1 非正弦周期电流电路 …… 141
8.7.2 非正弦周期电流电路
的计算 …………………… 144
本章小结 …………………………… 145
实验链接 …………………………… 146
小知识 ……………………………… 146
习题 ………………………………… 146

第9章 含耦合电感的电路 …………… 150

导读 ………………………………… 150
基本要求 …………………………… 150
你知道吗 …………………………… 150
9.1 耦合电感及其伏安关系 ………… 150
9.1.1 耦合电感 ………………… 150
9.1.2 耦合电感的伏安关系 …… 151
9.1.3 耦合电感的同名端 ……… 152
9.1.4 耦合系数 ………………… 153
9.2 含耦合电感电路的计算 ………… 153

9.2.1 耦合电感的串联 ………………… 153
9.2.2 耦合电感的并联 ………………… 154
9.2.3 耦合电感的 Y 联结 ……………… 156
9.3 空心变压器 …………………………… 157
9.3.1 反映阻抗 ………………………… 157
9.3.2 含空心变压器电路的
       分析方法 ………………………… 158
9.4 理想变压器 …………………………… 158
本章小结 …………………………………… 161
实验链接 …………………………………… 161
小知识 ……………………………………… 161
习题 ………………………………………… 162

第10章 三相电路 …………………………… 166

导读 ………………………………………… 166
基本要求 …………………………………… 166
你知道吗 …………………………………… 166
10.1 三相电源 …………………………… 166
10.1.1 三相交流电的产生 …………… 166
10.1.2 对称三相电压的表达式 ……… 166
10.1.3 对称三相电压的特点 ………… 167
10.1.4 对称三相电压的相序 ………… 167
10.1.5 三相电源的星形联结 ………… 167
10.1.6 三角形联结 …………………… 168
10.2 三相负载的星形联结 ……………… 169
10.2.1 三相四线制星形联结 ………… 169
10.2.2 三相三线制星形联结 ………… 170
10.3 三相负载的三角形联结 …………… 172
10.3.1 三角形联结 …………………… 172
10.3.2 线电压与相电压的关系 ……… 172
10.3.3 电流的计算 …………………… 172
10.3.4 对称三相负载时电路分析 …… 172
10.4 三相负载的功率 …………………… 173
10.4.1 三相有功功率 ………………… 173
10.4.2 三相无功功率 ………………… 174
10.4.3 三相视在功率 ………………… 174
10.5 三相功率的测量 …………………… 175
10.5.1 三相有功功率的测量 ………… 175
10.5.2 三相无功功率的测量 ………… 175
本章小结 …………………………………… 176
实验链接 …………………………………… 176
小知识 ……………………………………… 176
习题 ………………………………………… 177

第11章 二端口网络 ………………………… 179

导读 ………………………………………… 179
基本要求 …………………………………… 179
你知道吗 …………………………………… 179
11.1 二端口网络概述 …………………… 179
11.1.1 一端口网络 …………………… 179
11.1.2 二端口网络 …………………… 179
11.2 二端口网络 Z 参数和 Y 参数 …… 180
11.2.1 阻抗方程和 Z 参数 ………… 180
11.2.2 导纳方程和 Y 参数 ………… 182
11.3 二端口网络 H 参数和 T 参数 …… 184
11.3.1 混合方程和 H 参数 ………… 184
11.3.2 传输方程和 T 参数 ………… 187
11.4 二端口网络的等效电路 …………… 189
11.4.1 已知 Z 参数用 T 形二端口
        网络等效 ……………………… 189
11.4.2 已知 Y 参数用 π 形二端口
        网络等效 ……………………… 189
11.4.3 已知任意二端口网络参数用
        T 形或 π 形二端口网络等效 …… 189
11.5 回转器 ……………………………… 191
11.5.1 回转器伏安特性 ……………… 191
11.5.2 回转器等效电路 ……………… 191
11.5.3 回转器性质 …………………… 191
11.5.4 回转器的实现 ………………… 192
本章小结 …………………………………… 192
实验链接 …………………………………… 193
小知识 ……………………………………… 193
习题 ………………………………………… 193

第12章 Multisim 仿真设计研究 ………… 197

导读 ………………………………………… 197
基本要求 …………………………………… 197
12.1 戴维南定理的仿真设计研究 ……… 197
12.2 一阶电路的仿真研究 ……………… 199
12.3 谐振电路的仿真研究 ……………… 202
12.4 三相电路的仿真研究 ……………… 206

第13章 电路应用实例 ……………………… 211

导读 ………………………………………… 211
基本要求 …………………………………… 211
13.1 直流电表的设计 …………………… 211
13.1.1 电位计设计 …………………… 211

13.1.2 模拟式直流电压表
量程设计 …………………… 211
13.1.3 模拟式直流电流表
量程设计 …………………… 211
13.2 电位器式数字位移传
感器的设计 ………………………… 212
13.3 热电阻传感器测量电路设计 ………… 213
13.4 数/模转换器的电路设计 …………… 214

参考文献 …………………………………… 216

第1章 电路模型和电路定律

导读

本章从实际电路出发,讨论电路模型和电路元件的基本概念,介绍电压和电流的参考方向和元件功率的计算,然后介绍电阻、独立电源和受控源;最后介绍基尔霍夫定律。

基本要求

- 了解电路模型的概念。
- 熟练掌握电压和电流的参考方向。
- 掌握电路元件的伏安关系和功率计算。
- 熟练掌握基尔霍夫电流定律和电压定律。

你知道吗

身边的电路无处不在,为什么要用电路呢?电路能实现能量的传输和转换。手机、电视将接收到的电信号进行调谐、滤波和放大等处理,给人们带来了声音和图像,电路能实现信号的传递和处理。

1.1 电路和电路模型

1.1.1 实际电路

实际电路是为了某种需要由电路元器件或电气设备(如电阻器、电容器、电感线圈、晶体管、集成电路、变压器和电动机等)互相连接而成的电流通路。有的电路十分简单,而有的电路非常复杂。

例如,图1-1所示为小灯泡发光电路。这是一个简单电路,其中干电池提供电能,两根连接导线把电能传输到小灯泡,小灯泡把电能转换成热能和光能。

又如,人们日常使用的智能手机,虽然体积很小,却能完成通信功能,还能像个人计算机一样,具有独立的操作系统,可由用户自行安装软件。手机的电路板如图1-2所示,安装在电路板上的集成电路芯片体积很小,但集成度很高,小小的硅片上集成了成千上万个晶体管和电阻,其电路非常复杂。

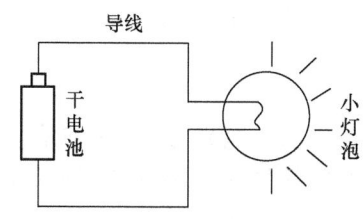

图1-1 小灯泡发光电路

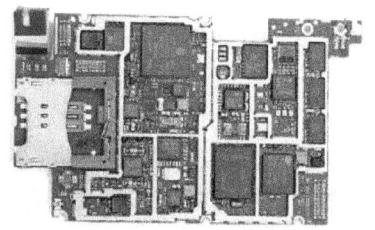

图1-2 手机电路板

找一找:你周围有哪些实际电路?哪个是你最常用的?

虽然实际电路组成复杂、形式多样,但都是由电源、负载和中间环节组成的。电源是指提供电能或电信号的电路元件;负载是指使用电能或电信号的电路元件;中间环节是指从电源到负载的中间部分,主要作用是传递、分配和控制电能或电信号。由于电路中电压和电流是在电源作用下产生的,故电源又称为激励。激励在电路中产生的电压和电流称为响应。

1.1.2 电路模型

实际电路由各种电路元件组成,其工作时物理过程复杂,不便分析和研究。为此,实际电路分析需要建立电路模型。电路模型由各种理想电路元件构成。每种理想电路元件都有一种数学模型,具有单一电磁性质,各自定义精确,且用规定的图形符号表示。常用理想元件包括电阻、电容和电感,称为无源元件;另一类为有源元件,包括电压源、电流源等。

图 1-1 所示的小灯泡发光电路的电路模型如图 1-3 所示。图中电阻元件 R_L 作为小灯泡的电路模型,反映了将电能转换为热能和光能这一物理现象;干电池用电压源 U_S 和电阻元件 R 的串联组合作为模型,分别反映电池内化学能转换为电能,以及电池本身耗能的物理过程。连接导线用理想导线(其中电阻设为零)即线段表示。

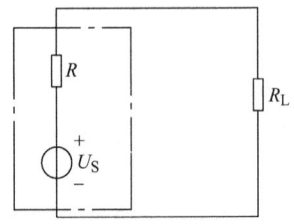

图 1-3 图 1-1 的电路模型

应用背景不同,同一个电路元件的模型不同。例如,电阻器在工作频率比较低时,其模型可用电阻元件表示;但当工作频率比较高时,通常须考虑电阻器引线电感和寄生电容的影响。实践证明,只要电路模型建立得当,对电路模型的分析结果就会与实际电路的测量结果保持一致。本书所讨论的电路均指由理想电路元件组成的电路模型,而非实际电路。

电路理论是研究电路分析与电路设计的一门基础工程学科。本书主要内容介绍电路理论的基本理论和分析方法,为学习电子信息技术、电气技术、自动化和检测技术等打下必备的基础。

友情提醒 当电路尺寸远小于电路工作的电磁波波长时,认为消耗电能、磁场储能和电场储能集中在元件内部进行,即元件两端电压为定值,流入一端的电流等于另一端流出的电流,这类理想元件称为集中元件,由其组成的电路称为集中电路。而电力系统传输线,计算机板上高速电路的互连线为分布电路。集中电路是分布电路的基础,本书仅研究集中电路。

1.2 电流和电压的参考方向

电路理论中涉及的物理量主要有电流、电压和功率。通常把任一瞬时 t 的电流、电压和功率用小写字母 i、u、p 表示;当电流、电压和功率为恒定量时用大写字母 I、U、P 表示。

1.2.1 电流及其参考方向

1. 电流

电荷的定向移动形成电流,单位时间内通过导体横截面的电量定义为电流,其表达式为

$$i = \lim_{\Delta t \to 0} \frac{\Delta q}{\Delta t} = \frac{dq}{dt} \tag{1-1}$$

式(1-1)中,电荷 q 的单位为库仑(C),时间 t 的单位为秒(s),电流的单位为安培(A)。常用的电流单位还有毫安(mA) 和微安(μA) 等,各单位之间的关系为 $1A = 10^3 mA = 10^6 μA$。

2. 电流参考方向

正电荷移动的方向为电流的实际方向。但是在较复杂的电路中,很难直接标出某段电路

想一想:自动取款机在读写银行卡的芯片时电流是恒定的还是变化的?

的电流实际方向,而且有时电流实际方向又在不断变化。在电路分析中,为了列写电路方程,常常假设一个电流方向。在电路图中任意指定的电流方向称为电流的参考方向。电流参考方向一旦选定,在整个分析过程中就不能改变。经过计算若求得 $i>0$,则表示电流的实际方向与参考方向相同;$i<0$,则表示电流的实际方向与参考方向

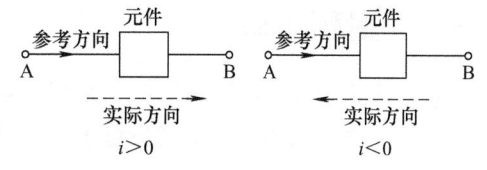

图1-4 电流的参考方向

相反,如图1-4所示,实线箭头表示电流参考方向,虚线箭头表示电流实际方向。

注意,在电路分析中,先标出电流参考方向,再列方程计算,所得电流的正负仅对参考方向而言。

1.2.2 电压及其参考方向

1. 电压

电场力把单位正电荷由电路中一点移动到另一点所做的功,称为这两点之间的电压,其表达式为

$$u = \frac{\mathrm{d}w}{\mathrm{d}q} \tag{1-2}$$

式(1-2)中,能量 w 的单位为焦耳(J),电荷 q 的单位为库仑(C),电压的单位为伏特(V)。常用的电压单位还有千伏(kV)、毫伏(mV) 和微伏(μV) 等。各单位之间的关系为 $1\mathrm{V} = 10^{-3}\mathrm{kV} = 10^{3}\mathrm{mV} = 10^{6}\mathrm{\mu V}$。

2. 电压参考方向

同电流参考方向类似,在电路图中任意指定的电压方向称为电压的参考方向(也称为参考极性)。电压参考方向用实线箭头表示或用正(+)、负(-)极性表示,正极指向负极的方向就是电压的参考方向,如图1-5所示。另外还可用

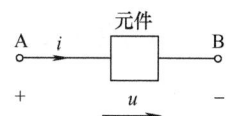

图1-5 电压的参考方向

双下标表示,如电压 u_{AB} 表示 A、B 之间的电压,其参考方向为从 A 指向 B。电压参考方向一旦选定,在整个分析过程中就不能改变。经过计算若求得 $u>0$,则表示电压实际方向与参考方向相同;$u<0$,则表示电压实际方向与参考方向相反。

3. 关联参考方向

电流和电压的参考方向可独立地任意指定。如果指定电流从电压"+"极流向"-"极,即两者的参考方向一致,则称电流和电压的这种参考方向为关联参考方向(如图1-6a所示),否则称为非关联参考方向(如图1-6b所示)。注意,参考方向是否关联是针对某一段电路而言的。例如,在图1-7中,电流和电压的参考方向对电路 N_2 来说是关联参考方向,而对电路 N_1 来说是非关联参考方向。

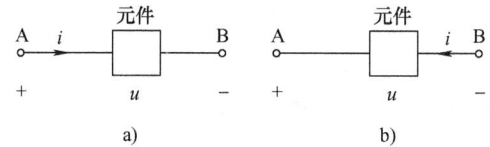

图1-6 电流和电压的关联参考方向和非关联参考方向

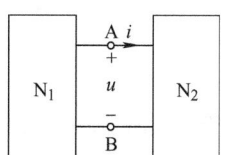

图1-7 电路中关联参考方向和非关联参考方向

记一记:电路中参考方向一旦确定,就不允许改变,否则会混淆分析。

1.3 能量和功率

电力系统和电子线路传输的是能量，能量转换的快慢与功率有关。电气设备都标有额定功率，超过额定功率就会造成设备的损坏或者不能正常工作。因此，经常会要求计算电路的能量和功率。

1.3.1 能量

当正电荷从元件上电压的正极移动到电压的负极时，电场力对电荷做功，此时元件吸收能量；反之，当正电荷从元件上电压的负极移动到电压的正极时，电场力对电荷做负功，此时元件释放能量。

由式(1-2)可得正电荷失去能量也即元件吸收的能量为

$$\mathrm{d}w = u\mathrm{d}q \tag{1-3}$$

当电流和电压取关联参考方向时，由式(1-1)得

$$\mathrm{d}q = i\mathrm{d}t \tag{1-4}$$

把式(1-4)代入式(1-3)可得

$$\mathrm{d}w = u\mathrm{d}q = ui\mathrm{d}t$$

故电路从时刻 t_0 到 t 所吸收的能量为

$$w(t) = \int_{t_0}^{t} u(\xi)i(\xi)\mathrm{d}\xi \tag{1-5}$$

1.3.2 功率

单位时间内电路吸收的能量称为电路的功率，即

$$p = \frac{\mathrm{d}w}{\mathrm{d}t}$$

则

$$\mathrm{d}w = p\mathrm{d}t \tag{1-6}$$

比较式(1-5)和式(1-6)可知，若电流和电压取关联参考方向，则在 t 时刻电路所吸收的瞬时功率为

$$p = ui \tag{1-7}$$

若电流和电压取非关联参考方向，可将电流或电压视为关联参考方向时的负值，则有

$$p = -ui \tag{1-8}$$

当 $p>0$ 时表示该时刻电路吸收功率 p；当 $p<0$ 时表示该时刻电路发出功率 $|p|$。式(1-7)和式(1-8)中，电压单位为伏特(V)，电流单位为安培(A)，功率单位为瓦特(W)。

例 1-1 电路如图 1-8 所示。

(1) 图 1-8a 中，若 $u = 5V$，$i = 1A$，求元件 A 的功率，并说明是吸收功率还是发出功率。

(2) 图 1-8b 中，若 $u = 50V$，$i = 2mA$，求元件 B 的功率，并说明是吸收功率还是发出功率。

解 (1) 图 1-8a 中，电压 u 和电流 i 为关联参考方向，由式(1-7)得

$$P = ui = 5V \times 1A = 5W$$

思一思：智能型远程抄表系统中，电能表读数是什么？

$P > 0$，说明该元件吸收功率 5W。

（2）图 1-8b 中，电压 u 和电流 i 为非关联参考方向，由式(1-8) 得
$$P = -ui = -50\text{V} \times 2\text{mA} = -0.1\text{W}$$
$P < 0$，说明该元件发出功率 0.1W。

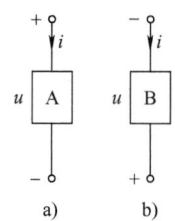

图 1-8 例 1-1 的电路

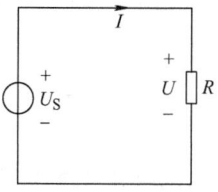

图 1-9 例 1-2 的电路

例 1-2 电路如图 1-9 所示，已知电源电压 $U_S = 10\text{V}$，电流 $I = 5\text{A}$，试求电阻 R 和电源 U_S 的功率。

解 对于电阻，U 和 I 为关联参考方向，电阻 R 的功率为
$$P_R = UI = 10\text{V} \times 5\text{A} = 50\text{W}$$
即电阻吸收功率 50W。

对于电源，U_S 和 I 为非关联参考方向，电源 U_S 的功率为
$$P_{U_S} = -U_S I = -10\text{V} \times 5\text{A} = -50\text{W}$$
即电源发出功率 50W。

1.4 电阻元件

电路元件按与外部连接的端子数目可分为二端元件、三端元件和四端元件等。电路元件还可分为线性元件和非线性元件、时不变元件和时变元件、无源元件和有源元件。

1.4.1 线性电阻

1. 线性电阻

本节主要讨论时不变线性二端电阻元件，简称线性电阻。线性电阻的图形符号如图 1-10 所示。线性电阻在任何时刻，其两端的电压和电流服从欧姆定律，即在电压和电流为关联参考方向时，满足关系式

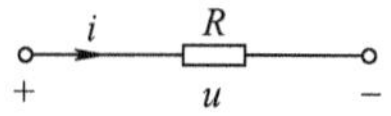

图 1-10 线性电阻的图形符号

$$u = Ri \tag{1-9}$$

式中，R 为线性电阻的参数，称为电阻，是一正实常数。当电压和电流的单位分别为伏特（V）和安培（A）时，电阻的单位为欧姆（Ω）。

2. 伏安特性曲线

电阻上电压与电流的关系曲线称为电阻的伏安特性曲线。线性电阻的伏安特性曲线是过 $u-i$ 平面坐标原点的一条直线，如图 1-11 所示。线性电阻 $R = 0$ 时，称为短路，短路时线性电阻上的电压恒为零，伏安特性曲线与 i 轴重合。$R = \infty$ 时，称为开路，开路时线性电阻上的电流恒为零，伏安特性曲线与 u 轴重合。为便于叙述，之后不做特殊说明时，电阻指线性电阻。

辨一辨：线性电阻上电压与电流为非关联参考方向时，$u = Ri$ 吗？

3. 电导

电阻 R 的倒数被定义为电导 G，即

$$G = \frac{1}{R} \quad (1\text{-}10)$$

电导 G 的单位为西门子(S)。把式(1-10)代入式(1-9)，可得

$$i = Gu$$

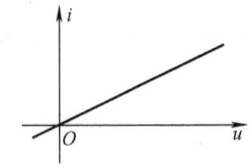

图 1-11　线性电阻的伏安特性曲线

4. 功率

在电压和电流取关联参考方向时，电阻吸收的功率为

$$p = ui = Ri^2 = \frac{u^2}{R} = Gu^2$$

由于 R 和 G 都是正实常数，故功率 p 恒为非负值，因此线性电阻不仅是无源元件而且是耗能元件。

1.4.2 电阻器相关知识

1. 电阻器指标

电阻器的主要指标有标称电阻、允许偏差和额定功率。

2. 分类

实际电阻器种类丰富。按材料分，有碳膜电阻、碳合成电阻、金属膜电阻、金属氧化膜电阻和绕线电阻；按功率分，有 1/16W、1/8W、1/4W、1/2W、1W 和 2W 等额定功率的电阻；按电阻值的允许偏差分，有允许偏差为 ±5%、±10% 和 ±20% 等的普通电阻，还有允许偏差为 ±0.1%、±0.2%、±0.5%、±1% 和 ±2% 等的精密电阻。

在电子产品中常用的有 RT 型碳膜电阻、RJ 型金属膜电阻、RX 型线绕电阻，如图 1-12 所示。型号命名中第一个字母 R 代表电阻；第二个字母表示：T—碳膜，J—金属，X—线绕。

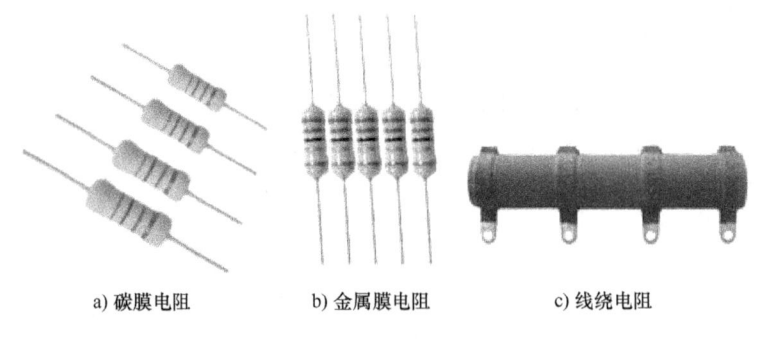

a) 碳膜电阻　　b) 金属膜电阻　　c) 线绕电阻

图 1-12　电阻器

3. 色环

在电阻封装上涂上不同颜色的圆环来代表电阻的阻值和偏差，醒目清晰、不易褪色，能够清晰分辨出电阻器的阻值和偏差，便于电气设备的装配、调试和检修，得到广泛采用。色环表示法分为四色环和五色环两种方法，电阻器的色环代表的意义如表 1-1 所示。

问一问：白炽灯、电烙铁和电炉为什么在一定条件下可认为是电阻？

表 1-1　电阻器的色环符号

颜色	有效数字	倍乘数	允许偏差	颜色	有效数字	倍乘数	允许偏差
黑	0	10^0		蓝	6	10^6	±0.25%
棕	1	10^1	±1%	紫	7	10^7	±0.1%
红	2	10^2	±2%	灰	8	10^8	±20%
橙	3	10^3		白	9	10^9	
黄	4	10^4		金		10^{-1}	±5%
绿	5	10^5	±0.5%	银		10^{-2}	±10%

（1）四色环电阻阻值的识别方法

首先看它的第四道色环，第四色环的颜色一般是金色或银色，确定了第四道色环后，从左至右，最左边的为第一环，最右边的为第四环。第一、二道色环代表的是有效值，第三道色环是倍乘，第四道色环是允许偏差。四色环电阻的示例如图 1-13a 所示，色环红绿黑金表示 $25×10^0$（±5%），电阻器值为 25Ω，允许偏差 ±5%。

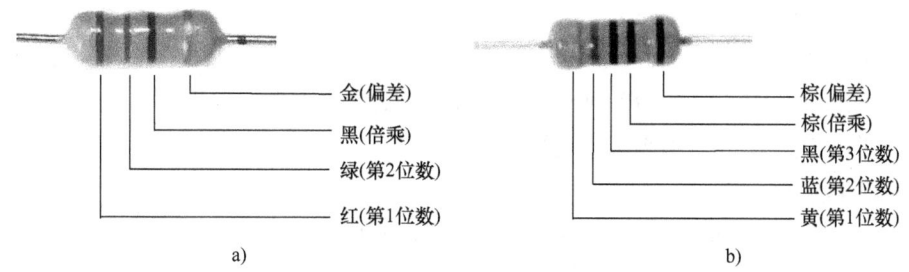

图 1-13　色环电阻的示例

（2）五色环电阻阻值的识别方法

首先看它的第五道色环，第五色环的颜色有金银棕红绿蓝紫灰色，且距离其他环较远，确定了第五道色环后，从左至右，最左边的为第一环，最右边的为第五环。第一、二、三道色环代表的是有效值，第四道色环是倍乘，第五道色环是允许偏差。五色环电阻的示例如图 1-13b 所示，色环黄蓝黑棕棕表示 $460×10^1$（±1%），电阻器值为 4.6kΩ，允许偏差 ±1%。

1.5　电压源和电流源

实际电源有电池、发电机和信号源等，电压源和电流源是实际电源理想化后得到的电路模型，是二端有源元件。

1.5.1　电压源

1. 图形符号

电压源的图形符号如图 1-14a 所示，图中 u_S 为电压源电压，"+""−"为其参考极性。若 $u_S = U_S$，则表示直流电压源，其图形符号也可用图 1-14b 表示，其中长线段表示正极，短线段表示负极。

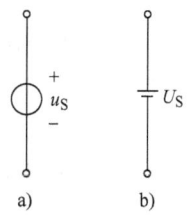

图 1-14　电压源符号

考一考：不小心将干电池短路了，你知道会发生什么现象吗？

2. 电压源特点

如图1-15所示，电压源与外电路相连时具有如下特点：

1）电压源输出电压 u 为定值或为一定的时间函数，不随所接外电路的变化而变化。

2）电压源电流 i 随所接外电路的变化而变化。

3. 伏安特性曲线

直流电压源的伏安特性曲线如图1-16所示，在 $i-u$ 平面上，任何时刻其电压都是一条与电流轴平行的直线。

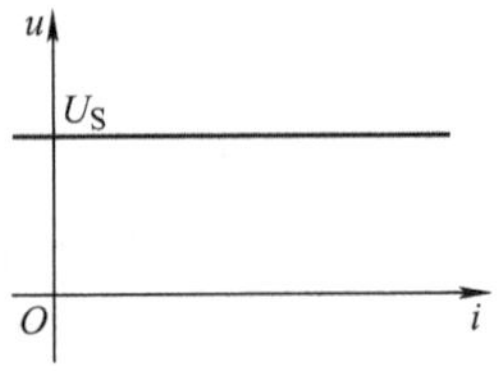

4. 电压源功率

如图1-15所示，u_S 和 i 的参考方向相反，故电压源功率

$$p = -u_S i$$

当 $p>0$ 时，电压源吸收功率，处于负载状态；$p<0$ 时，电压源发出功率，处于电源状态。

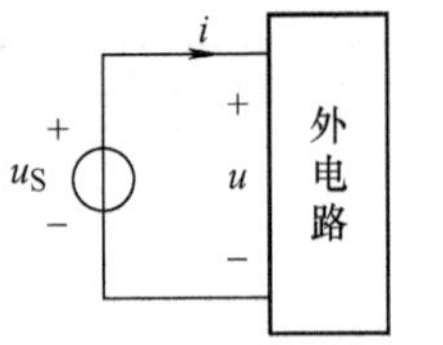

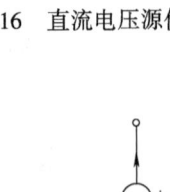

图1-15 电压源与外电路的连接

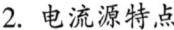

图1-16 直流电压源伏安特性

1.5.2 电流源

1. 图形符号

电流源的图形符号如图1-17所示，图中 i_S 为电流源电流，箭头为其参考方向。若 $i_S = I_S$，则表示直流电流源。

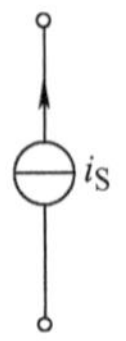

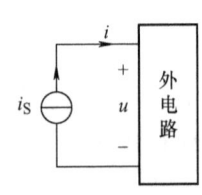

图1-17 电流源符号

2. 电流源特点

如图1-18所示，电流源与外电路相连时具有如下特点：

1）电流源输出电流 i 为定值或为一定的时间函数，不随所接外电路的变化而变化。

2）电流源电压 u 随所接外电路的变化而变化。

3. 伏安特性曲线

直流电流源的伏安特性曲线如图1-19所示，在 $i-u$ 平面上，任何时刻其电流都是一条与电压轴平行的直线。

4. 电流源功率

如图1-18所示，u 和 i_S 的参考方向相反，故电流源功率

$$p = -u i_S$$

当 $p>0$ 时，电流源吸收功率，处于负载状态；$p<0$ 时，电流源发出功率，处于电源状态。

图1-18 电流源与外电路的连接

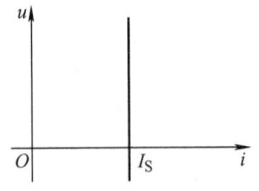

图1-19 直流电流源伏安特性

例1-3 电路如图1-20所示，试求电路中电源发出的功率。

解 电阻中电流由电流源决定，可得 $I = 4A$。电流源两端的电压取决于外电路，故

$$U = RI + 6V = 2\Omega \times 4A + 6V = 14V$$

电流源电压和电流为非关联参考方向，故

$$P_{I_S} = -IU = -4A \times 14V = -56W$$

电流源发出56W功率。

读一读：电压为零的电压源相当于短路，电流为零的电流源相当于开路。

电压源电压和电流为关联参考方向，故
$$P_{U_S} = UI = 6V \times 4A = 24W$$
电压源发出 -24W 的功率。

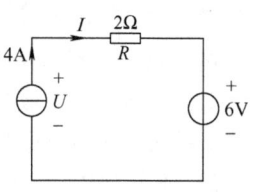

图 1-20 例 1-3 图

1.6 受控源

1.6.1 受控源定义

在电路分析中，除遇到 1.5 节所述独立源外，还会遇到另一类电源。这类电源的输出电压或电流受到电路中某部分电压或电流的控制，被称为受控源，又称非独立源。

例如，晶体管的集电极电流受基极电流控制，运算放大器的输出电压受输入电压控制，这些器件的电路模型中就要用到受控源。

1.6.2 受控源分类和图形符号

1. 分类

受控源是四端元件，由两条支路组成：一条为具有控制电压或电流的控制支路，另一条为具有受控电压源或电流源的被控制支路。据此，受控源可分为电压控制电压源(VCVS)、电压控制电流源(VCCS)、电流控制电压源(CCVS) 和电流控制电流源(CCCS)。

2. 图形符号

1) VCVS，电路符号如图 1-21a 所示，其伏安关系为 $u_2 = \mu u_1$，μ 为电压增益，无量纲。

2) VCCS，电路符号如图 1-21b 所示，其伏安关系为 $i_2 = g u_1$，g 为转移电导，具有电导的量纲。

3) CCVS，电路符号如图 1-21c 所示，其伏安关系为 $u_2 = r i_1$，r 为转移电阻，具有电阻的量纲。

4) CCCS，电路符号如图 1-21d 所示，其伏安关系为 $i_2 = \beta i_1$，β 为电流增益，无量纲。

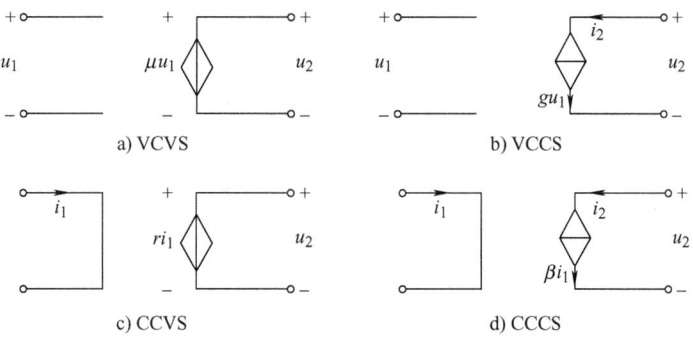

图 1-21 四种受控源

图 1-21 中，菱形符号表示受控源，以区别于独立源。μ、g、r 和 β 都是控制参数，当这些控制参数为常数时，则被控制量与控制量成正比，这类受控源称为线性受控源，简称受控源，本书只考虑线性受控源。

译一译：电压控制电流源的英文为 Voltage Controlled Current Source，你能译出其余 3 种吗？

1.6.3 受控源与独立源的异同

独立源和受控源有相似之处，但绝非相同。独立源是电路中的"输入"，表示外界对电路的作用，电路中电压或电流(称之为"响应")是由于独立源起的"激励"作用而产生的。受控源是用来反映电路中某处的电压或电流能控制另一处的电压或电流的现象。可以把受控电压(电流)源作为电压(电流)源处理，但必须注意其激励电压(电流)是取决于控制量的。

例 1-4 电路如图 1-22 所示，已知 $i_S = 1\text{A}$，VCCS 的电流 $i_2 = 0.5 u_1$，试求电路中电压 u 和受控源的功率。

解 先求出控制电压
$$u_1 = 8\Omega \times i_S = 8\Omega \times 1\text{A} = 8\text{V}$$

VCCS 的电流
$$i_2 = 0.5 u_1 = 0.5\text{S} \times 8\text{V} = 4\text{A}$$

故
$$u = 1\Omega \times i_2 = 1\Omega \times 4\text{A} = 4\text{V}$$

受控源的功率
$$p = -u i_2 = -4\text{V} \times 4\text{A} = -16\text{W}$$

受控源发出功率 16W。

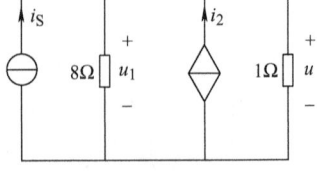

图 1-22 例 1-4 图

1.7 基尔霍夫定律

电路是由元件互连组成的。电路中各元件的电压和电流要受到两类约束：一类是元件本身伏安关系的约束，如电阻的电压和电流必须满足欧姆定律；另一类是元件的相互连接对支路电压和支路电流构成的约束，表示这类约束的定律是基尔霍夫定律。上述两类约束是电路分析的基本依据。

1.7.1 几个常用术语

1. 支路

通过同一电流的分支称为支路，流经支路的电流称为支路电流，支路的端电压称为支路电压。如图 1-23 所示电路中，共有 6 条支路，u_{S1} 和 R_1 串联成一条支路，u_{S2} 和 R_2 串联成一条支路，i_{S3}、R_4、R_5 和 R_6 分别单独构成一条支路。

2. 节点

三条或三条以上支路的连接点称为节点。图 1-23 电路中共有 a、b、c 和 d 四个节点。

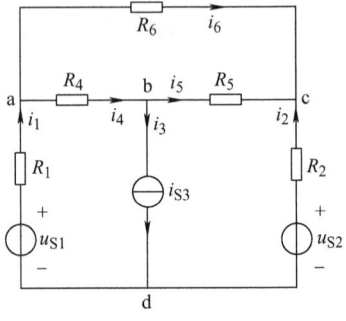

图 1-23 支路、节点和回路

3. 回路

由支路组成的闭合路径称为回路。图 1-23 所示电路中有七条回路 abda、bcdb、acba、acbda、acdba、abcda 和 acda。

4. 网孔

内部不另含支路的回路称为网孔。网孔是回路，回路不一定是网孔。图 1-23 电路的七条回路中，abda、bcdb 和 acba 是网孔，其余不是网孔。

赞一赞：生于 1824 年的德国科学家基尔霍夫在 1845 年就提出了基尔霍夫定律。

1.7.2 基尔霍夫电流定律(KCL)

基尔霍夫电流定律描述了与节点相连的各支路电流之间的相互关系。

1. KCL

任一时刻,流出(或流入)任一节点的所有支路电流的代数和为零,其表达式为

$$\sum i = 0 \tag{1-11}$$

式(1-11)中,若规定流出节点的电流前面取"+"号,则流入节点的电流前面取"−"号,相反的规定也可以。

以图1-23为例,对节点a应用KCL,得到

$$-i_1 + i_4 + i_6 = 0 \tag{1-12}$$

改写式(1-12)为

$$i_1 = i_4 + i_6 \tag{1-13}$$

由式(1-13),可得KCL另一形式。

2. KCL另一形式

任一时刻,流入任一节点的电流之和等于流出该节点的电流之和,其表达式为

$$\sum i_{in} = \sum i_{out}$$

注意,在列写式(1-11)的KCL方程时会出现两类不同的"+""−"号。一类是电流前面的"+""−"号;另一类是电流本身数值的正或负。例如,在图1-23中,若已知$i_1 = -3A$和$i_4 = -2A$求电流i_6时,先不考虑电流数值的正负号,只考虑电流的参考方向,列出式(1-12),然后代入i_1和i_4的具体数值,得到

$$-(-3A) + (-2A) + i_6 = 0$$

从而

$$i_6 = -1A$$

该结果表明电流i_6的实际方向与参考方向相反,即有1A电流流入节点a。

3. KCL推广

基尔霍夫电流定律不仅适用于节点,也适用于电路中任一闭合面。例如,对图1-24所示电路列出KCL方程

节点a $i_1 - i_4 + i_6 = 0$
节点b $i_2 + i_4 - i_5 = 0$
节点c $i_3 + i_5 - i_6 = 0$

把上述三个方程相加得

$$i_1 + i_2 + i_3 = 0 \tag{1-14}$$

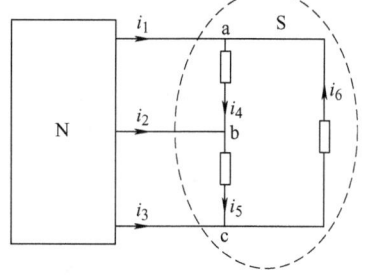

图1-24 KCL的推广

式(1-14)表明,任一时刻,流入(或流出)用虚线所围的闭合面S(又称广义节点)的电流代数和等于零。

1.7.3 基尔霍夫电压定律(KVL)

基尔霍夫电压定律描述了回路中各支路电压之间的约束关系。

1. KVL

任一时刻,沿任一回路,所有支路电压的代数和为零,其表达式为

答一答:$\sum i_{in} = \sum i_{out}$,而式(1-14) $i_1 + i_2 + i_3 = 0$中,电流都流进怎么没有流出的呢?

$$\sum u = 0$$

上式中，当支路电压参考方向与回路绕行方向一致时，电压前面取"＋"号；反之，取"－"号。

以图1-25为例，沿虚线箭头方向为该回路的绕行方向，列写KVL方程得

$$U_{ab} + U_{bc} + U_{cd} + U_{de} + U_{ef} + U_{fg} + U_{ga} = 0 \tag{1-15}$$

又因为

$$U_{ab} = R_1 I_1, U_{bc} = U_{S1}, U_{cd} = R_2 I_2, U_{de} = -U_{S3},$$
$$U_{ef} = -R_3 I_3, U_{fg} = R_4 I_4, U_{ga} = U_{S4} \tag{1-16}$$

把式(1-16)代入式(1-15)，可得

$$R_1 I_1 + U_{S1} + R_2 I_2 - U_{S3} - R_3 I_3 + R_4 I_4 + U_{S4} = 0 \tag{1-17}$$

改写式(1-17)为

$$R_1 I_1 + R_2 I_2 - R_3 I_3 + R_4 I_4 = -U_{S1} + U_{S3} - U_{S4} \tag{1-18}$$

由式(1-18)，可得KVL另一形式。

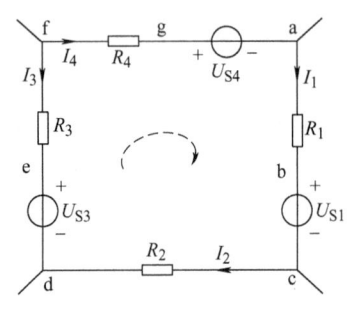

图1-25　KVL示例

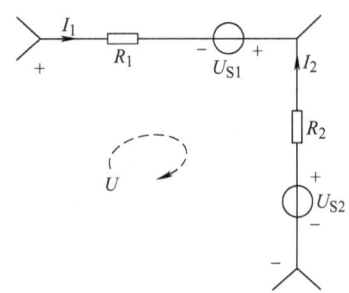

图1-26　KVL推广

2. KVL另一形式

任一时刻，沿任一回路，各电阻上电压降代数和等于各电源上电压降代数和，其表达式为

$$\sum Ri = \sum u_S$$

上式中，电流参考方向与回路绕行方向一致时，Ri前面取"＋"号；反之，取"－"号；电源上电压参考方向与回路绕行方向相反时，u_S前面取"＋"号；相同时，取"－"号。注意，除上述正负号外，电流、电压本身数值有正负。

3. KVL推广

KVL不仅适用于任一闭合回路，也适用于任一开口回路。例如，对图1-26所示电路列出KVL方程得

$$R_1 I_1 - R_2 I_2 - U = U_{S1} - U_{S2}$$

例1-5　电路如图1-27所示，已知$R_1 = 10\Omega$，$R_2 = 2\Omega$，$R_3 = 1\Omega$，$U_{S1} = 3V$，$U_{S2} = 1V$，试求电压U_3。

解　取回路绕行方向都为顺时针，如图1-27中虚线所示。分别列写KVL方程。

左网孔

$$U_3 - U_{S1} + R_1 I_1 = 0 \tag{1-19}$$

议一议：基尔霍夫定律与支路上元件性质有关吗？

右网孔
$$-U_3 - R_2 I_2 + U_{S2} = 0 \quad (1\text{-}20)$$

由式(1-19) 可得
$$I_1 = \frac{U_{S1} - U_3}{R_1} \quad (1\text{-}21)$$

由式(1-20) 可得
$$I_2 = \frac{U_{S2} - U_3}{R_2} \quad (1\text{-}22)$$

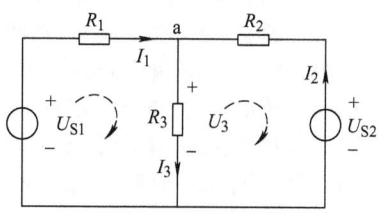

图 1-27　例 1-5 图

又
$$I_3 = \frac{U_3}{R_3} \quad (1\text{-}23)$$

列节点 a 的 KCL 方程
$$I_1 + I_2 - I_3 = 0 \quad (1\text{-}24)$$

将式(1-21)、式(1-22) 和式(1-23) 代入式(1-24) 可得
$$\frac{U_{S1} - U_3}{R_1} + \frac{U_{S2} - U_3}{R_2} - \frac{U_3}{R_3} = 0 \quad (1\text{-}25)$$

将已知值代入式(1-25) 得
$$\frac{3 - U_3}{10} + \frac{1 - U_3}{2} - \frac{U_3}{1} = 0$$

可求得
$$U_3 = 0.5\text{V}$$

例 1-6　电路如图 1-28 所示，已知 $R_1 = 10\Omega$，$R_2 = 2\Omega$，$U_{bd} = 10\text{V}$，$I_1 = 2\text{A}$，CCVS 的电压 $U_2 = 5I_1$。试求 U_S 和 I_2。

解　取回路绕行方向都为顺时针，如图 1-28 中虚线所示。列写 KVL 方程。

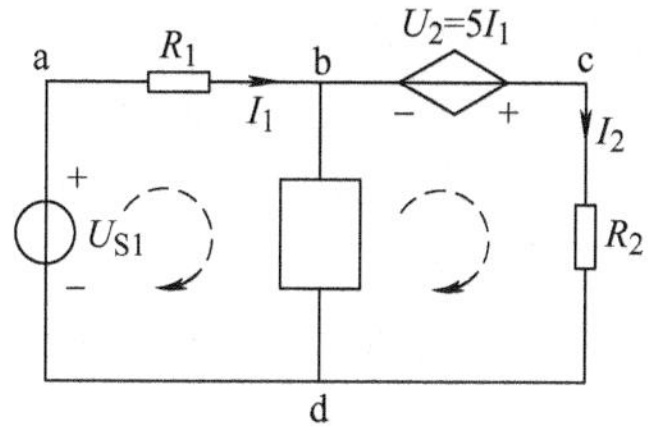

回路 abda
$$R_1 I_1 + U_{bd} - U_S = 0$$
故
$$U_S = R_1 I_1 + U_{bd} = 10\Omega \times 2\text{A} + 10\text{V} = 30\text{V}$$

回路 bcdb
$$-U_2 + R_2 I_2 - U_{bd} = 0$$
又
$$U_2 = 5I_1 = 5\Omega \times 2\text{A} = 10\text{V}$$
故
$$I_2 = \frac{U_{bd} + U_2}{R_2} = \frac{10\text{V} + 10\text{V}}{2\Omega} = 10\text{A}$$

图 1-28　例 1-6 图

本 章 小 结

1. 实际电路可用理想电路元件组成的模型表示。电路分析的对象是电路模型。

2. 电路的基本物理量主要为电流、电压和功率。参考方向是任意指定的，由计算所得值的正负结合参考方向来确定实际方向。

3. 功率 $p = \pm ui$，u 和 i 取关联参考方向时 ui 前取正，反之取负。$p > 0$ 时表示吸收功率，$p < 0$ 时表示发出功率。

4. 电压和电流关系符合欧姆定律的电阻为线性电阻。线性电阻功率为非负值，电阻为耗能元件。

5. 电压源输出电压恒定或为一时间函数，其电流取决于所连接的外电路。电流源输出电流恒定或为一时间函数，其端电压取决于所连接的外电路。

6. 受控源是非独立电源，其输出电压或电流受到电路中某部分电压或电流的控制。

7. 基尔霍夫电流定律表明，任一时刻，流出任一节点或闭合面的所有支路电流的代数和为零；基尔霍夫电压定律表明，任一时刻，沿任一回路上所有支路电压的代数和为零。

● 实验链接

1. 万用表的使用：电阻、电压和电流的测量。
2. 电压与电位的测量。
3. 基尔霍夫定律的验证。
4. 拓展性实验　现代电工仪表的使用。

※ 小知识

在世界最高水平的单片集成电路芯片上，所容纳的元器件数量已经达到百亿以上，集成电路的集成度每18个月就有一倍的增加。超大规模集成电路已成为衡量一个国家科学技术和工业发展水平的重要标志。

集成电路集成度规模一般以每个独立芯片含晶体管数目为计算依据。20世纪60年代前期，小规模集成电路(SSI)，2～50个；60年代到70年代前期，中规模集成电路(MSI)，50～5000个；70年代前期到70年代后期，大规模集成电路(LSI)，5000～100000个；70年代后期到80年代后期，超大规模集成电路(VLSI)，100000～1000000个；20世纪90年代后期至今，特大规模集成电路(ULSI)，大于1000000个。

习　题

判一判

1. 信号灯必须由电源通过导线提供电能才能发光。
2. 手机电池有电时总是处在电源状态。
3. 常用灯泡当额定电压相同时，额定功率大的灯泡电阻小。
4. 电阻和电导是表征导体不同特性的物理量。
5. 熔断器可防止短路，其熔丝一般是由细金属丝制成的。
6. 基尔霍夫定律只与电路结构有关，与电路元件无关。

选一选

1. 为使电炉丝消耗的功率减少到原来的一半则应_____。
   A. 使电压加倍　　　B. 使电压减半　　　C. 使电阻加倍　　　D. 使电阻减半
2. 在电路中需要一个能通过300mA、电阻值为100Ω的电阻器，仓库中现有下列电阻器，应选_____为宜。
   A. 100Ω、5W　　　B. 100Ω、7.5W　　　C. 100Ω、10W　　　D. 100Ω、20W
3. 电阻值为 R 的一段导线，若将其从中间对折合并成一条新导线，其阻值为_____。
   A. R　　　B. $0.5R$　　　C. $0.25R$　　　D. $0.125R$
4. 电路如图1-29所示，发出功率的元件是_____。
   A. 电流源　　　B. 电压源
   C. 电阻　　　D. 电流源和电压源
5. 基尔霍夫电流定律是描述_____之间关系的定律。
   A. 同一回路中所有支路电流　　　B. 同一网孔中所有支路电流
   C. 连接在同一节点的所有支路电流　　　D. 电路中所有支路电流
6. 基尔霍夫电压定律是描述_____之间关系的定律。

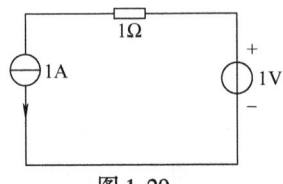

图1-29

A. 电路中所有支路电压 B. 闭合回路中所有支路电压
C. 连接在同一节点的所有支路电压 D. 连接在同一闭合面的所有支路电压

填一填

1. 一度电可供"220V，400W"的洗衣机正常使用的时间为_____小时。
2. 一个标有"100Ω，1W"的金属膜电阻，允许通过的最大电流为_____A，允许加在其两端的最大电压为_____V。
3. 两盏"220V，100W"的白炽灯，串联接入 220V 的电源上时，通过灯丝的实际电流是_____安培。
4. 用万用表可测量电流、电压和电阻，测量电流时应把万用表_____在被测电路中，测量电压时应把万用表和被测试部分_____，测量电阻前或每次更换倍率档时都调节_____，并把被测电路中电源_____。
5. 电路如图 1-30 所示，U_{ab} = _____V。
6. 电路如图 1-31 所示，电流 I = _____A，电压 U_{ab} = _____V。

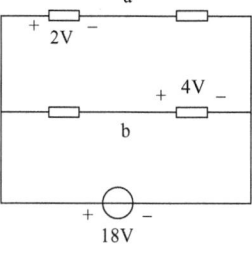

图 1-30

算一算

1. 在图 1-32a 所示参考方向下，电阻 R 的伏安特性曲线如图 1-32b 所示，电阻 R 的阻值为_____Ω。
    A. -2 B. 2
    C. -0.5 D. 0.5

2. 电路如图 1-33 所示，4V 电压源发出功率为_____W。
    A. -4 B. 4
    C. -8 D. 8

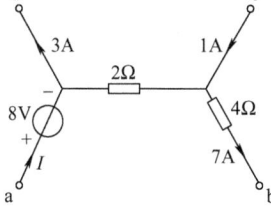

图 1-31

3. 电路如图 1-34 所示，当电流源 I_S = 10A 时，电压 U = _____V。
    A. 0 B. 8
    C. 12 D. 15

4. 电路如图 1-35 所示，电压 U = _____V。
    A. 2 B. -2 C. 22 D. -22

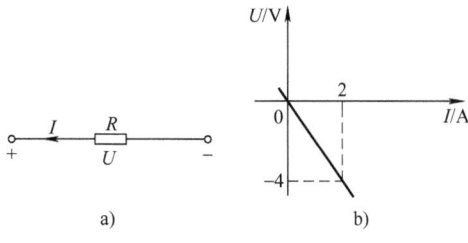

图 1-32

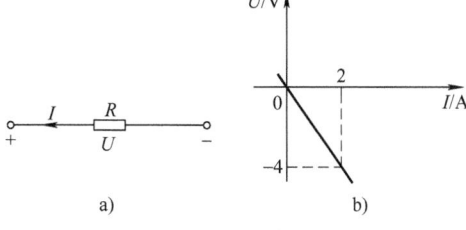

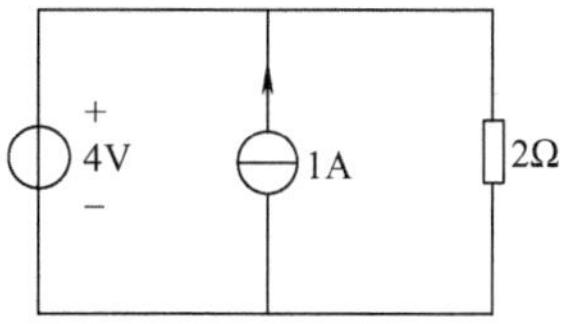

图 1-33

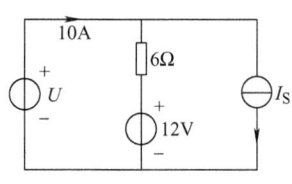

图 1-34

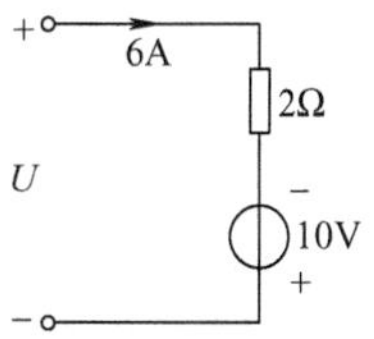

图 1-35

5. 电路如图 1-36 所示，电阻 R_1 = _____Ω，电阻 R_2 = _____Ω。
    A. 0 B. 10 C. 20 D. 30

E. 60   F. ∞

6. 电路如图 1-37 所示，已知 $I_1 = 0.8A$，$I_2 = 1A$，则电压 $U_{ab} =$ _____ V。

A. 11   B. 13   C. 15   D. 17

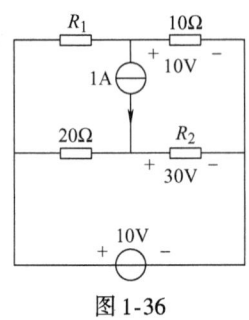

图 1-36

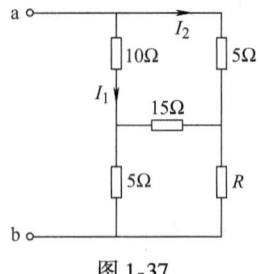

图 1-37

练一练

1. 电路如图 1-38 所示，试根据参考方向和数值确定电压和电流实际方向，并计算各元件功率，说明元件是吸收功率还是发出功率。

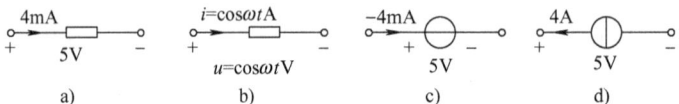

图 1-38

2. 电路如图 1-39 所示，已指定各电压和电流参考方向，通过实验测得 $I_1 = -4A$，$I_2 = 6A$，$I_3 = 10A$，$U_1 = 140V$，$U_2 = -90V$，$U_3 = 60V$，$U_4 = -80V$，$U_5 = 30V$。试标出各电压和电流实际方向，并计算各元件功率。

3. 电路如图 1-40 所示。

(1) 若元件 A 吸收 10W 功率，试求其电压 u_A；

(2) 若元件 B 发出 -10W 功率，试求其电流 i_B；

(3) 若元件 C 吸收 10W 功率，试求其电流 i_C；

(4) 若元件 D 发出 -10W 功率，试求其电压 u_D。

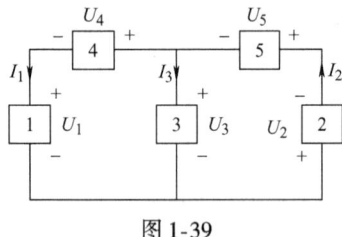

图 1-39

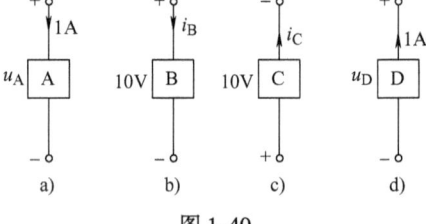

图 1-40

4. 电路如图 1-41 所示，试求各未知量。

5. 电路如图 1-42 所示，试求电流源功率，并说明是吸收还是发出功率。

6. 电路如图 1-43 所示，试求电压源功率，并说明是吸收还是发出功率。

7. 电路如图 1-44 所示，试求电压 U 和电流 I。

8. 电路如图 1-45 所示，试求图 1-8a 中各未知电流和图 1-8b 中各未知电压。

9. 电路如图 1-46 所示，试求电压 U_1、U_{ab} 和 U_{cb}。

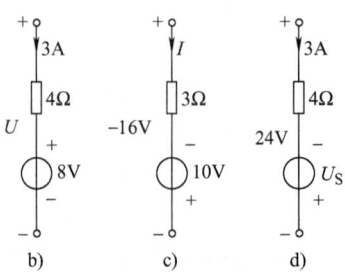

图 1-41

10. 电路如图 1-47 所示，试求电压 U_1 和电流 I_2。

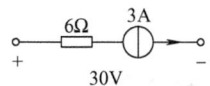
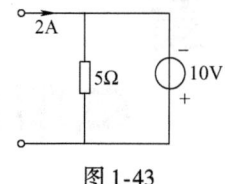

图 1-42　　　　　　　　　　图 1-43

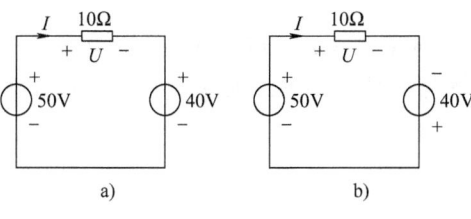

图 1-44

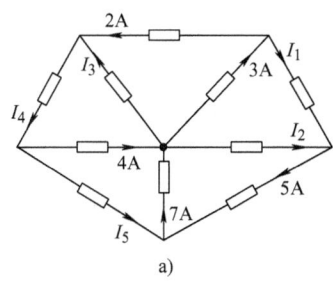
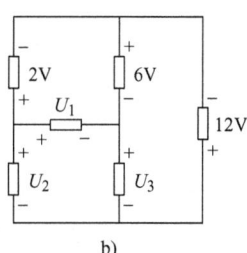

图 1-45

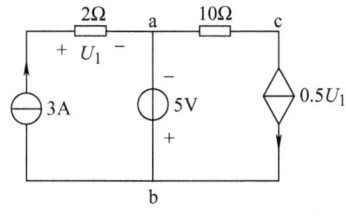
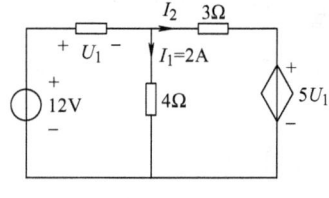

图 1-46　　　　　　　　　　图 1-47

11. 电路如图 1-48 所示，试求电流 I 和电压 U_S。
12. 电路如图 1-49 所示，已知 $I=2A$，试求电阻 R_x 和各电源的功率。

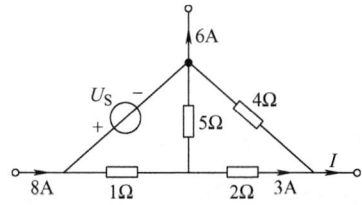
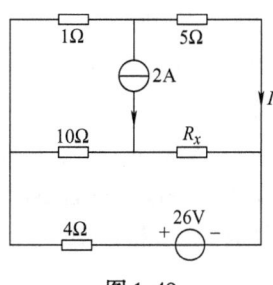

图 1-48　　　　　　　　　　图 1-49

第 2 章 电阻电路的等效变换

导读

本章首先引入二端网络等效变换的概念,讨论电阻的串联、并联和混联及等效电阻,电阻的 Y-△ 等效变换,然后介绍电压源、电流源的串联和并联及等效电源,最后介绍实际电源的等效变换。

基本要求

- 正确理解二端网络等效电路的概念。
- 熟练掌握电阻串、并及混联的等效电阻的计算。
- 了解电阻的 Y-△ 等效变换。
- 掌握电压源和电流源的串并联等效变换。
- 熟练掌握实际电源的等效变换。

你知道吗

走进温馨的家,彩电、冰箱、空调、洗衣机、电饭煲和微波炉等家用电器应有尽有,你知道它们是怎么连接的吗?走进静谧的教室,日光灯、投影仪和电脑又是怎么连接的?为什么它们都要这么连呢?

2.1 等效变换的概念

由线性电阻、线性受控源和独立源构成的电路,称为线性电阻电路,简称电阻电路。若独立电源为直流电源,则称为直流电路。

2.1.1 二端网络

对外有两个引出端子的网络称为二端网络。两个端子构成一个端口,故又将其称为一端口网络。内部含有独立源的二端网络称为有源二端网络;内部不含独立源的二端网络称为无源二端网络。二端网络如图 2-1 所示,其中,u 称为端口电压,i 称为端口电流。

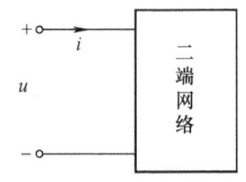

图 2-1 二端网络

2.1.2 等效二端网络

在相同的端口电压、电流的参考方向下,若两个二端网络的端口伏安关系完全相同,则称这两个二端网络互为等效,即可等效变换。如图 2-2a 中二端网络 N_1 可用图 2-2b 中二端网络 N_2 替代,其中 N_2 的 R_{eq} 被称为 N_1 的等效电阻。在图 2-2 中,两个二端网络 N_1 和 N_2 具有完全相同的端口伏安特性。尽管 N_1 和 N_2 内部结构和元件参数完全不同,但 N_1 和 N_2 互换时,对外电路却具有完全相同的影响,即外电路的电压和电流均保持不变,这就是"对外等效"的概念。

想一想:为什么两个二端网络的端口伏安关系要完全相同,才可说互为等效?

运用等效变换概念，可把一个结构复杂的二端网络用一个结构简单的二端网络去等效替代，从而简化电路分析和计算。显然，等效电路与原电路不同，若要求原电路内部的电压、电流，就必须回到原电路，然后根据已求得的端口处电压、电流求解。

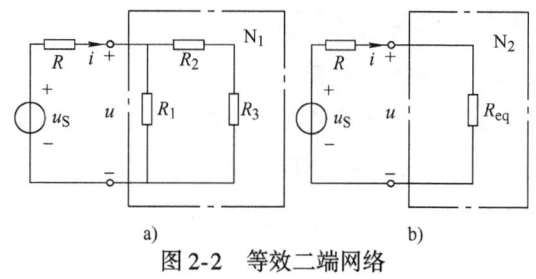

图 2-2 等效二端网络

2.2 电阻的串联、并联和混联

2.2.1 电阻的串联

1. 串联等效电阻

如图 2-3a 所示电路为 n 个电阻 R_1、R_2、$\cdots$、R_n 的串联电路。各电阻依次相连，在电压 u 的作用下，通过同一电流。根据 KVL 和欧姆定律，得

$$u = u_1 + u_2 + \cdots + u_n = R_1 i + R_2 i + \cdots + R_n i = (R_1 + R_2 + \cdots + R_n) i = R_{eq} i \quad (2\text{-}1)$$

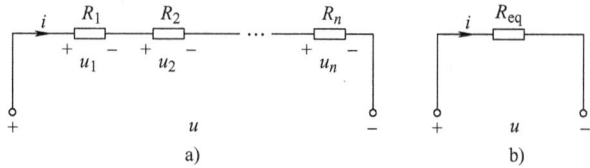

图 2-3 电阻的串联

式(2-1) 中

$$R_{eq} = \frac{u}{i} = R_1 + R_2 + \cdots + R_n = \sum_{k=1}^{n} R_k \quad (2\text{-}2)$$

式(2-2) 中，R_{eq} 称为串联电阻的等效电阻，如图 2-3b 所示。

2. 功率

串联电阻电路的功率

$$p = ui = u_1 i + u_2 i + \cdots + u_n i = R_1 i^2 + R_2 i^2 + \cdots + R_n i^2 = \sum_{k=1}^{n} R_k i^2 = R_{eq} i^2 \quad (2\text{-}3)$$

式(2-3) 表明 n 个串联电阻吸收的功率等于各电阻吸收的功率之和，也等于其等效电阻吸收的功率。

3. 分压公式

电阻串联时，各电阻上的电压为

$$u_k = R_k i = R_k \frac{u}{R_{eq}} = \frac{R_k}{R_{eq}} u \quad (k = 1, 2, \cdots, n) \quad (2\text{-}4)$$

式(2-4) 表明各串联电阻的电压与其电阻值成正比，电阻值越大，分配到的电压越大。式(2-4) 称为电压分配公式，简称分压公式。

辨一辨：有人说给电压表表头串联电阻可扩大被测电压的量程，对吗？

2.2.2 电阻的并联

1. 并联等效电阻

图 2-4a 所示电路为 n 个电阻 R_1、R_2、$\cdots$、R_n 的并联电路。各电阻并列相连,承受同一电压。根据 KCL 和欧姆定律,得

$$i = i_1 + i_2 + \cdots + i_n = \frac{u}{R_1} + \frac{u}{R_2} + \cdots + \frac{u}{R_n} = \left(\frac{1}{R_1} + \frac{1}{R_2} + \cdots + \frac{1}{R_n}\right)u = \frac{1}{R_{eq}}u \quad (2\text{-}5)$$

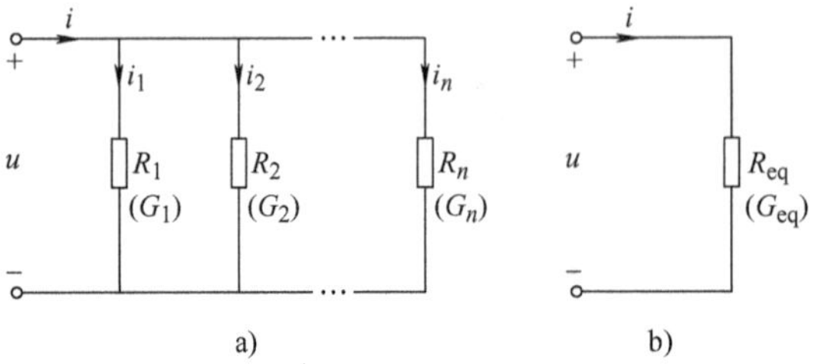

图 2-4 电阻的并联

式(2-5) 中

$$\frac{1}{R_{eq}} = \frac{i}{u} = \frac{1}{R_1} + \frac{1}{R_2} + \cdots + \frac{1}{R_n} = \sum_{k=1}^{n} \frac{1}{R_k} \quad (2\text{-}6)$$

式(2-6) 中,R_{eq} 称为并联电阻的等效电阻,如图 2-4b 所示。当 $n = 2$,即两个电阻并联时,如图 2-5a 所示,等效电阻为

$$R_{eq} = \frac{1}{\frac{1}{R_1} + \frac{1}{R_2}} = \frac{R_1 R_2}{R_1 + R_2}$$

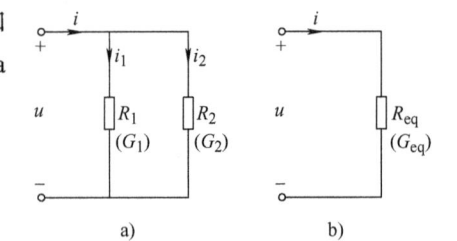

图 2-5 两个电阻并联

如图 2-5b 所示。

若用电导表示,则式(2-6) 可写为

$$G_{eq} = G_1 + G_2 + \cdots + G_n = \sum_{k=1}^{n} G_k \quad (2\text{-}7)$$

式(2-7) 中,G_{eq} 称为并联电阻的等效电导。

2. 功率

并联电阻电路的功率

$$p = ui = ui_1 + ui_2 + \cdots + ui_n = \frac{u^2}{R_1} + \frac{u^2}{R_2} + \cdots + \frac{u^2}{R_n} = \sum_{k=1}^{n} \frac{1}{R_k}u^2 = \frac{1}{R_{eq}}u^2 \quad (2\text{-}8)$$

式(2-8) 表明 n 个并联电阻吸收的功率等于各电阻吸收的功率之和,也等于其等效电阻吸收的功率。

3. 分流公式

电阻并联时,各电阻上的电流为

$$i_k = G_k u = G_k \frac{i}{G_{eq}} = \frac{G_k}{G_{eq}} i \quad (k = 1, 2, \cdots, n) \quad (2\text{-}9)$$

比一比:220V、100W 的白炽灯和 220V、25W 的白炽灯,哪只灯电阻值小?

式(2-9)表明各并联电阻的电流与其电导值成正比,电导值越大,分配到的电流越大。式(2-9)称为电流分配公式,简称分流公式。

如图2-5a所示,两个并联电阻的电流分别为

$$i_1 = \frac{G_1}{G_1+G_2}i = \frac{R_2}{R_1+R_2}i$$

$$i_2 = \frac{G_2}{G_1+G_2}i = \frac{R_1}{R_1+R_2}i$$

2.2.3 电阻的混联

当电阻的连接中既有串联又有并联时,称为电阻的串、并联或电阻混联。如图2-6所示的电路为混联电路,R_2和R_3并联后再与R_1串联,故端口等效电阻

$$R_{ep} = R_1 + \frac{R_2 R_3}{R_2 + R_3}$$

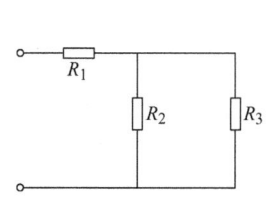

图2-6 电阻的混联

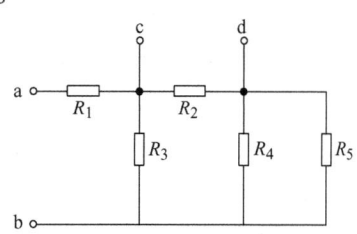

图2-7 例2-1的电路

例2-1 电路如图2-7所示,已知电阻$R_1 = R_3 = 50\Omega$、$R_2 = R_5 = 30\Omega$、$R_4 = 60\Omega$,求等效电阻R_{ab}和R_{cd}。

解 (1)求a、b端之间的等效电阻R_{ab}。

$$R_{db} = \frac{R_4 R_5}{R_4 + R_5} = \frac{60\Omega \times 30\Omega}{60\Omega + 30\Omega} = 20\Omega$$

$$R_{cb} = \frac{(R_2 + R_{db})R_3}{(R_2 + R_{db}) + R_3} = \frac{(30\Omega + 20\Omega) \times 50\Omega}{(30\Omega + 20\Omega) + 50\Omega} = 25\Omega$$

故

$$R_{ab} = R_1 + R_{cb} = 50\Omega + 25\Omega = 75\Omega$$

(2)求c、d端之间的等效电阻R_{cd}。

$$R_{db} = \frac{R_4 R_5}{R_4 + R_5} = \frac{60\Omega \times 30\Omega}{60\Omega + 30\Omega} = 20\Omega$$

$$R_{cd} = \frac{R_2(R_3 + R_{db})}{R_2 + (R_3 + R_{db})} = \frac{30\Omega \times (50\Omega + 20\Omega)}{30\Omega + (50\Omega + 20)} = 21\Omega$$

2.2.4 电桥电路

除了串联、并联以外,还有一种特殊的连接方式,就是如图2-8a所示的电桥电路。电桥电路中5个电阻既不是串联也不是并联,其中R_1、R_2、R_3、R_4所在支路称为臂支路,R_5所在支路称为桥支路。将桥支路断开,如图2-8b所示,电压

$$u_{ab} = u_a - u_b = \frac{R_2}{R_1+R_2}u - \frac{R_4}{R_3+R_4}u \tag{2-10}$$

思一思:与电流表并联电阻为什么能扩大被测电流的量程?

当 $u_{ab}=0$ 时，由式(2-10)可得 $R_1R_4=R_2R_3$，即电桥处于平衡状态。由于 a、b 等电位，将桥支路连接后，桥支路中电流为零，R_5 所在支路既可视为开路又可视为短路，电路就可按串联或并联分析。

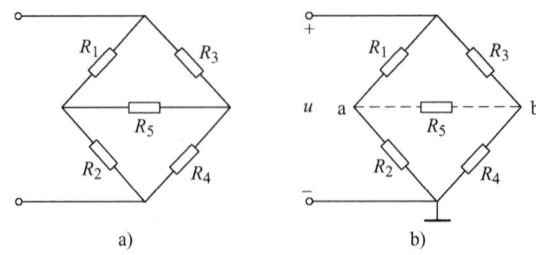

图 2-8 电桥电路

例 2-2 电路如图 2-9 所示，试分别求下述两种参数下开关 S 打开时电压 U_{ab} 和 S 闭合时电流 I_{ab}。(1) $R_1=R_4=4\Omega$，$R_2=R_3=12\Omega$；(2) $R_1=R_3=4\Omega$，$R_2=R_4=12\Omega$。

解 (1) S 打开时的电路如图 2-10a 所示。

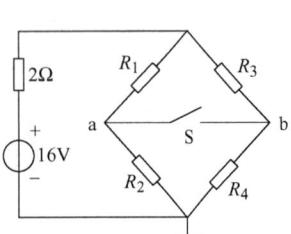   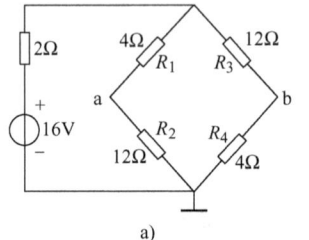   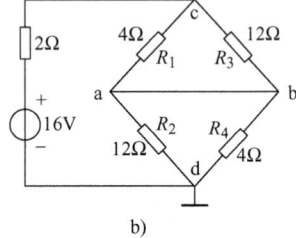

图 2-9 例 2-2 的电路　　　　图 2-10 例 2-2(1) 的求解

$$U_{ab}=U_a-U_b=\left(\frac{16}{2+\frac{4+12}{2}}\times\frac{1}{2}\times 12-\frac{16}{2+\frac{4+12}{2}}\times\frac{1}{2}\times 4\right)V=6.4V$$

S 闭合时的电路如图 2-10b 所示。

$$I_{ab}=I_{ca}-I_{ad}=\frac{16}{2+\frac{4\times 12}{4+12}\times 2}\times\frac{12}{4+12}A-\frac{16}{2+\frac{4\times 12}{4+12}\times 2}\times\frac{4}{4+12}A=1A$$

(2) S 打开时的电路如图 2-11a 所示。

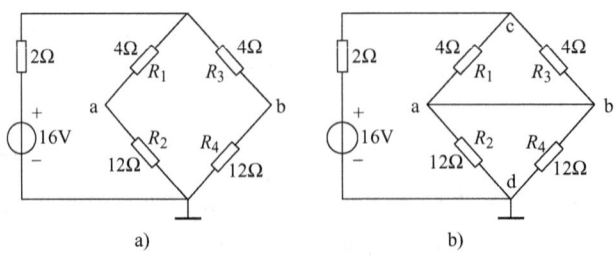

图 2-11 例 2-2(2) 的求解

读一读：连在等电位两点的电阻可用短路线相连，因为电阻上电压为零。

$$U_{ab} = U_a - U_b = \left(\frac{16}{2+\frac{4+12}{2}} \times \frac{1}{2} \times 12 - \frac{16}{2+\frac{4+12}{2}} \times \frac{1}{2} \times 12\right)\text{V} = 0$$

S 闭合时的电路如图 2-11b 所示。

$$I_{ab} = I_{ca} - I_{ad} = \left(\frac{16}{2+\frac{4}{2}+\frac{12}{2}} \times \frac{1}{2} - \frac{16}{2+\frac{4}{2}+\frac{12}{2}} \times \frac{1}{2}\right)\text{A} = 0$$

实际上,图 2-11 的电路满足 $R_1R_4 = R_2R_3$,故直接可得 $U_{ab} = 0$ 和 $I_{ab} = 0$。

2.3 电阻 Y 联结、△联结及其等效变换

2.3.1 电阻的 Y 联结、△联结

求图 2-8a 所示不平衡电桥电路的等效电阻时,可利用电阻 Y-△等效变换。

1. 电阻的 Y 联结

将三个电阻 R_1、R_2 和 R_3 的各一个端子连在一起,另三个端子作为引出端和外电路相连接,如图 2-12a 所示,称为电阻 Y(星形)联结。

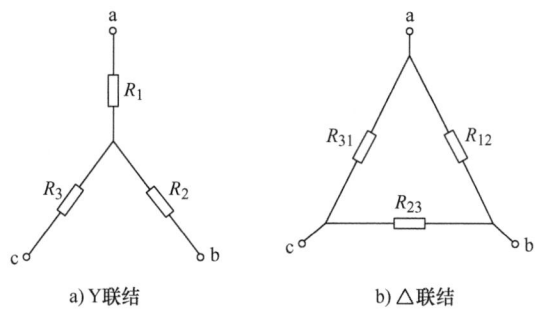

a) Y联结   b) △联结

图 2-12 电阻的 Y 和△联结

2. 电阻的△联结

分别将三个电阻 R_{12}、R_{23} 和 R_{31} 的首尾相连,再引出三个端子和外电路相连接,如图 2-12b 所示,称为电阻△(三角形)联结。

2.3.2 电阻的 Y—△等效变换

1. △—Y 联结的等效变换

对图 2-12a 所示 Y 联结,分别从端口 ab、bc 和 ca 可得到

$$R_{ab} = R_1 + R_2 \qquad R_{bc} = R_2 + R_3 \qquad R_{ca} = R_3 + R_1 \tag{2-11}$$

由式(2-11)得

$$R_{ab} + R_{bc} + R_{ca} = 2(R_1 + R_2 + R_3) \tag{2-12}$$

对图 2-12b 所示△联结,分别从端口 ab、bc 和 ca 可得到

$$R_{ab} = \frac{R_{12}(R_{23}+R_{31})}{R_{12}+R_{23}+R_{31}} \qquad R_{bc} = \frac{R_{23}(R_{31}+R_{12})}{R_{12}+R_{23}+R_{31}} \qquad R_{ca} = \frac{R_{31}(R_{12}+R_{23})}{R_{12}+R_{23}+R_{31}} \tag{2-13}$$

由式(2-13)得

读一读:用双臂电桥测量低值电阻时具有高准确度。

电路分析

$$R_{ab} + R_{bc} + R_{ca} = \frac{R_{12}R_{23} + R_{12}R_{31} + R_{23}R_{31} + R_{23}R_{12} + R_{31}R_{12} + R_{31}R_{23}}{R_{12} + R_{23} + R_{31}}$$

$$= \frac{2(R_{12}R_{23} + R_{23}R_{31} + R_{31}R_{12})}{R_{12} + R_{23} + R_{31}} \tag{2-14}$$

电阻 Y、△联结相互等效时，从对应端口看进去的电阻应相等，故由式(2-11)和式(2-13)得

$$R_1 + R_2 = \frac{R_{12}(R_{23} + R_{31})}{R_{12} + R_{23} + R_{31}} \quad R_2 + R_3 = \frac{R_{23}(R_{31} + R_{12})}{R_{12} + R_{23} + R_{31}} \quad R_3 + R_1 = \frac{R_{31}(R_{12} + R_{23})}{R_{12} + R_{23} + R_{31}}$$

$$\tag{2-15}$$

由式(2-12)和式(2-14)得

$$R_1 + R_2 + R_3 = \frac{R_{12}R_{23} + R_{23}R_{31} + R_{31}R_{12}}{R_{12} + R_{23} + R_{31}} \tag{2-16}$$

将式(2-16)分别减去式(2-15)得

$$\left. \begin{array}{l} R_1 = \dfrac{R_{31}R_{12}}{R_{12} + R_{23} + R_{31}} \\[6pt] R_2 = \dfrac{R_{12}R_{23}}{R_{12} + R_{23} + R_{31}} \\[6pt] R_3 = \dfrac{R_{23}R_{31}}{R_{12} + R_{23} + R_{31}} \end{array} \right\} \tag{2-17}$$

式(2-17)为△联结等效变换为 Y 联结的公式。

2. Y—△联结的等效变换

由式(2-17)可得

$$\left. \begin{array}{l} R_{12} = R_1 + R_2 + \dfrac{R_1 R_2}{R_3} \\[6pt] R_{23} = R_2 + R_3 + \dfrac{R_2 R_3}{R_1} \\[6pt] R_{31} = R_3 + R_1 + \dfrac{R_3 R_1}{R_2} \end{array} \right\} \tag{2-18}$$

式(2-18)为 Y 联结等效变换为△联结的公式。

3. 电阻相等时 Y—△等效变换

若△联结中三个电阻 $R_{12} = R_{23} = R_{31} = R_\triangle$，则由式(2-17)得，等效的 Y 联结中 $R_1 = R_2 = R_3 = R_Y = R_\triangle/3$；反之，得 $R_\triangle = 3R_Y$。三个电阻相等时称为对称 Y 联结或对称△联结。

例 2-3 如图 2-13a 所示桥形电路，求电流 I。

解 方法一：将 R_3、R_4、R_5 构成的△形电路等效为 Y 形电路。由于 $R_3 = R_4 = R_5$，故 $R_Y = R_\triangle/3 = 6\Omega$，变换后的电路如图 2-13b 所示，从而

$$I = \frac{32}{2 + \dfrac{(18+6)(6+6)}{18+6+6+6} + 6} A = 2A$$

议一议：两个三端网络相互等效的条件是什么？

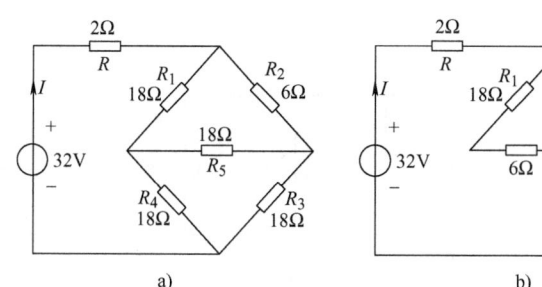
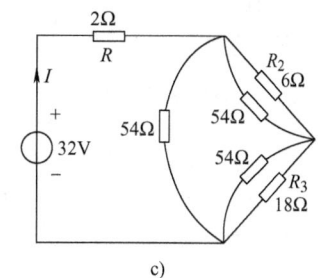

图 2-13 例 2-3 的电路

方法二：将 R_1、R_4、R_5 构成的 Y 形电路等效为 △ 形电路。由于 $R_1 = R_4 = R_5$，故 $R_\triangle = 3R_Y = 54\Omega$，变换后的电路如图 2-13c 所示，从而

$$I = \frac{32}{2 + \dfrac{54 \times \left(\dfrac{54 \times 6}{54 + 6} + \dfrac{54 \times 18}{54 + 18}\right)}{54 + \dfrac{54 \times 6}{54 + 6} + \dfrac{54 \times 18}{54 + 18}}} \text{A} = 2\text{A}$$

当然，也可将 R_1、R_2、R_5 构成的 △ 形电路或 R_2、R_3、R_5 构成的 Y 形电路等效变换后再求解。

2.4 电压源、电流源的串联和并联

2.4.1 电压源串联和并联

1. 电压源串联

电路如图 2-14 所示，对 N_1 端口，$u = u_{S1} + u_{S2} + \cdots + u_{Sn}$，对 N_2 端口，$u = u_S$。若 N_1 和 N_2 互为等效，则

$$u_S = \sum_{k=1}^{n} u_{Sk} \tag{2-19}$$

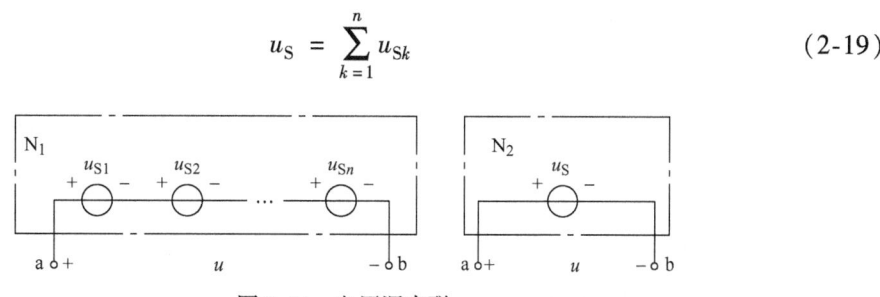

图 2-14 电压源串联

式 (2-19) 中，u_{Sk} 的参考方向与 u_S 的参考方向一致时，u_{Sk} 前取 "+" 号，相反时取 "-" 号。例如，图 2-15a 所示 4 个电压源串联，其等效电压源电压为

$$u = (-1 + 2 - 3 + 4)\text{V} = 2\text{V}$$

等效电路如图 2-15b 所示。

2. 电压源并联

只有电压相等且极性一致的电压源才允许并联，如图 2-16a 所示，否则违背 KVL。其等效电路为其中任一电压源，如图 2-16b 所示。

谈一谈：串联电压源等效时为什么没有考虑端口电流？

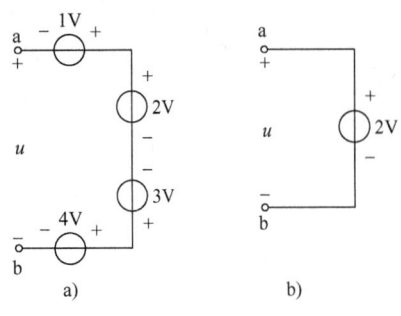
图 2-15 电压源串联示例

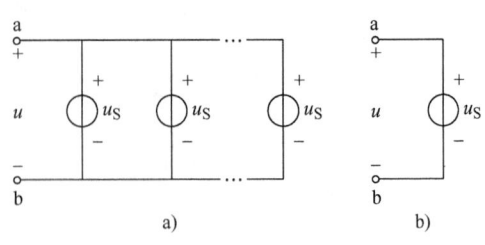
图 2-16 电压源并联

2.4.2 电流源串联和并联

1. 电流源并联

电路如图 2-17 所示，对 N_1 端口，$i = i_{S1} + i_{S2} + \cdots + i_{Sn}$，对 N_2 端口，$i = i_S$。若 N_1 和 N_2 互为等效，则

$$i_S = \sum_{k=1}^{n} i_{Sk} \tag{2-20}$$

式(2-20)中，i_{Sk} 的参考方向与 i_S 的参考方向一致时，i_{Sk} 前取"+"号，相反时取"-"号。例如，图 2-18a 所示 3 个电流源并联，其等效电流源电流为

$$i = (1 - 2 + 3)\text{A} = 2\text{A}$$

等效电路如图 2-18b 所示。

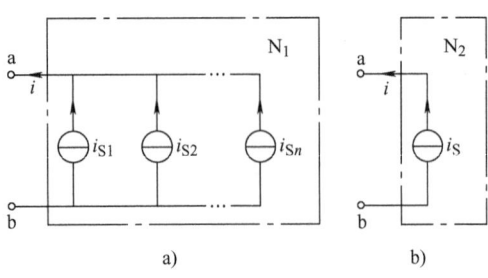
图 2-17 电流源并联

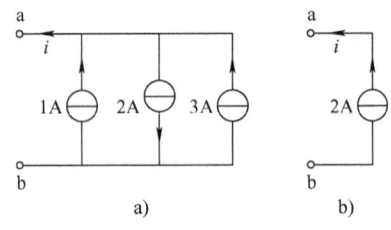
图 2-18 电流源并联示例

2. 电流源串联

只有电流相等且方向一致的电流源才允许串联，如图 2-19a 所示，否则违背 KCL。其等效电路为其中任一电流源，如图 2-19b 所示。

2.4.3 元件同电压源并联、同电流源串联的等效变换

1. 元件同电压源并联的等效变换

同电压源并联的元件或一个二端网络 N，对外电路而言，可作开路处理，如图 2-20 所示。注意，等效前后电压源 u_S 上电流不同，若求电压源电流要在原电路中求。

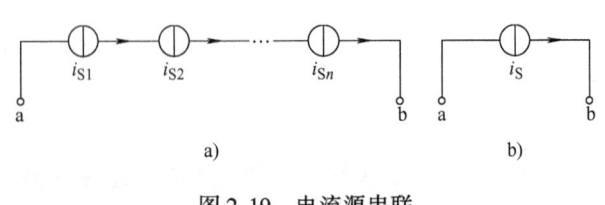

图 2-19 电流源串联

讲一讲：并联电流源等效时为什么没有考虑端口电压？

2. 元件同电流源串联的等效变换

同电流源串联的元件或一个二端网络 N，对外电路而言，可作短路处理，如图 2-21 所示。注意，等效前后电流源 i_S 上电压不同，若求电流源电压要在原电路中求。

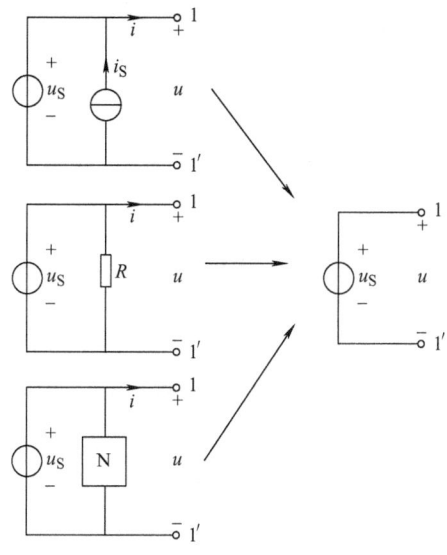

图 2-20 元件同电压源并联

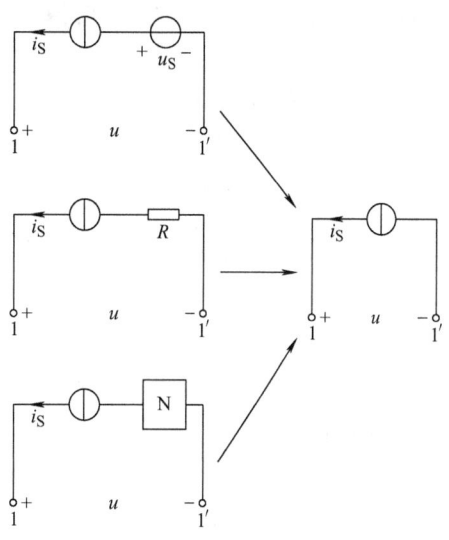

图 2-21 元件同电流源串联

2.5 实际电源的等效变换

2.5.1 实际电压源和实际电流源的电路模型

1. 实际电压源的电路模型

实际的直流电压源，例如电池，其输出电压随其电流的增大而降低，电路模型为电压源 U_S 和电阻 R 的串联，如图 2-22 所示。由图 2-22 可得

$$u = U_S - Ri \tag{2-21}$$

直流电压源的伏安特性曲线如图 2-23 所示。

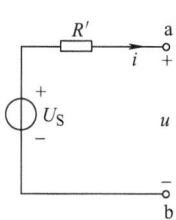

图 2-22 实际电压源的电路模型

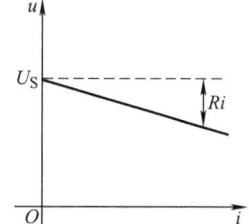

图 2-23 实际电压源伏安特性

当输出电流 i 为零时，实际电压源处于开路状态，端口开路电压 $U_{oc} = U_S$；当输出电压 u 为零时，实际电压源处于短路状态，短路电流 $I_{sc} = U_S/R$。工程实际中的电压源内阻很小，短路电流很大，短时电源热量急剧上升，烧毁电源。因此，实际电压源器

想一想：1V 电压源同 1A 电流源能互为等效吗？

件不允许短路。

2. 实际电流源的电路模型

实际的直流电流源,输出电流随电压的升高而减少,电路模型为电流源 I_S 和电阻 R' 的并联,如图 2-24 所示。由图 2-24 可得

$$u = R'I_S - R'i \tag{2-22}$$

直流电流源的伏安特性曲线如图 2-25 所示。

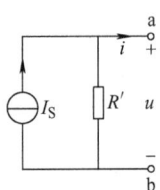
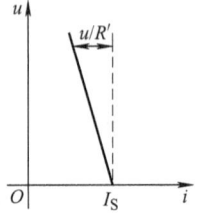

图 2-24 实际电流源的电路模型　　图 2-25 实际电流源伏安特性

当输出电流 i 为零时,实际电流源处开路状态,端口开路电压 $U_{oc} = R'I_S$;当输出电压 u 为零时,实际电流源处短路状态,短路电流 $I_{sc} = I_S$。通常电流源电导很小,开路电压很大,短时可能烧毁电源。因此,实际电流源器件不允许开路。

2.5.2　实际电源的等效变换

实际电压源和实际电流源是实际电源的两种不同的表现形式,对外电路而言,两者可互为等效,等效条件就是两者端口伏安特性完全相同。由式(2-21)和式(2-22)可得实际电压源等效为实际电流源时

$$I_S = U_S/R \qquad R' = R$$

实际电流源等效为实际电压源时

$$U_S = R'I_S \qquad R = R'$$

注意,电压源 U_S 的正极对应电流源 I_S 的箭头。无内阻的电压源和电流源不能等效变换。

例 2-4　电路如图 2-26a 所示,试用等效变换法求支路电流 I。

解　运用实际电源的等效变换把图 2-26a 变换为图 2-26b,再进行化简,变成图 2-26c 和 2-26d,可得

$$(2+1+1+2)I = 8 - 2$$
$$I = 1\text{A}$$

2.5.3　含受控源电路的等效变换

1. 实际受控源的等效变换

在含受控源的电阻电路中,可把受控源视为独立源,上述独立源等效变换的方法也适用于受控源。实际受控电压源和实际受控电流源的等效变换如图 2-27 所示,其中 $g = \mu/R_2$。

注意,在等效变换过程中,要始终保留受控源的控制量,如图 2-27 中 u_1。

例 2-5　电路如图 2-28a 所示,运用等效变换法求电流 I。

考一考：电源内阻越小越好还是越大越好?

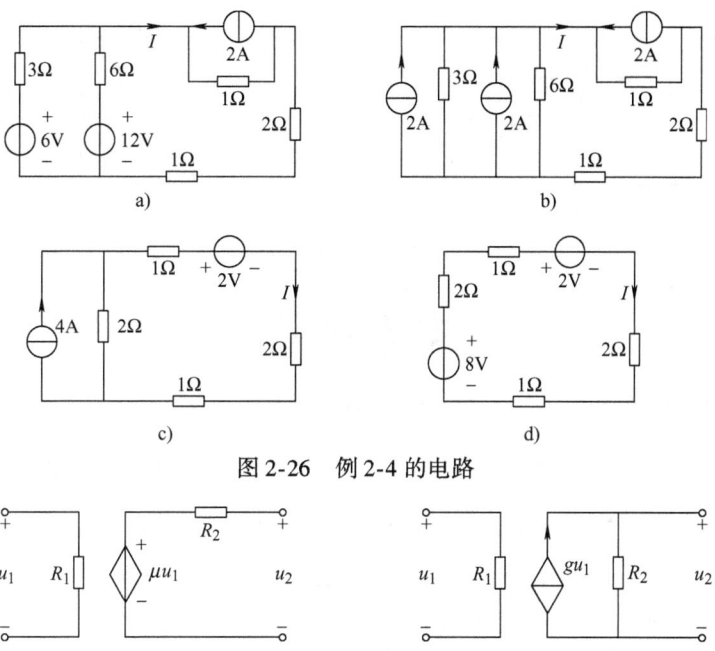

图 2-26 例 2-4 的电路

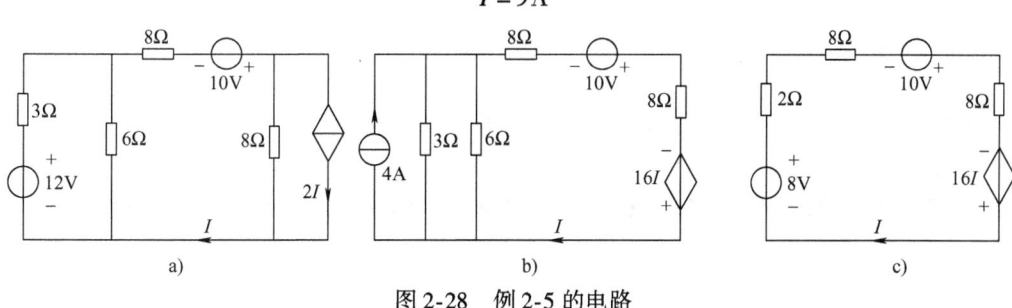

图 2-27 实际受控电压源和实际受控电流源的等效交换

解 运用受控源的等效变换把图 2-28a 变换为图 2-28b，再进行化简，变成图 2-28c，可得

$$(8+8+2)I = 8 + 10 + 16I$$

$$I = 9\text{A}$$

图 2-28 例 2-5 的电路

2. 求含受控源的无源二端网络的输入电阻

对于一个不含独立源的无源二端网络，如图 2-29 所示，输入电阻 R_i 被定义为

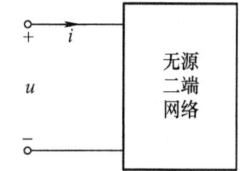

图 2-29 输入电阻的定义

$$R_i = \frac{u}{i}$$

注意，若无源二端网络含有受控源，其输入电阻可能为负。

例 2-6 求图 2-30a 所示的输入电阻 R_i。

解 运用受控源的等效变换把图 2-30a 变换为图 2-30b，列 KVL 方程，得

$$u = 2i + 6u + \frac{2 \times 1}{2+1}i = -\frac{8}{15}i$$

$$R_i = \frac{u}{i} = -\frac{8}{15}\Omega$$

忆一忆：实际电源等效变换前后对外等效对内不等效，为什么？

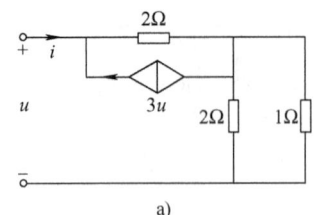 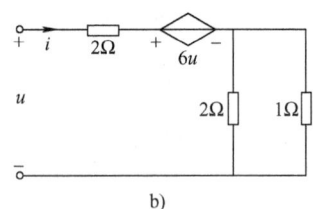

图 2-30 例 2-6 的电路

本 章 小 结

1. 端口伏安特性完全相同的两个二端网络对外电路相互等效。
2. 串联电阻通过同一电流，等效电阻 $R_{eq} = \sum_{k=1}^{n} R_k$，分压公式 $u_k = \dfrac{R_k}{R_{eq}} u$，$(k = 1, 2, \cdots, n)$。
3. 并联电导承受同一电压，等效电导 $G_{eq} = \sum_{k=1}^{n} G_k$，分流公式 $i_k = \dfrac{G_k}{G_{eq}} i$，$(k = 1, 2, \cdots, n)$。
4. 相对桥臂电阻乘积相等时电桥平衡，桥支路可短路或开路。
5. 对称 Y 联结同对称 △ 联结等效变换时，$R_\triangle = 3 R_Y$。
6. 电压源串联时等效电压源电压等于各电压源电压代数和，电流源并联时等效电流源电流等于各电流源电流代数和。
7. 由电压源 U_S 串联电阻 R 的实际电压源同由电流源 I_S 并联电阻 R' 的实际电流源的相互等效变换的条件为 $I_S = U_S / R$，$R' = R$ 或 $U_S = R' I_S$，$R = R'$。

● **实验链接**

1. 电阻的 Y-△ 等效变换。
2. 电源的等效变换。
3. **拓展性实验** 受控源的研究：测试受控源的转移特性和负载特性。

※**小知识**

很多负荷如电气化铁路、电动汽车充电桩为直流负荷，太阳能光伏发电为直流电源，如果直流电源直接对直流负荷供电，就可减少直流-交流、交流-直流的变换环节，不仅节约投资，同时减少电力电子环节，有效改善电能质量。

习 题

判一判

1. 电阻串联时，电阻越大获取功率越大，所以 40W 的灯泡比 25W 的灯泡电阻大。
2. 电阻并联时，电阻值越小，流过它的电流也越小。
3. 无源二端网络可以等效为一个电阻，这个电阻恒为正值。
4. 两个二端网络 N_1 和 N_2 对某一外电路等效，对其他外电路也一定等效。
5. 电压源和电流源等效变换前后电源内部是不等效的。
6. 实际受控源的等效变换与实际独立源的变换方法相同，但控制量要保留在电路中。

选一选

1. 电路如图 2-31 所示，若要电流表Ⓐ读数最小。电压源应接在（   ）。
   A. ad 两端　　　　B. ab 两端　　　　C. bc 两端　　　　D. bd 两端
2. 电路如图 2-32 所示，开关 S 闭合时，电压表Ⓥ读数将（   ）。
   A. 增大　　　　　B. 减少　　　　　C. 不变　　　　　D. 不确定

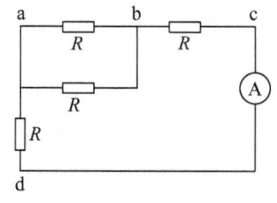
图 2-31

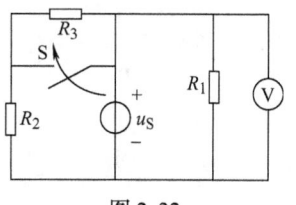
图 2-32

3. 四个相同的电阻，经不同的连接，有（　　）种不同的等效电阻。
A. 6 　　　　　B. 7 　　　　　C. 8 　　　　　D. 9

4. 三个电阻 R_1、R_2 和 R_3 并联时，其等效电阻 R 为（　　）。
A. $\dfrac{1}{R_1}+\dfrac{1}{R_2}+\dfrac{1}{R_3}$ 　　　　　B. $\dfrac{R_1R_2R_3}{R_1R_2+R_2R_3+R_3R_1}$
C. $\dfrac{R_1R_2R_3}{R_1+R_2+R_3}$ 　　　　　D. $\dfrac{R_1+R_2+R_3}{R_1R_2R_3}$

5. 两个二端网络 N_1 和 N_2 对外电路等效，则 N_1 和 N_2（　　）。
A. 外部特性相同　　B. 内部特性相同　　C. 内部结构相同　　D. 内部电源相同

6. 对称 △ 形等效变换为对称 Y 形时（　　）。
A. $R_Y=\sqrt{3}R_\triangle$ 　B. $R_Y=3R_\triangle$ 　C. $R_Y=\dfrac{1}{\sqrt{3}}R_\triangle$ 　D. $R_Y=\dfrac{1}{3}R_\triangle$

填一填

1. 电工测量中广泛采用＿＿＿＿方法扩大电表测量电压量程和＿＿＿＿方法扩大电表测量电流量程。

2. 测量电流应选用＿＿＿＿表，它必须＿＿＿＿在被测电路中，其内阻应尽量＿＿＿＿；测量电压应选用＿＿＿＿表，它必须＿＿＿＿在被测电路中，其内阻应尽量＿＿＿＿。

3. 电阻负载并联时，＿＿＿＿相等，故负载消耗的功率与电阻成＿＿＿＿比；电阻负载串联时，＿＿＿＿相等，故负载消耗的功率与电阻成＿＿＿＿比。

4. 两个阻值相等的电阻串联时为 20Ω，并联时为 5Ω，则单个电阻为＿＿＿＿Ω。

5. 电路如图 2-33 所示，开关 S 打开时 a、b 两点间电压为＿＿＿＿V；S 闭合时 a、b 两点间电压为＿＿＿＿V，50Ω 电阻的功率为＿＿＿＿W。

6. 电路如图 2-34 所示，输入电阻 R_i = ＿＿＿＿Ω。

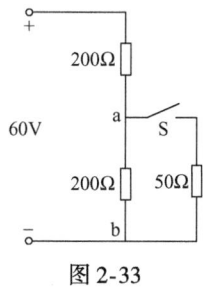
图 2-33

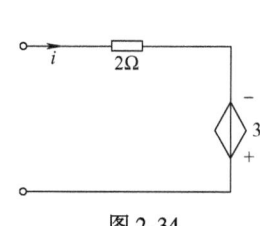
图 2-34

算一算

1. 将一电阻器与两个额定电压均为 40V、额定电流均为 10A 的弧光灯串联，接在 220V 的电源上，则该电阻器的阻值为＿＿＿＿Ω。
A. 18 　　　　　B. 14 　　　　　C. 12 　　　　　D. 6

2. 标明"100Ω，4W"和"100Ω，25W"的两个电阻串联时，允许加的最大电压为＿＿＿＿。
A. 10V 　　　　B. 20V 　　　　C. 30V 　　　　D. 40V

3. 电路如图 2-35 所示，电流 I = ＿＿＿＿A。

A. 0.2　　　　　B. 0.5　　　　　C. 1　　　　　D. 2

4. 电路如图 2-36 所示，电流 $I =$ _____ A。

A. 1　　　　　B. 2　　　　　C. 3　　　　　D. 4

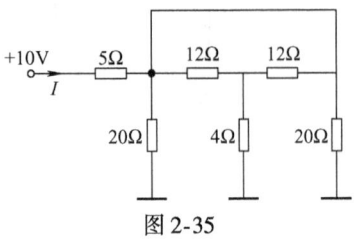

图 2-35

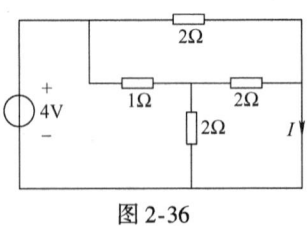

图 2-36

5. 电路如图 2-37 所示，开关 S 打开时，电流 $I =$ _____ A，S 闭合时 $I =$ _____ A。

A. 4　　　　　B. -1　　　　　C. -4

D. -5　　　　　E. 5　　　　　F. 1

6. 电路如图 2-38 所示，电流 $I =$ _____ A。

A. -5　　　　　B. 5　　　　　C. -3　　　　　D. 3

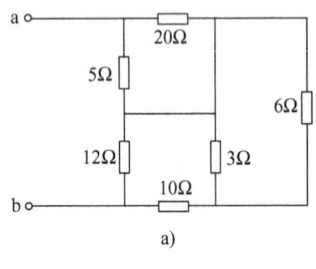

图 2-37

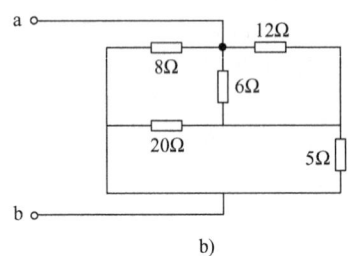

图 2-38

练一练

1. 电路如图 2-39 所示，试求等效电阻 R_{ab}。

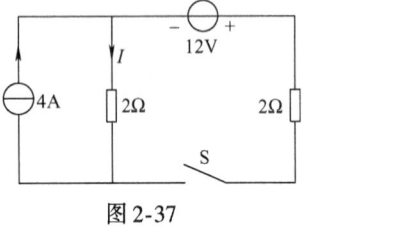

a)

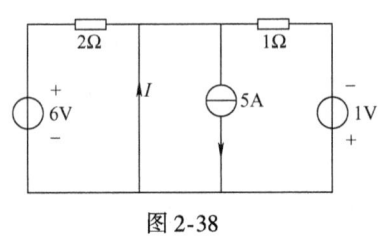

b)

图 2-39

2. 电路如图 2-40 所示，试求开关 S 打开与闭合时的等效电阻 R_{ab}。

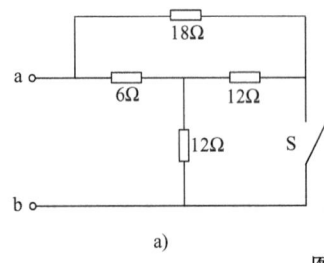

a)

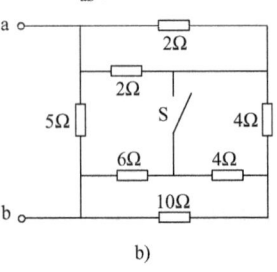

b)

图 2-40

3. 用滑线变阻器接成分压电路来调节负载电阻上电压的大小，如图 2-41 所示。已知滑线变阻器的额定电阻 R 为 100Ω，额定电流为 3A，输入电压 U 为 150V，负载电阻 $R_L = 50$Ω，试求：（1）$R_1 = 50$Ω 时的输出电压 U_o；（2）$R_1 = 85$Ω 时的输出电压 U_o，并确定此时滑线变阻器能否正常工作。

4. 衰减器分压电路如图 2-42 所示，已知输入电压 $U=10\text{V}$，试求：（1）电流 I_1、I_2 和 I_3；（2）输出电压 U_1、U_2 和 U_3。

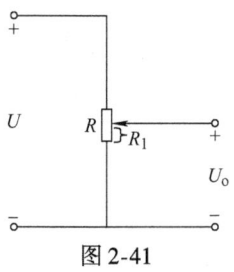

图 2-41

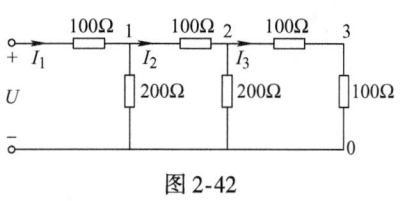

图 2-42

5. 电压表电路如图 2-43 所示，已知表头内阻 $R_c=500\Omega$，$I_c=1\text{mA}$，扩大的量程 U_1、U_2 和 U_3 分别为 1V、5V 和 10V，试求分压电阻 R_1、R_2 和 R_3。

6. 电流表电路如图 2-44 所示，已知表头内阻 $R_c=20\Omega$，$I_c=10\text{mA}$，扩大的量程 I_1 和 I_2 分别为 50mA 和 100mA，试求分流电阻 R_1 和 R_2。

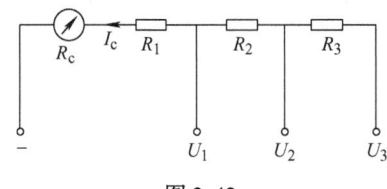

图 2-43

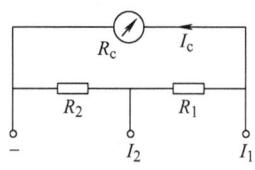

图 2-44

7. 电路如图 2-45 所示，试求：（1）等效电阻 R_{ab}；（2）端口加电压源 $U_{ab}=5\text{V}$ 时 I_1 和 I_2。

8. 电路如图 2-46 所示，试求电压 U_{ab} 和 U_{cd}。

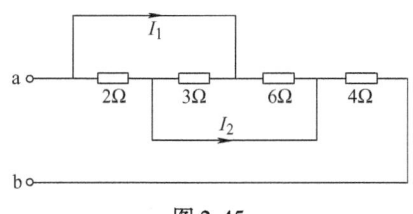

图 2-45

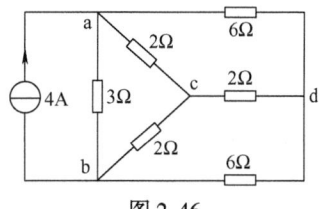

图 2-46

9. 电路如图 2-47 所示，试将其等效变换为电阻 Y 联结电路。

10. 电路如图 2-48 所示，试求电压 U_{ab} 和 U_{cd}。

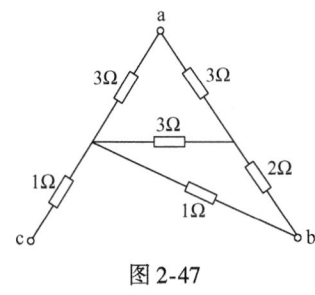

图 2-47

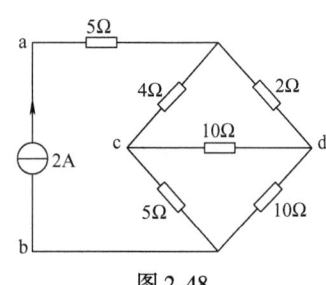

图 2-48

11. 试用电源等效变换方法将图 2-49 所示电路简化为最简单的等效电路。

12. 试将图 2-50 所示电路化简为实际电压源电路。

13. 试将图 2-51 所示电路化简为实际电流源电路。

14. 电路如图 2-52 所示，试用电源等效变换方法求电流 I 和电压 U_{ab}。

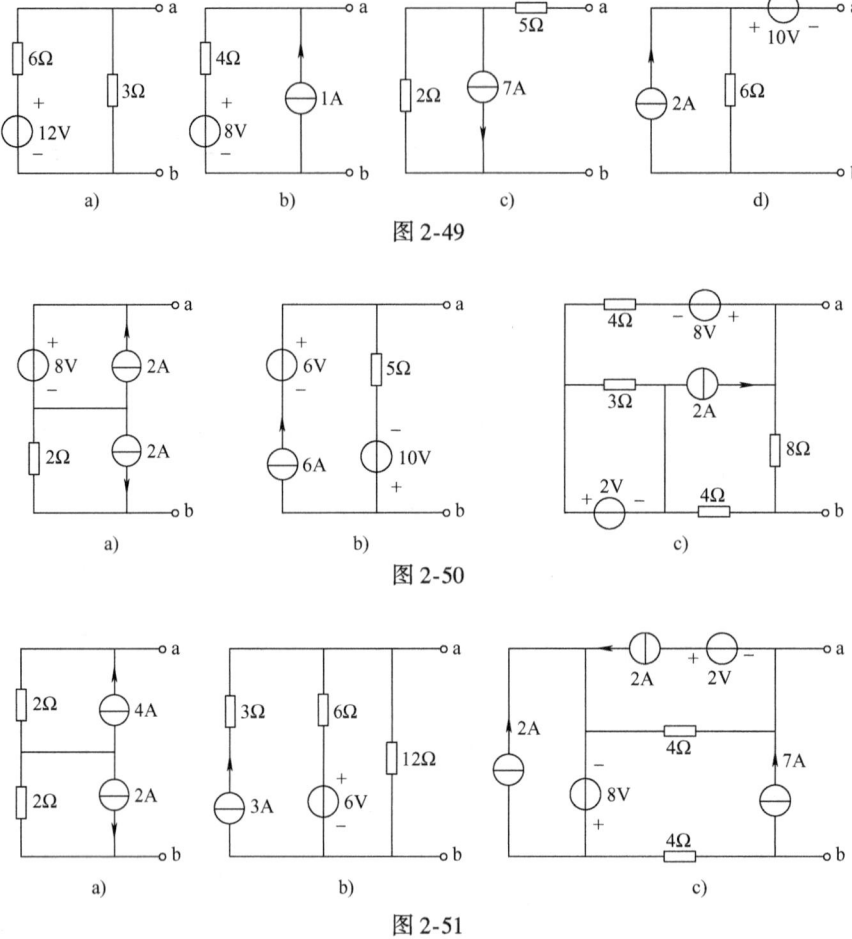

图 2-49

图 2-50

图 2-51

15. 电路如图 2-53 所示，试求电流 I。
16. 试求如图 2-54 所示各电路 a、b 端的输入电阻 R_{ab}。

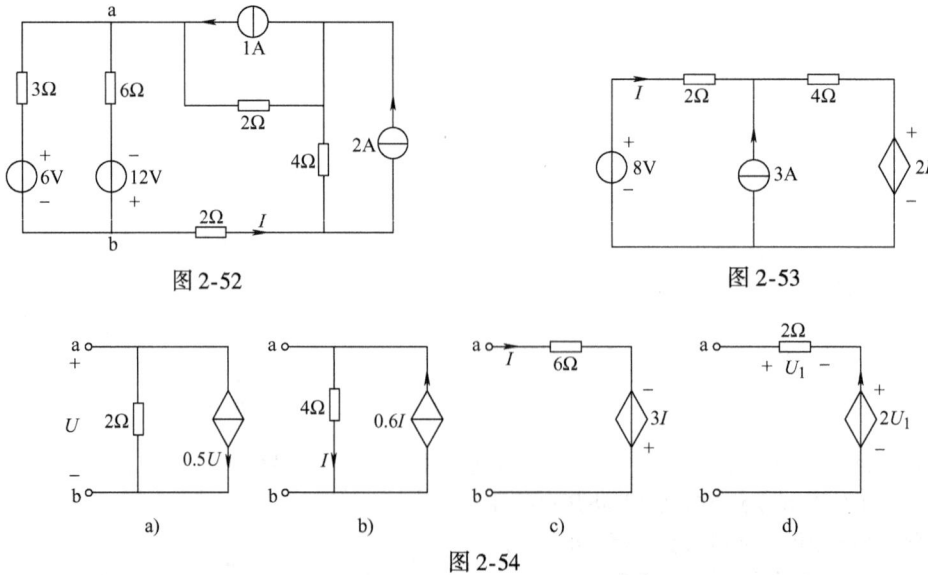

图 2-52

图 2-53

图 2-54

第 3 章　电阻电路的一般分析

导读

在电路中选择一组电路独立变量(电压或电流)，根据 KCL 和 KVL 以及元件的伏安关系建立该组变量的独立方程，求解电路方程。对于线性电阻电路，电路独立变量方程是一组线性代数方程。本章介绍的一般分析方法包括支路电流法、网孔电流法、回路电流法和节点电压法。

基本要求

- 掌握支路电流法。
- 熟练掌握网孔电流法，了解回路电流法。
- 熟练掌握节点电压法。
- 了解图论的基础知识。

你知道吗

利用等效变换可以分析简单电路，但是遇到复杂电路且其结构又不能改动时，该采用什么方法来进行分析？本章将学习这些分析方法。如果遇到的复杂电路达到一定规模，手工计算变得无能为力时又怎么办？这时就需借助计算机进行辅助分析，本章还将学习与其相关的图论的一些概念。

3.1　支路电流法

3.1.1　定义

以支路电流为变量，根据 KCL 和 KVL 分别对电路的节点和回路列出所需的独立方程组，然后求出各支路电流的一种最基本的方法，称为支路电流法。

3.1.2　步骤

1) 确定支路数 b，标出各支路电流参考方向。以图 3-1 所示电路为例，$b=6$，标出 $i_1 \sim i_6$ 参考方向如图 3-1 中所示。

2) 确定节点数 n，由 KCL 列出 $n-1$ 个独立的节点电流方程。图 3-1 所示电路中 $n=4$，标出 a、b、c、d 4 个节点，列出 KCL 方程为

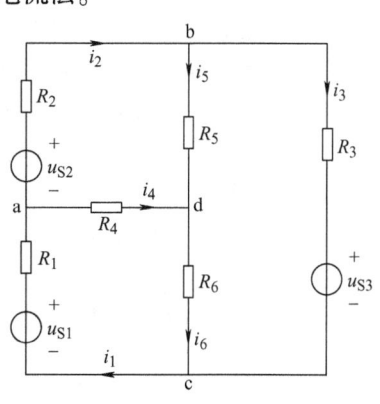

图 3-1　支路电流法的示例

节点 a	$i_1 - i_2 - i_4 = 0$	(3-1)
节点 b	$i_2 - i_3 - i_5 = 0$	(3-2)
节点 c	$-i_1 + i_3 + i_6 = 0$	(3-3)
节点 d	$i_4 + i_5 - i_6 = 0$	(3-4)

想一想：有没有含 b 个独立变量的 $b+1$ 个独立方程？

将式(3-1)~式(3-4)中4个方程相加,得恒等式0=0,说明这4个方程中的任意一个可由其余3个推出,故对具有4个节点的电路,由KCL只能列出(4-1)个独立的节点电流方程,至于选哪3个节点作为独立节点则是任意的。

推广上述结果,对具有n个节点的电路,由KCL只能列出$(n-1)$个独立的节点电流方程。

3) 选$b-(n-1)$个独立回路,由KVL列出$b-(n-1)$个独立的回路电压方程。得到3个独立的节点电流方程后,剩余的3个独立方程可通过KVL获得。对图3-1所示电路,回路绕行方向都取顺时针,列出KVL方程为

adca	$R_1 i_1 + R_4 i_4 + R_6 i_6 = u_{S1}$	(3-5)
abda	$R_2 i_2 + R_5 i_5 - R_4 i_4 = u_{S2}$	(3-6)
abdca	$R_1 i_1 + R_2 i_2 + R_5 i_5 + R_6 i_6 = u_{S1} + u_{S2}$	(3-7)

若将式(3-5)和式(3-6)相加可得式(3-7),故式(3-5)~式(3-7)中仅2个方程是独立的。现在还需1个独立方程,若选$bR_3 cdab$,可得

$$R_2 i_2 + R_3 i_3 - R_6 i_6 - R_4 i_4 = u_{S2} - u_{S3} \quad (3-8)$$

式(3-8)是独立方程,但项数多,易列错。若重选$bR_3 cdb$,可得

$$R_3 i_3 - R_6 i_6 - R_5 i_5 = -u_{S3} \quad (3-9)$$

式(3-9)是独立方程,项数少,易列对。比较式(3-5)~式(3-9) 5个回路方程,可知列写adca、abda、$bR_3 cdb$这3个网孔电压方程较适宜。平面电路的所有网孔构成$b-(n-1)$个独立回路,故选网孔列写KVL方程是独立的。

4) 联立方程求解,得到各支路电流。

支路电流法的优点是思路清晰、方法简单,缺点是支路数多时,方程多,计算繁琐。

3.1.3 举例

例3-1 电路如图3-2所示,已知$U_{S1}=9V$, $U_{S2}=14V$, $R_1=3\Omega$, $R_2=4\Omega$, $R_3=2\Omega$,试用支路电流法求各支路电流。

解 (1) 确定支路数$b=3$,设I_1、I_2和I_3为各支路电流,标出其参考方向如图3-2所示。

(2) 确定节点数$n=2$,故独立节点只有$n-1=2-1=1$个。取节点a为独立节点,其KCL方程为

$$I_1 + I_2 - I_3 = 0$$

(3) 网孔数为$b-(n-1)=3-1=2$,取网孔绕行方向如图3-2所示,可得KVL方程为

左网孔　　　$R_1 I_1 + R_3 I_3 = U_{S1}$
右网孔　　　$-R_2 I_2 - R_3 I_3 = -U_{S2}$

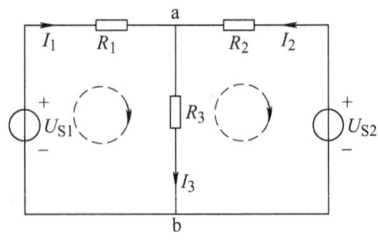

图3-2 例3-1的电路

(4) 代入已知数据,整理得

$$I_1 + I_2 - I_3 = 0$$
$$3I_1 + 2I_3 = 9$$
$$4I_2 + 2I_3 = 14$$

解方程组,得$I_1=1A$, $I_2=2A$, $I_3=3A$。

读一读:画在平面上,除了节点,任何两个支路不相交的电路,称为平面电路。

3.2 网孔电流法和回路电流法

3.2.1 网孔电流法

1. 定义

以网孔电流为变量,根据 KVL 对电路的网孔列出所需的独立方程组,求出网孔电流,再求各支路电流的一种方法,称为网孔电流法。

2. 公式推导

由式(3-1)~式(3-3) 可得

$$\left.\begin{array}{l} i_4 = i_1 - i_2 \\ i_5 = i_2 - i_3 \\ i_6 = i_1 - i_3 \end{array}\right\} \tag{3-10}$$

将式(3-10) 代入式(3-5)、式(3-6) 和式(3-9) 三个网孔电压方程,可得

$$\left.\begin{array}{l} R_1 i_1 + R_4(i_1 - i_2) + R_6(i_1 - i_3) = u_{S1} \\ R_2 i_2 + R_5(i_2 - i_3) - R_4(i_1 - i_2) = u_{S2} \\ R_3 i_3 - R_6(i_1 - i_3) - R_5(i_2 - i_3) = -u_{S3} \end{array}\right\} \tag{3-11}$$

整理式(3-11) 可得

$$\left.\begin{array}{l} (R_1 + R_4 + R_6)i_1 - R_4 i_2 - R_6 i_3 = u_{S1} \\ -R_4 i_1 + (R_2 + R_4 + R_5)i_2 - R_5 i_3 = u_{S2} \\ -R_6 i_1 - R_5 i_2 + (R_3 + R_5 + R_6)i_3 = -u_{S3} \end{array}\right\} \tag{3-12}$$

由上述可知,支路电流法中 KCL 方程代入 KVL 方程后,方程数减少 $n-1$ 个,变为 $b-(n-1)$ 个,计算量减少。若设 $i_1 = i_{m1}$,$i_2 = i_{m2}$,$i_3 = i_{m3}$,式(3-12) 就变为

$$\left.\begin{array}{l} (R_1 + R_4 + R_6)i_{m1} - R_4 i_{m2} - R_6 i_{m3} = u_{S1} \\ -R_4 i_{m1} + (R_2 + R_4 + R_5)i_{m2} - R_5 i_{m3} = u_{S2} \\ -R_6 i_{m1} - R_5 i_{m2} + (R_3 + R_5 + R_6)i_{m3} = -u_{S3} \end{array}\right\} \tag{3-13}$$

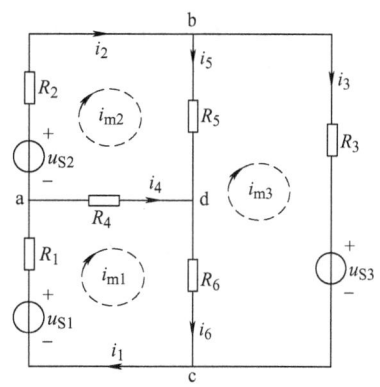

图 3-3 网孔电流法的示例

现在观察式(3-13) 中 i_{m1}、i_{m2} 和 i_{m3} 的含义。如图 3-3 所示,若在三个网孔中假想有沿网孔边界流动的电流,记为网孔电流 i_{m1}、i_{m2} 和 i_{m3},且标出其参考方向如图中虚线所示,由于边缘支路只有其所在网孔的一个网孔电流作用,且网孔电流与支路电流参考方向一致,故 $i_1 = i_{m1}$,$i_2 = i_{m2}$,$i_3 = i_{m3}$;除边缘支路外,由网孔电流也可求其他支路电流,由于公共支路有相邻网孔的两个网孔电流共同作用,当网孔电流与支路电流参考方向一致时,网孔电流取正,反之取负,故 $i_4 = i_{m1} - i_{m2}$,$i_5 = i_{m2} - i_{m3}$,$i_6 = i_{m1} - i_{m3}$。当网孔电流代替支路电流后,式(3-13) 就成了以网孔电流为独立变量的网孔电流法方程。

将式(3-13) 写成网孔电流法方程的一般形式

辨一辨:电路的网孔中存在网孔电流。

$$\left.\begin{array}{l}R_{11}i_{m1} + R_{12}i_{m2} + R_{13}i_{m3} = u_{S11}\\ R_{21}i_{m1} + R_{22}i_{m2} + R_{23}i_{m3} = u_{S22}\\ R_{31}i_{m1} + R_{32}i_{m2} + R_{33}i_{m3} = u_{S33}\end{array}\right\} \tag{3-14}$$

由式(3-13)、式(3-14)和图3-3所示电路进行比照,可知R_{kk}为同第k个网孔所关联的所有电阻之和,称为自电阻,恒为正。$R_{kj}(k \neq j)$为第k个网孔同第j个网孔所关联的所有公共电阻之和,称为互电阻,值可正可负。当相邻网孔电流在公共支路上参考方向相同时R_{kj}为正,反之为负。若各网孔电流的参考方向均取顺时针或逆时针时,R_{kj}总为负。注意,当电路中不含受控源时,$R_{kj} = R_{jk}$;当第k个网孔同第j个网孔之间不存在公共电阻时,R_{kj}为零。u_{Skk}为同第k个网孔所关联的所有电源电压代数和,当此电压的参考方向与网孔电流参考方向一致时取负,相反时取正。

3. 步骤

(1) 确定网孔数m,标出网孔电流参考方向(一般均取顺时针或逆时针方向,使互电阻为负),其也作为所在网孔绕行方向。

(2) 确定自电阻、互电阻和网孔中电源电压的代数和,列写网孔电流法方程。

(3) 联立求解方程,得各网孔电流。

(4) 标出各支路电流参考方向,由网孔电流求各支路电流。

4. 举例

例3-2 电路如图3-4所示,试用网孔电流法求各支路电流。

解 (1) 确定网孔数$b=3$,设I_{m1}、I_{m2}和I_{m3}为各网孔电流,其参考方向均取顺时针方向,如图3-4虚线所示。

(2) 列写网孔电流法方程

左网孔　　　$(6+2)I_{m1} - 2I_{m2} = 18 - 7$

中间网孔　　$-2I_{m1} + (4+2)I_{m2} - 4I_{m3} = 7$

右网孔　　　$-4I_{m2} + (4+4)I_{m3} = -2$

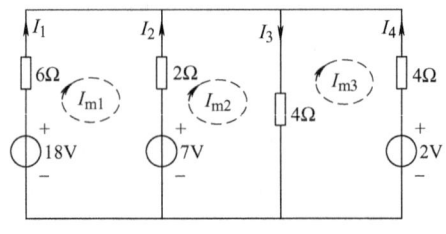

图3-4　例3-2的电路

(3) 整理后

$$8I_{m1} - 2I_{m2} = 11$$
$$-2I_{m1} + 6I_{m2} - 4I_{m3} = 7$$
$$-4I_{m2} + 8I_{m3} = -2$$

解方程组,得$I_{m1} = 2A$,$I_{m2} = 2.5A$,$I_{m3} = 1A$。

(4) 标出各支路电流参考方向,由网孔电流可求各支路电流

$I_1 = I_{m1} = 2A$　　$I_2 = I_{m2} - I_{m1} = 0.5A$　　$I_3 = I_{m2} - I_{m3} = 1.5A$　　$I_4 = -I_{m3} = -1A$

5. 讨论

(1) 含电流源支路的处理

1) 设电流源两端电压为U,列写网孔电流方程后,再补充电流源电流与网孔电流之间的关系方程。如图3-5a所示电路

左网孔　　　　　　　　$(R_1 + R_3)I_{m1} - R_3 I_{m2} = U_{S1} - U$

右网孔　　　　　　　　$-R_3 I_{m1} + (R_2 + R_3)I_{m2} = -U_{S2} + U$

补充方程　　　　　　　$I_S = I_{m2} - I_{m1}$

推一推: 互电阻的正负取决于什么因素?

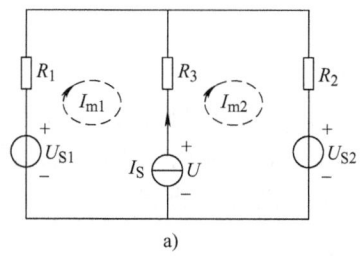
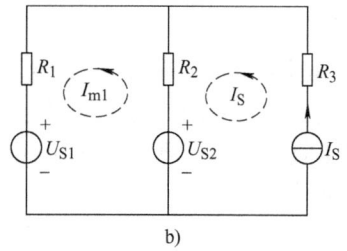

图 3-5 含电流源支路的处理

2) 电路允许时可将电流源支路拉出来成为边缘支路,如图 3-5b 所示。电流源所在网孔的网孔电流为 I_S,该网孔不必列写网孔电流方程,此时方程数少,比较简捷。

左网孔 $(R_1+R_2)I_{m1} - R_2 I_S = -U_{S1} + U_{S2}$

(2) 含受控源的处理

若电路中含有受控源,应将受控源当做独立源一样列写网孔电流方程,然后补充控制量和网孔电流的关系方程。如图 3-6 所示电路

左网孔 $(R_1+R_2)i_{m1} - R_2 i_{m2} = u_{S1} - ri_3$

右网孔 $-R_2 i_{m1} + (R_2+R_3)i_{m2} = ri_3$

补充方程 $i_3 = i_{m2}$

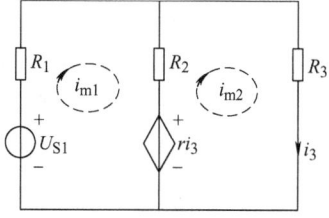

图 3-6 含受控源的处理

3.2.2 回路电流法

网孔电流法可推广到回路电流法,使仅适用于平面电路的方法推广到非平面电路。

1. 定义

以回路电流为变量,根据 KVL 对电路的回路列出所需的独立方程组,求出回路电流,再求各支路电流的一种方法,称为回路电流法。

2. 公式

回路电流是在一个回路中连续流动的假想电流。网孔电流法选网孔为独立回路,但回路电流法不局限于网孔,回路的取法很多,选取的回路只要是一组独立回路即可。对于一个具有 b 条支路和 n 个节点的电路,其独立回路数为 $b-n+1$。对具有 l 个独立回路的电路,用 $i_{lk}(k=1, 2, \cdots, l)$ 表示回路电流时,回路电流法方程的一般形式为

$$\left.\begin{array}{l} R_{11}i_{l1} + R_{12}i_{l2} + \cdots + R_{1l}i_{ll} = u_{S11} \\ R_{21}i_{l1} + R_{22}i_{l2} + \cdots + R_{2l}i_{ll} = u_{S22} \\ \vdots \\ R_{l1}i_{l1} + R_{l2}i_{l2} + \cdots + R_{ll}i_{ll} = u_{Sll} \end{array}\right\} \quad (3\text{-}15)$$

式(3-15)中,R_{kk} 为同第 k 个回路所关联的所有电阻之和,称为自电阻,恒为正。$R_{kj}(k \neq j)$ 为第 k 个回路同第 j 个回路所关联的所有公共电阻之和,称为互电阻,值可正可负,当第 k 个回路电流同第 j 个回路电流在公共支路上参考方向相同时 R_{kj} 为正,反之为负。注意,当电路中不含受控源时,$R_{kj} = R_{jk}$;当第 k 个回路同第 j 个回路之间不存在公共电阻时,R_{kj} 为零。u_{Skk} 为同第 k 个回路所关联的所有电源电压代数和,当此电压的参考方向与回路电流参考方向一致时取负,相反时取正。

念一念:网孔电流法是回路电流法的特殊情况。

3. 举例

例 3-3 电路如图 3-7 所示，试列写回路电流法方程。

解 含电流源支路的处理，一是电流源上设电压 U，二是拉出来成为边缘支路。前者较复杂，后者不具普遍性。现采用回路电流法。在 $R_2 U_{S2} I_S R_3$ 回路中，I_S 为其回路电流；在 $R_1 R_2 U_{S2} U_{S1}$ 回路中，设 I_{l1} 为回路电流。列写 $R_1 R_2 U_{S2} U_{S1}$ 回路电流方程

$$(R_1 + R_2)I_{l1} + R_2 I_S = U_{S1} - U_{S2}$$

显得更简便。

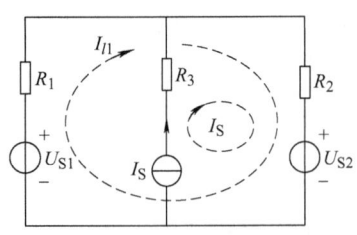

图 3-7 例 3-3 的电路

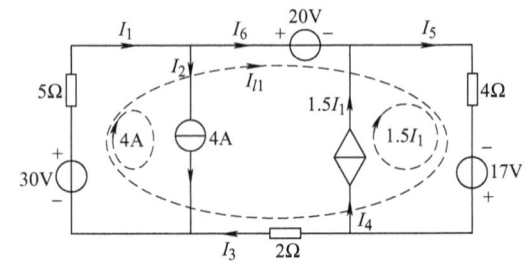

图 3-8 例 3-4 的电路

例 3-4 电路如图 3-8 所示，试用回路电流法求各支路电流。

解 使电流源支路仅一个回路电流作用，如图 3-8 所示，对 I_{l1} 所在回路列方程

$$(5+4+2)I_{l1} + 4 \times 5 + 1.5 I_1 \times 4 = 30 - 20 + 17$$

补充方程 $\qquad I_1 = I_{l1} + 4$

联立求解上述方程，可得 $I_{l1} = -1\text{A}$。由回路电流可求各支路电流

$$I_1 = I_{l1} + 4 = -1 + 4 = 3\text{A} \qquad I_2 = 4\text{A} \qquad I_3 = I_{l1} = -1\text{A} \qquad I_4 = 1.5 I_1 = 4.5\text{A}$$

$$I_5 = 1.5 I_1 + I_{l1} = 1.5 \times 3 - 1 = 3.5\text{A} \qquad I_6 = I_{l1} = -1\text{A}$$

3.3 节点电压法和弥尔曼定理

3.3.1 节点电压

1. 定义

在电路中任选一点为参考点，其电位为零，则其余节点对参考点的电压就称为该节点的节点电压。节点电压的参考方向总是由该节点指向参考点。如图 3-9 所示电路，若选节点 4 为参考点，则其余三个节点的节点电压 u_{n1}、u_{n2} 和 u_{n3} 的参考方向如图所示，由此约定，以后可省略不画。

2. 由节点电压表示支路电压

电路中任一支路都连在两个节点上，因此，任一支路电压等于所连接的两个节点的节点电压之差。对图 3-9 所示电路，选取支路电压与支路电流为关联参考方向，则有

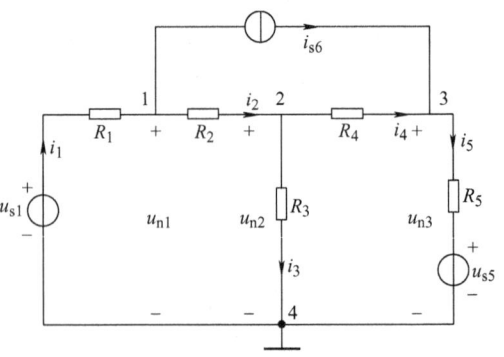

图 3-9 节点电压法示例

$$u_1 = -u_{n1}, u_2 = u_{n1} - u_{n2}, u_3 = u_{n2}$$

$$u_4 = u_{n2} - u_{n3}, u_5 = u_{n3}, u_6 = u_{n1} - u_{n3} \tag{3-16}$$

议一议：节点电压与节点电位有什么不同吗？

对图 3-9 所示电路的左网孔，由 KVL 可得

$$u_1 + u_2 + u_3 = 0 \tag{3-17}$$

把式(3-16) 代入式(3-17) 得

$$-u_{n1} + u_{n1} - u_{n2} + u_{n2} = 0$$

可见，节点电压自动满足 KVL。

3.3.2 节点电压法

1. 定义

以节点电压为变量，根据 KCL 对电路的节点列出所需的独立方程组，求出节点电压，再求各支路电流的一种方法，称为节点电压法。

2. 公式推导

（1）有源支路欧姆定律

对图 3-10a 所示电路，$u = Ri + u_S$，故 $i = \dfrac{-u_S + u}{R}$；对图 3-10b 所示电路，$u = -Ri + u_S$，故 $i = \dfrac{u_S - u}{R}$；对图 3-10c 所示电路，$u = Ri - u_S$，$i = \dfrac{u_S + u}{R}$；对图 3-10d 所示电路，$u = -Ri - u_S$，故 $i = \dfrac{-u_S - u}{R}$。可见，有源支路欧姆定律可表示为

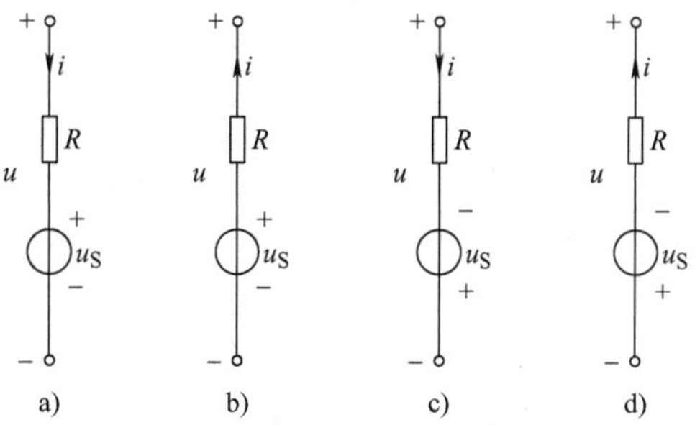

图 3-10 有源支路欧姆定律

$$i = \frac{\pm u_S \pm u}{R} \tag{3-18}$$

式(3-18) 中，u_S 参考方向与 i 参考方向相反时取正，相同时取负；u 参考方向与 i 参考方向相同时取正，相反时取负。

（2）公式推导

对图 3-9 所示电路，由 KCL 可得

$$\left.\begin{array}{l} \text{节点 1} \quad -i_1 + i_2 + i_{S6} = 0 \\ \text{节点 2} \quad -i_2 + i_3 + i_4 = 0 \\ \text{节点 3} \quad -i_4 + i_5 - i_{S6} = 0 \end{array}\right\} \tag{3-19}$$

由有源支路欧姆定律

$$i_1 = \frac{u_{S1} - u_{n1}}{R_1} \quad i_2 = \frac{u_{n1} - u_{n2}}{R_2} \quad i_3 = \frac{u_{n2}}{R_3} \quad i_4 = \frac{u_{n2} - u_{n3}}{R_4} \quad i_5 = \frac{-u_{S5} + u_{n3}}{R_5} \tag{3-20}$$

把式(3-20) 代入式(3-19)，经整理得到

$$\left.\begin{array}{l} \left(\dfrac{1}{R_1} + \dfrac{1}{R_2}\right)u_{n1} - \dfrac{1}{R_2}u_{n2} = \dfrac{u_{S1}}{R_1} - i_{S6} \\[2mm] -\dfrac{1}{R_2}u_{n1} + \left(\dfrac{1}{R_2} + \dfrac{1}{R_3} + \dfrac{1}{R_4}\right)u_{n2} - \dfrac{1}{R_4}u_{n3} = 0 \\[2mm] -\dfrac{1}{R_4}u_{n2} + \left(\dfrac{1}{R_4} + \dfrac{1}{R_5}\right)u_{n3} = \dfrac{u_{S5}}{R_5} + i_{S6} \end{array}\right\} \tag{3-21}$$

判一判：互电阻有正负，互电导也有正负。

令 $G_k = 1/R_k (k = 1, 2, \cdots, 5)$，式(3-21) 可写为

$$\left.\begin{array}{r}(G_1 + G_2)u_{n1} - G_2 u_{n2} = G_1 u_{S1} - i_{S6} \\ -G_2 u_{n1} + (G_2 + G_3 + G_4)u_{n2} - G_4 u_{n3} = 0 \\ -G_4 u_{n2} + (G_4 + G_5)u_{n3} = G_5 u_{S5} + i_{S6}\end{array}\right\} \quad (3\text{-}22)$$

式(3-22) 是以节点电压为未知量的电路方程，称为节点电压法方程。将式(3-22) 写成节点电压法方程的一般形式

$$\left.\begin{array}{r}G_{11}u_{n1} + G_{12}u_{n2} + G_{13}u_{n3} = i_{S11} \\ G_{21}u_{n1} + G_{22}u_{n2} + G_{23}u_{n3} = i_{S22} \\ G_{31}u_{n1} + G_{32}u_{n2} + G_{33}u_{n3} = i_{S33}\end{array}\right\} \quad (3\text{-}23)$$

由式(3-22)、式(3-23) 和图 3-9 所示电路进行比照，可知 G_{kk} 为同第 k 个节点所关联的所有支路电阻倒数(电导) 之和，称为自电导，恒为正。$G_{kj}(k \neq j)$ 为第 k 个节点同第 j 个节点所关联的所有公共电阻倒数(电导) 之和，称为互电导，恒为负。注意，当电路中不含受控源时，$G_{kj} = G_{jk}$；当第 k 个节点同第 j 个节点之间不存在公共电导时，G_{kj} 为零。i_{Skk} 为同第 k 个节点所关联的所有电流源电流代数和，电流源电流 i_{Sk} 流入第 k 个节点时 i_{Sk} 取正，反之取负；电压源 u_{Sk} 正极连在第 k 个节点时 u_{Sk}/R_k 取正，反之取负。

3. 步骤

1) 确定参考点，如有接地点，通常视其为参考点，标出各节点。
2) 确定自电导、互电导和流向节点的电源电流代数和，列写节点电压法方程。
3) 联立求解方程，得各节点电压。
4) 标出各支路电流参考方向，由有源支路欧姆定律求各支路电流。

4. 举例

例 3-5 电路如图 3-11a 所示，试用节点电压法求各支路电流。

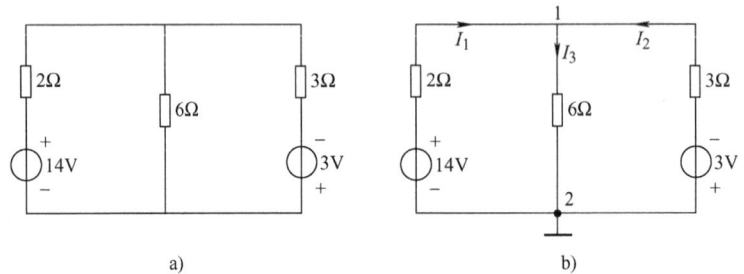

图 3-11 例 3-5 的电路

解 确定节点 2 为参考点并标注接地符号，现对节点 1 列节点电压方程

$$\left(\frac{1}{2} + \frac{1}{6} + \frac{1}{3}\right)U_{n1} = \frac{14}{2} - \frac{3}{3}$$

求解得到 $U_{n1} = 6\text{V}$。标出各支路电流参考方向，如图 3-11b 所示，由有源支路欧姆定律可得

$$I_1 = \frac{14 - U_{n1}}{2} = 4\text{A}$$

$$I_2 = \frac{-3 - U_{n1}}{3} = -3\text{A}$$

联一联：欧姆定律和有源支路欧姆定律有联系吗？

$$I_3 = \frac{U_{n1}}{6} = 1\text{A}$$

3.3.3 弥尔曼定理

像例3-5这种只有一个独立节点的电路，该节点电压的表达式可表示为

$$u_n = \frac{\sum i_{Sk}}{\sum G_k} \qquad (k = 1, 2, \cdots, n) \tag{3-24}$$

其中 $\sum G_k$ 为节点 k 的自电导，$\sum i_{Sk}$ 为流向该节点的电流源电流代数和，以及电压源电压 u_{Sk} 除以各自所在支路电阻 R_k 的代数和，此定理称为弥尔曼定理。

3.3.4 讨论

1. 含电压源支路的处理

例3-6 电路如图3-12所示，列写节点电压方程。

解 含电压源支路的处理通常可采用下述方法：

方法一：把电压源负极所接节点3设为参考点，则节点2的节点电压 $U_{n2} = U_S$。对其余节点列节点电压方程

节点1　　　　　$(G_1 + G_2)U_{n1} - G_2 U_S = I_{S1}$
节点4　　　　　$-G_3 U_S + G_3 U_{n4} = -I_{S1} - I_{S2}$

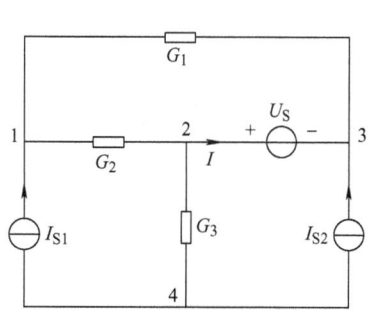

图3-12　例3-6的电路

方法二：选节点4为参考点，设电压源 U_S 支路的电流为 I，参考方向如图3-12所示，同时补充该电压源电压与节点电压的关系方程。对其余节点列节点电压方程

节点1　　　　　$(G_1 + G_2)U_{n1} - G_2 U_{n2} - G_1 U_{n3} = I_{S1}$
节点2　　　　　$-G_2 U_{n1} + (G_2 + G_3)U_{n2} = -I$
节点3　　　　　$-G_1 U_{n1} + G_1 U_{n3} = I + I_{S2}$
关系方程　　　　$U_{n2} - U_{n3} = U_S$

2. 含电流源串电阻支路的处理

例3-7 电路如图3-13a所示，列写节点电压方程。

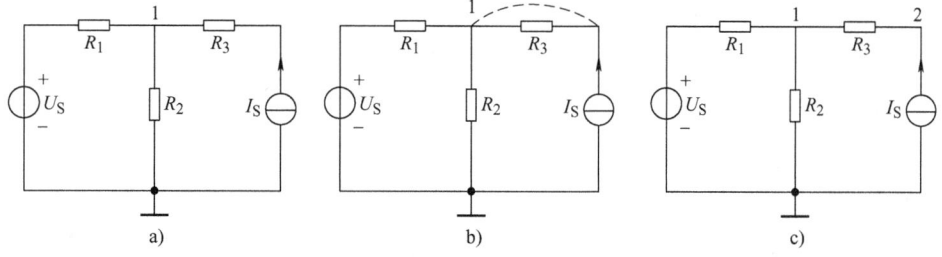

图3-13　例3-7的电路

解 含电流源串电阻支路的处理通常可采用下述方法：

方法一：把同电流源串联的电阻短路，如图3-13b所示，列节点电压法方程

$$\left(\frac{1}{R_1} + \frac{1}{R_2}\right)U_{n1} = \frac{U_S}{R_1} + I_S$$

问一问：例3-7中方法一和方法二有没有联系？

方法二：把电阻同电流源连接的点设为节点，如图 3-13c 所示，列节点电压法方程

节点 1 　　$\left(\dfrac{1}{R_1}+\dfrac{1}{R_2}+\dfrac{1}{R_3}\right)U_{n1}-\dfrac{1}{R_3}U_{n2}=\dfrac{U_S}{R_1}$

节点 2 　　$-\dfrac{1}{R_3}U_{n1}+\dfrac{1}{R_3}U_{n2}=I_S$

3. 含受控源的处理

例 3-8 电路如图 3-14 所示，列写节点电压方程。

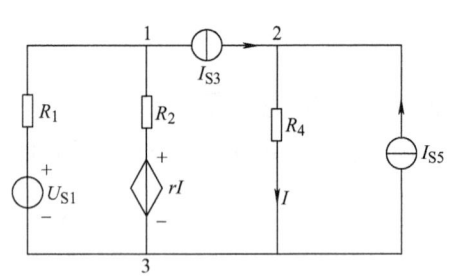

图 3-14　例 3-8 的电路

解　将受控源当做独立源一样列写节点电压方程，然后补充控制量和节点电压的关系方程。选节点 3 为参考点，对其余节点列节点电压方程

节点 1 　　$\left(\dfrac{1}{R_1}+\dfrac{1}{R_2}\right)U_{n1}=\dfrac{U_{S1}}{R_1}+\dfrac{rI}{R_2}-I_{S3}$

节点 2 　　$\dfrac{1}{R_4}U_{n2}=I_{S3}+I_{S5}$

关系方程　　$I=\dfrac{U_{n2}}{R_4}$

3.4　图论应用

3.4.1　树

1. 电路的图

无任何电路元件，只有抽象的线段和点组成，如图 3-15a 所示电路可用图 3-15b 所示的图表示。

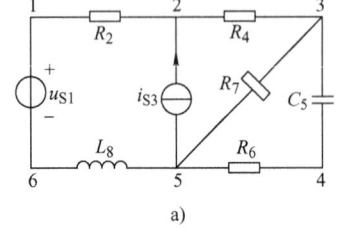 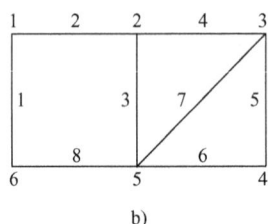 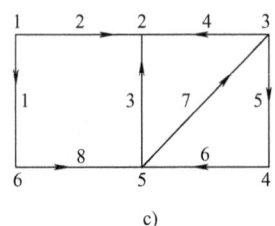

图 3-15　电路的图

2. 有向图

标出电压、电流关联方向的图，如图 3-15c 所示。

3. 子图

若图 G_1 的每个节点和支路是图 G 的节点和支路，则称图 G_1 为图 G 的一个子图。图 3-16 所示两个图都为图 3-15b 所示图的子图。

4. 连通图

图 G 的任意两个节点之间至少存在一条由支路所构成的路径时，则称图 G 为连通图。图 3-16 所示两个图都为连通图。

忆一忆：1736 年，欧拉成功解决了哥尼斯堡七桥问题，开创了图论研究。

5. 树

包含连通图 G 中全部节点而不包含回路的连通子图，称为图 G 的树。图 3-16 给出了图 3-15b 所示图的 2 个树。1、2、3、4、5 构成一个树 T_1；2、3、4、6、8 也构成一个树 T_2。在图 G 中确定一个树后，属于该树的支路称为树支，不属于该树的支路称为连支，如 1、2、3、4、5 为树 T_1 的树支，而 6、7、8 为树 T_1 的连支。

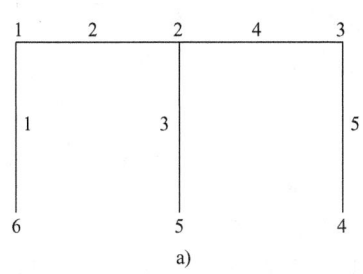
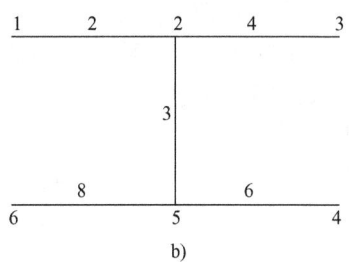

图 3-16 树

3.4.2 利用树确定独立 KCL 方程

1. 关联矩阵

描述图中支路与节点的关联情况采用关联矩阵。设有向图节点数为 n，支路数为 b，则关联矩阵 A 有 $n-1$ 行 b 列（行对应节点，列对应支路），其元素为

$a_{jk}=1$，支路 k 与节点 j 关联，且其方向离开该节点；

$a_{jk}=-1$，支路 k 与节点 j 关联，且其方向指向该节点；

$a_{jk}=0$，支路 k 与节点 j 不关联。

如图 3-17 所示图 G，设节点 5 为参考点，则

$$A = \begin{array}{c} \\ 1 \\ 2 \\ 3 \\ 4 \end{array} \begin{array}{c} 1 \quad 2 \quad 3 \quad 4 \quad 5 \quad 6 \quad 7 \\ \begin{bmatrix} 0 & 1 & 0 & 0 & 1 & 0 & -1 \\ -1 & 0 & 0 & 0 & -1 & 0 & 0 \\ 0 & -1 & 1 & 0 & 0 & -1 & 0 \\ 1 & 0 & 0 & 1 & 0 & 1 & 0 \end{bmatrix} \end{array}$$

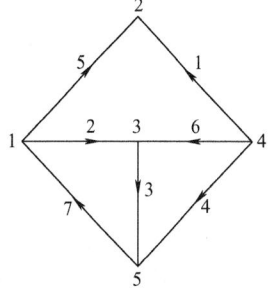

图 3-17 关联矩阵

2. 独立 KCL 方程的列写

若 b 个支路电流用一个 b 阶列向量表示

$$i = \begin{bmatrix} i_1 & i_2 & \cdots & i_b \end{bmatrix}^T$$

则有

$$Ai = \begin{bmatrix} 0 & 1 & 0 & 0 & 1 & 0 & -1 \\ -1 & 0 & 0 & 0 & -1 & 0 & 0 \\ 0 & -1 & 1 & 0 & 0 & -1 & 0 \\ 1 & 0 & 0 & 1 & 0 & 1 & 0 \end{bmatrix} \begin{bmatrix} i_1 \\ i_2 \\ i_3 \\ i_4 \\ i_5 \\ i_6 \\ i_7 \end{bmatrix} = \begin{bmatrix} i_2 + i_5 - i_7 \\ -i_1 - i_5 \\ -i_2 + i_3 - i_6 \\ i_1 + i_4 + i_6 \end{bmatrix} = 0$$

找一找：图 G 的树有很多个，你能找出 G 的全部树吗？

$Ai = 0$ 为独立 KCL 方程。

3. 广义独立 KCL 方程

(1) 割集

连通图 G 的一个支路集合,移去这些支路,G 就分为两个分离部分,但只要少移去其中任一条支路,G 仍连通。如图 3-18 中,支路 4、5、6 为割集,移去支路 4、5、6 后,剩余为 1 和 2、3、7 两个分离部分,少移去 4、5、6 中任意一条,图就连通。

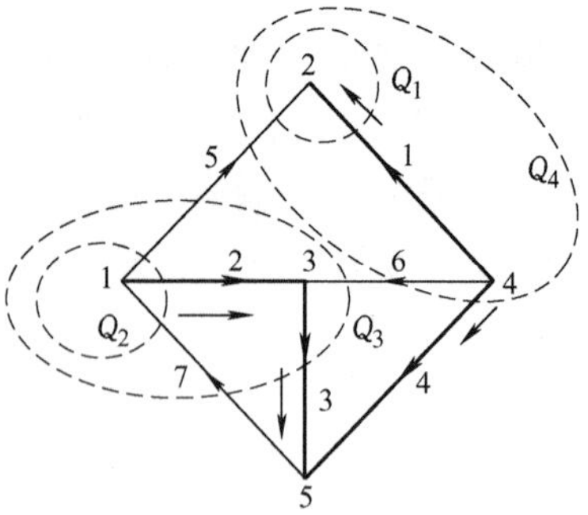

(2) 基本割集

选定一个树,含有一个树支而其余为连支的割集称为基本割集或单树支割集。一个树的全部基本割集构成基本割集组,由于每个基本割集含有其他割集都不含的树支,因此基本割集组是独立的,基本割集数等于树支数 $n-1$。

图 3-18 基本割集

(3) 基本割集矩阵

描述图中支路与基本割集的关联情况采用基本割集矩阵。设有向图节点数为 n,支路数为 b,基本割集方向取所含树支的方向,则基本割集矩阵 $\boldsymbol{Q}_f$ 有 $n-1$ 行 b 列(行对应基本割集,列对应支路),其元素为

$q_{jk} = 1$,支路 k 与基本割集 j 关联,且它们方向一致;

$q_{jk} = -1$,支路 k 与基本割集 j 关联,且它们方向相反;

$q_{jk} = 0$,支路 k 与基本割集 j 不关联。

如图 3-18 所示,选支路 1、2、3、4 为树,列写基本割集矩阵

$$\boldsymbol{Q}_f = \begin{matrix} Q_1 \\ Q_2 \\ Q_3 \\ Q_4 \end{matrix} \begin{matrix} 1 & 2 & 3 & 4 & 5 & 6 & 7 \end{matrix} \\ \begin{bmatrix} 1 & 0 & 0 & 0 & 1 & 0 & 0 \\ 0 & 1 & 0 & 0 & 1 & 0 & -1 \\ 0 & 0 & 1 & 0 & 1 & -1 & -1 \\ 0 & 0 & 0 & 1 & -1 & 1 & 0 \end{bmatrix}$$

(4) 广义独立 KCL 方程的列写

b 个支路电流用一个 b 阶列向量表示,则有

$$\boldsymbol{Q}_f \boldsymbol{i} = \begin{bmatrix} 1 & 0 & 0 & 0 & 1 & 0 & 0 \\ 0 & 1 & 0 & 0 & 1 & 0 & -1 \\ 0 & 0 & 1 & 0 & 1 & -1 & -1 \\ 0 & 0 & 0 & 1 & -1 & 1 & 0 \end{bmatrix} \begin{bmatrix} i_1 \\ i_2 \\ i_3 \\ i_4 \\ i_5 \\ i_6 \\ i_7 \end{bmatrix} = \begin{bmatrix} i_1 + i_5 \\ i_2 + i_5 - i_7 \\ i_3 + i_5 - i_6 - i_7 \\ i_4 - i_5 + i_6 \end{bmatrix} = \boldsymbol{0}$$

$\boldsymbol{Q}_f \boldsymbol{i} = 0$ 为广义独立 KCL 方程。

思一思:为什么割集上所关联的电流代数和为零?

3.4.3 利用树确定独立 KVL 方程

1. 基本回路

选定一个树，含有一个连支而其余为树支的回路称为基本回路或单连支回路。一个树的全部基本回路构成基本回路组，由于每个基本回路含有其他回路都不含的连支，因此基本回路组是独立的，基本回路数等于连支数 $b-(n-1)$。

2. 基本回路矩阵

描述图中支路与基本回路的关联情况采用基本回路矩阵。设有向图节点数为 n，支路数为 b，基本回路方向取所含连支的方向，则基本回路矩阵 $\boldsymbol{B}_f$ 有 $b-(n-1)$ 行 b 列（行对应基本回路，列对应支路），其元素为

$b_{jk}=1$，支路 k 与基本回路 j 关联，且它们方向一致；

$b_{jk}=-1$，支路 k 与基本回路 j 关联，且它们方向相反；

$b_{jk}=0$，支路 k 与基本回路 j 不关联。

对图 3-19 所示图，选支路 1、2、3、4 为树，列写基本回路矩阵

$$\boldsymbol{B}_f = \begin{matrix} & \begin{matrix} 1 & 2 & 3 & 4 & 5 & 6 & 7 \end{matrix} \\ \begin{matrix} l_1 \\ l_2 \\ l_3 \end{matrix} & \begin{bmatrix} -1 & -1 & -1 & 1 & 1 & 0 & 0 \\ 0 & 0 & 1 & -1 & 0 & 1 & 0 \\ 0 & 1 & 1 & 0 & 0 & 0 & 1 \end{bmatrix} \end{matrix}$$

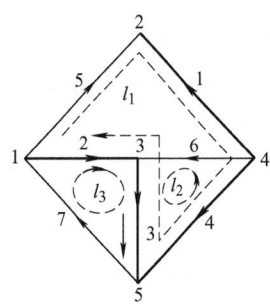

图 3-19 基本回路

3. 独立 KVL 方程的列写

若 b 个支路电压用一个 b 阶列向量表示

$$\boldsymbol{u} = \begin{bmatrix} u_1 & u_2 & \cdots & u_b \end{bmatrix}^T$$

则有

$$\boldsymbol{B}_f \boldsymbol{u} = \begin{bmatrix} -1 & -1 & -1 & 1 & 1 & 0 & 0 \\ 0 & 0 & 1 & -1 & 0 & 1 & 0 \\ 0 & 1 & 1 & 0 & 0 & 0 & 1 \end{bmatrix} \begin{bmatrix} u_1 \\ u_2 \\ u_3 \\ u_4 \\ u_5 \\ u_6 \\ u_7 \end{bmatrix} = \begin{bmatrix} -u_1 - u_2 - u_3 + u_4 + u_5 \\ u_3 - u_4 + u_6 \\ u_2 + u_3 + u_7 \end{bmatrix} = \boldsymbol{0}$$

$\boldsymbol{B}_f \boldsymbol{u} = \boldsymbol{0}$ 为独立 KVL 方程。

本 章 小 结

1. 设电路有 b 条支路、n 个节点。以支路电流为变量，根据 KCL 和 KVL 分别对电路的节点和回路列出所需的 b 个独立方程，然后求出各支路电流的一种最基本的方法，称为支路电流法。

2. 以网孔电流为变量，根据 KVL 对电路的网孔列出所需的 $b-(n-1)$ 个独立方程，求出网孔电流，再求各支路电流的一种方法，称为网孔电流法。该方法仅适用于平面电路。

3. 以回路电流为变量，根据 KVL 对电路的回路列出所需的 $b-(n-1)$ 个独立方程，求出回路电流，再求各支路电流的一种方法，称为回路电流法。

理一理：基本回路是独立回路，独立回路就是基本回路吗？

4. 以节点电压为变量，根据 KCL 对电路的节点列出所需的 $n-1$ 个独立方程，求出节点电压，再求各支路电流的一种方法，称为节点电压法。

5. 弥尔曼定理适用于二个节点的电路，其表达式为 $u_n = \sum i_{Sk} / \sum G_k$。

6. 利用树可以确定独立的 KCL 方程和独立的 KVL 方程。

● **实验链接**

熟悉电路仿真软件。

※ **小知识**

电路仿真是指使用数学模型来对电路的真实行为进行模拟的工程方法。电路仿真软件有很多种，常用的软件有 OrCAD、Multisim 和 Electronic Workbench（EWB）等，其中 MultiSim 软件在学习电路分析中使用最为广泛。

习 题

判一判

1. 用支路电流法求解电路时，不一定以支路电流为待求量。
2. 对有个 n 节点和 m 个回路的电路，支路电流法的方程数为 $n-1+m$。
3. 回路不一定是独立回路，网孔一定是独立回路。
4. 列节点电压法方程时，电路中参考点的选择是任意的。
5. 改变参考点不会改变节点电压法方程中的自电导和互电导。
6. 网孔电流法仅适用于平面电路，节点电压法仅适用于平面电路。

选一选

1. 图 3-20 所示电路中，独立节点数为_____。
A. 2　　　　　　B. 3　　　　　　C. 4　　　　　　D. 5
2. 用支路电流法求图 3-21 所示电路时需列写的独立方程数为_____。
A. 6　　　　　　B. 7　　　　　　C. 8　　　　　　D. 9

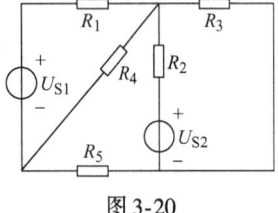

图 3-20

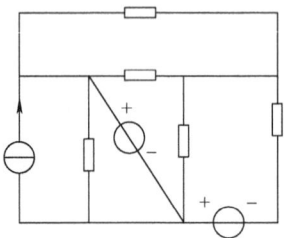

图 3-21

3. 支路电流法以_____为待求量。
A. 网孔电流　　　B. 回路电流　　　C. 节点电压　　　D. 支路电流

4. 一般用节点电压法需列写_____个独立方程。
A. 与支路数相等　　　　　　　B. 与节点数相等
C. 节点数减一　　　　　　　　D. 与网孔数相等

5. 图 3-22 所示电路中，节点 1 的节点电压方程为_____。
A. $(G_1 + G_2 + G_3) U_{n1} = G_1 U_S + I_S$
B. $(G_1 + G_2) U_{n1} = G_1 U_S + I_S$
C. $(G_2 + G_3) U_{n1} = G_1 U_S + I_S$
D. $\left(\dfrac{1}{G_1} + \dfrac{1}{G_2} + \dfrac{1}{G_3}\right) U_{n1} = G_1 U_S + I_S$

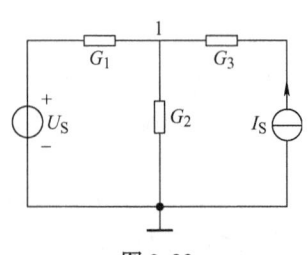

图 3-22

6. 关于弥尔曼定理，下列说法正确的是_____。
A. 分子是该两节点之间电导之和
B. 分母是该两节点之间电阻之和
C. 分子是流入该节点的电流的代数和
D. 分母是加在该节点上的电压之和

填一填

1. 设电路有 b 条支路、n 个节点，则其独立的 KCL 方程有_____个，独立的 KVL 方程有_____个。如果用支路电流法分析，需列_____个方程；如果用网孔电流法分析，需列_____个方程；如果用节点电压法分析，需列_____个方程。
2. 网孔电流法方程中，自电阻总为_____，互电阻正负由_____决定。
3. 节点电压法方程中，自电导总为_____，互电导总为_____。
4. 弥尔曼定理适用于含有_____个节点的电路。
5. 对图 3-23 所示电路列写网孔电流方程，自电阻 R_{22} = _____ Ω，互电阻 R_{12} = _____ Ω，R_{13} = _____ Ω，网孔 2 的等效电压源电压 U_{S22} = _____ V。
6. 对图 3-24 所示电路列写节点电压方程，节点 b 的自电导为_____ S，节点 b 和 c 之间的互电导为_____ S，流入节点 b 的等效电流源电流 I_{Sbb} = _____ A。

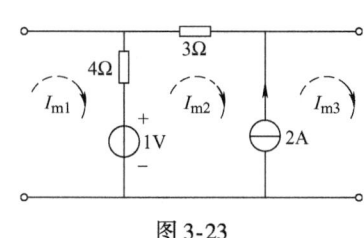

图 3-23

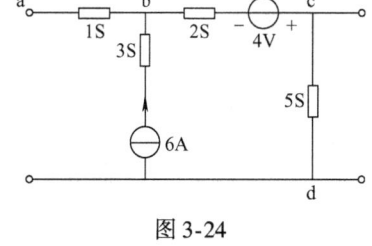

图 3-24

算一算

1. 图 3-25 所示电路中电流 I 为(   ) A。
A. 0   B. 1   C. 2   D. 3
2. 图 3-26 所示电路中电流 I_1 和 I_2 分别为(   )。
A. 4A、1A   B. 4A、-1A   C. -4A、1A   D. 4A、-1A

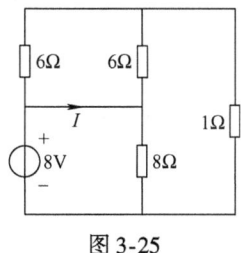

图 3-25

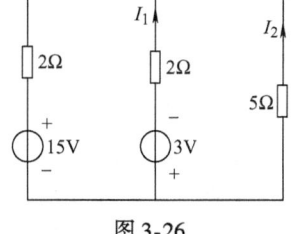

图 3-26

3. 图 3-27 所示电路中网孔电流 I_{m1} 为(   ) A。
A. 1   B. 2   C. 3   D. 4
4. 图 3-28 所示电路中节点 1 和 2 的节点电压分别为(   )。
A. 2V、0   B. 4V、3V   C. -4V、-3V   D. -2V、0
5. 图 3-29 所示电路中节点电压 U_{n1} =0 时，节点电压 U_{n2} 和电流源电流 I_S 分别为(   )。
A. -0.5V、-2A B. -0.5V、2A C. 0.5V、-2A D. 0.5V、2A
6. 图 3-30 所示电路中节点电压 U_{n1} 为(   ) V。
A. 0.8   B. 1.25   C. 4   D. -4

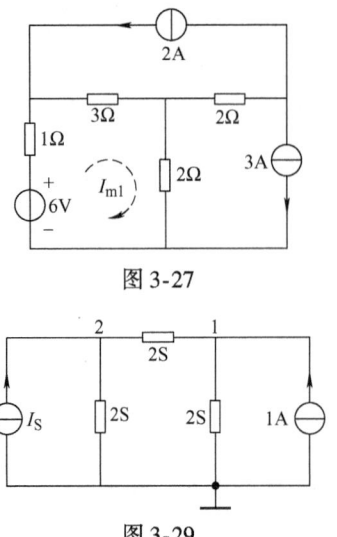

图 3-27

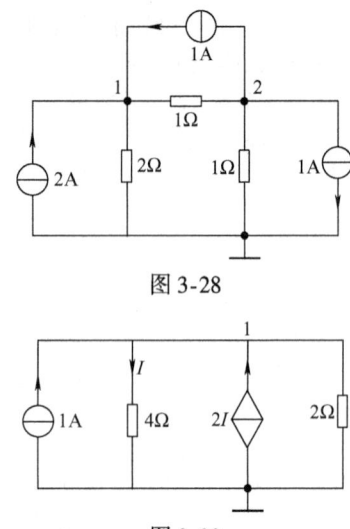

图 3-28

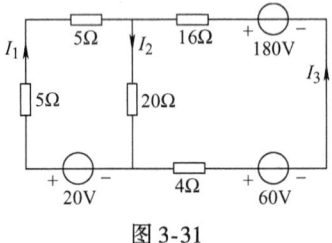

图 3-29

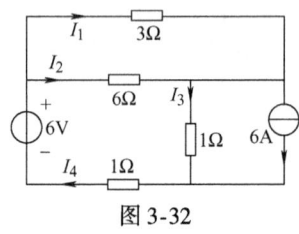

图 3-30

练一练

1. 电路如图 3-31 所示，试用支路电流法求各支路电流。

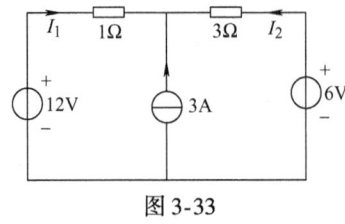

图 3-31

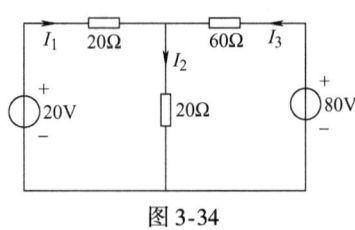

图 3-32

2. 电路如图 3-32 所示，试用支路电流法求各支路电流。
3. 电路如图 3-33 所示，试用支路电流法求各支路电流和各电源功率，并说明是吸收功率还是发出功率。
4. 电路如图 3-34 所示，试用支路电流法求各支路电流。

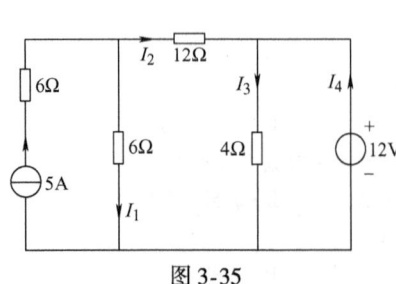

图 3-33

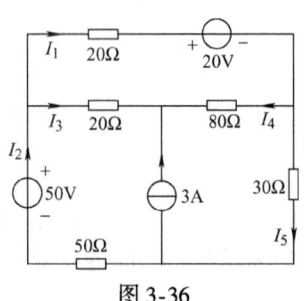

图 3-34

5. 电路如图 3-35 所示，试用网孔电流法求各支路电流。
6. 电路如图 3-36 所示，试用网孔电流法求各支路电流。
7. 电路如图 3-37 所示，试用网孔电流法求电流 I。

8. 电路如图 3-38 所示，试用网孔电流法求电流 I_1、I_2 及电流源发出的功率。

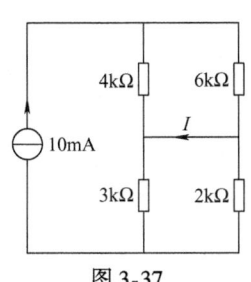

图 3-37

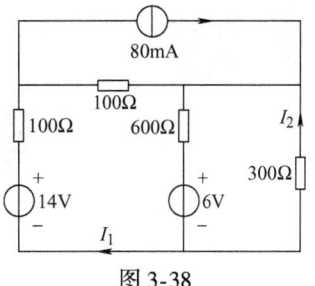

图 3-38

9. 电路如图 3-39 所示，试用回路电流法求电流 I_1 和 I_2。
10. 电路如图 3-40 所示，试用回路电流法求支路电流 I_1 和 I_2。

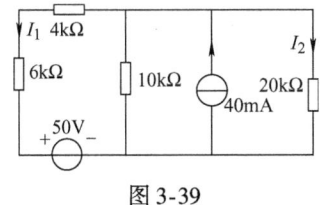

图 3-39

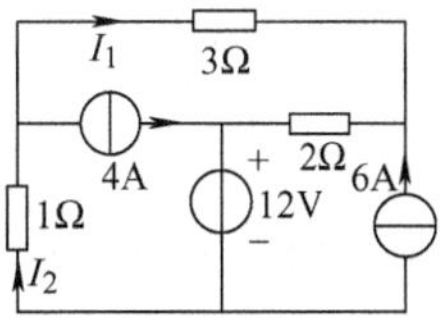

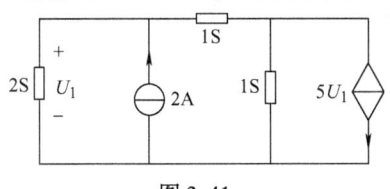

图 3-40

11. 电路如图 3-41 所示，试用回路电流法求 U_1。
12. 电路如图 3-42 所示，试用节点电压法求 U 和 I。

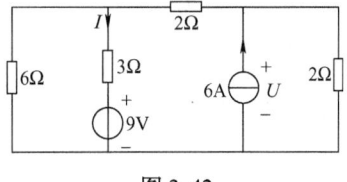

图 3-41

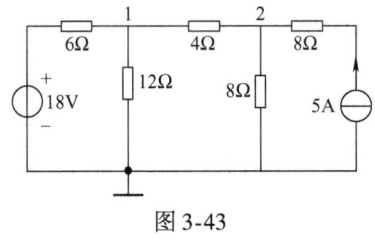

图 3-42

13. 电路如图 3-43 所示，试用节点电压法求各节点电压及各电源发出的功率。
14. 电路如图 3-44 所示，试用节点电压法求各节点电压。

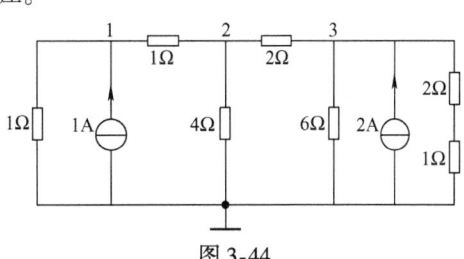

图 3-43

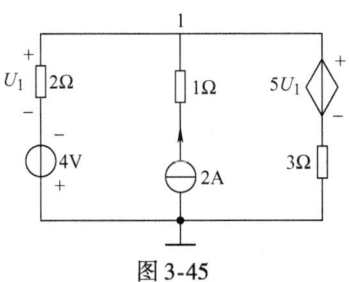

图 3-44

15. 电路如图 3-45 所示，试用节点电压法求各支路电流。
16. 电路如图 3-46 所示，试用节点电压法求各节点电压。

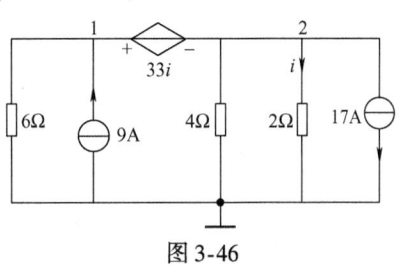

图 3-45

图 3-46

第 4 章 电路定理

导读

本章介绍应用于电路分析的重要定理,其中包括叠加定理、齐次定理、替代定理、戴维南定理、诺顿定理和最大功率传输定理。

基本要求

- 熟练掌握叠加定理。
- 了解替代定理。
- 熟练掌握戴维南定理和诺顿定理。
- 学会应用戴维南定理求解最大传输功率和非线性电阻电路。

你知道吗

从电阻电路的分析中,可以探索到电阻电路分析的一些规律,并将其当做一般性定理来使用。利用这些电路定理将复杂电路化简或将电路的局部用简单电路等效替代,电路的分析计算就方便多了。

4.1 叠加定理和齐次定理

4.1.1 叠加定理

1. 定义

在一个含多个独立电源作用的线性电路中,任一支路电流(或电压)等于各独立源单独作用时在该支路上所产生的电流(或电压)的代数和,称为叠加定理。

2. 叠加定理引例

如图 4-1a 所示电路为一个含两个独立源的电路,现求节点电压 u_{n1} 和电流 i。

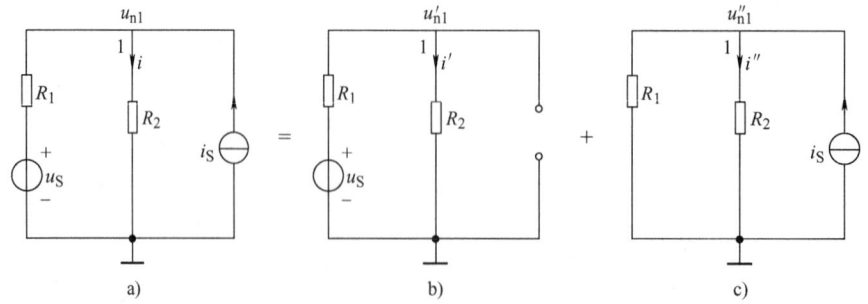

图 4-1 叠加定理引例

应用弥尔曼定理,图 4-1a 所示电路的节点 1 的节点电压为

想一想:如何用节点电压表示支路电压?

$$u_{n1} = \frac{\dfrac{u_S}{R_1} + i_S}{\dfrac{1}{R_1} + \dfrac{1}{R_2}} = \frac{R_2}{R_1 + R_2} u_S + \frac{R_1 R_2}{R_1 + R_2} i_S = A_1 u_S + A_2 i_S = u'_{n1} + u''_{n1} \tag{4-1}$$

由欧姆定律

$$i = \frac{u_{n1}}{R_2} = \frac{1}{R_1 + R_2} u_S + \frac{R_1}{R_1 + R_2} i_S = B_1 u_S + B_2 i_S = i' + i'' \tag{4-2}$$

由式(4-1) 和式(4-2) 可见，节点电压和支路电流均同各独立源电压 u_S 和电流 i_S 成正比，可视为各独立源单独作用时所产生的响应的叠加。以 i 为例，对图 4-1a 所示电路，当电压源 u_S 单独作用时，置电流源 i_S 为零，电流源开路，如图 4-1b 所示，电流分量

$$i' = \frac{1}{R_1 + R_2} u_S$$

当电流源 i_S 单独作用时，置电压源 u_S 为零，电压源短路，如图 4-1c 所示，电流分量

$$i'' = \frac{R_1}{R_1 + R_2} i_S$$

最后，得 $i = i' + i''$，与式(4-2) 相同。

3. 步骤

1) 画出各独立源单独作用时的分电路。单独作用指作用电源以外的独立源置零，电压源短路，电流源开路。

2) 求各分电路中电流(或电压) 分量。

3) 叠加各电流(或电压) 分量，电流分量同原电路对应支路电流参考方向一致时取正，相反时取负。

4. 举例

例 4-1 电路如图 4-2a 所示，试用叠加定理求电流 I_1 和 I_2，并求电阻 2Ω 消耗的功率。

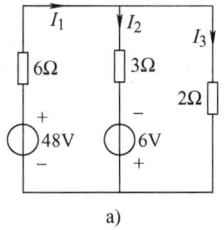
a)
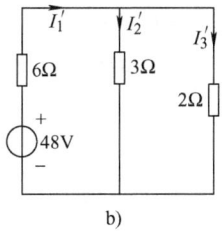
b)
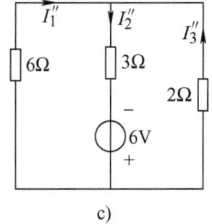
c)

图 4-2 例 4-1 的电路

解 (1) 48V 电压源单独作用，6V 电压源置零，其被短路，如图 4-2b 所示

$$I'_1 = \frac{48}{6 + \dfrac{3 \times 2}{3 + 2}} A = \frac{20}{3} A \qquad I'_2 = \frac{48}{6 + \dfrac{3 \times 2}{3 + 2}} \times \frac{2}{3 + 2} A = \frac{8}{3} A$$

$$I'_3 = \frac{48}{6 + \dfrac{3 \times 2}{3 + 2}} \times \frac{3}{3 + 2} A = 4A$$

(2) 6V 电压源单独作用，18V 电压源置零，如图 4-2c 所示

思一思：电压、电流是电源电压或电流的一次函数，那么功率也是电压或电流的一次函数吗？

$$I_1'' = \frac{6}{3+\frac{6\times 2}{6+2}} \times \frac{2}{6+2}\text{A} = \frac{1}{3}\text{A} \qquad I_2'' = \frac{6}{3+\frac{6\times 2}{6+2}}\text{A} = \frac{4}{3}\text{A}$$

$$I_3'' = \frac{6}{3+\frac{6\times 2}{6+2}} \times \frac{6}{6+2}\text{A} = 1\text{A}$$

故

$$I_1 = I_1' + I_1'' = 7\text{A} \qquad I_2 = I_2' + I_2'' = 4\text{A}$$
$$I_3 = I_3' - I_3'' = 3\text{A}$$

电阻 2Ω 消耗的功率为

$$P_{2\Omega} = I_3^2 \times 2\Omega = (3\text{A})^2 \times 2\Omega = 18\text{W}$$

注意，$P_{2\Omega} \neq I_3'^2 \times 2\Omega + I_3''^2 \times 2\Omega = (4\text{A})^2 \times 2\Omega + (1\text{A})^2 \times 2\Omega = 34\text{W}$。

例 4-2　含理想二极管电路如图 4-3a 所示，求电流 I。

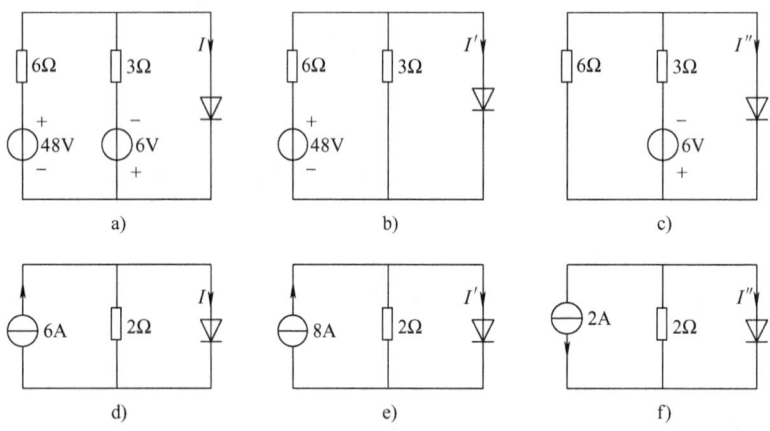

图 4-3　例 4-2 的电路

解　理想二极管的特性为沿二极管箭头方向正向电压时导通，电阻为零；反向电压时截止，电阻为无穷大。两个独立源单独作用的电路如图 4-3b、c 所示，利用电源等效变换，变换为如图 4-3e、f 所示电路，可得

$$I' = 8\text{A} \qquad I'' = 0 \qquad I = I' + I'' = 8\text{A} \tag{4-3}$$

而实际上，原电路变换为图 4-3d 所示电路，可得 $I = 6\text{A}$。式 4-3 是错误的，含理想二极管的电路不能用叠加定理去求解。

例 4-3　含受控源电路如图 4-4a 所示，试用叠加定理求电流 I。

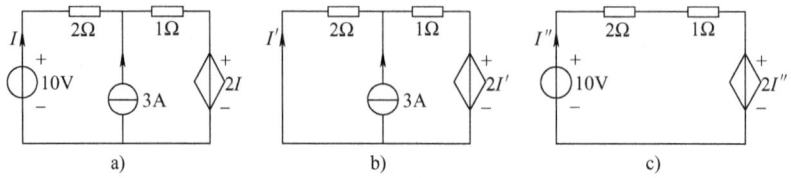

图 4-4　例 4-3 的电路

议一议：理想二极管为什么不是线性电阻？

解 3A 电流源和 10V 电压源单独作用的电路如图 4-4b、c 所示。对图 4-4b 电路，列 KVL 方程

$$2I' + (3+I') \times 1 + 2I' = 0$$

得 $I' = -0.6\text{A}$；对图 4-4c 电路，列 KVL 方程

$$(2+1)I'' + 2I'' = 10$$

得 $I'' = 2\text{A}$。故 $I = I' + I'' = 1.4\text{A}$。

5. 注意事项

1）叠加定理只适用于线性电路，不适用于非线性电路。
2）叠加定理适用于计算电路中的电压、电流，功率计算一般不能叠加。
3）受控源不作为独立源处理，在整个叠加过程中，受控源应始终保留在电路中。
4）叠加方式是任意的，可一次一个独立源单独作用，也可一次多个独立源同时作用，但每个独立源只能作用一次。

例 4-4 例 4-1 的如图 4-2a 所示电路中，若电压源 48V 电压波动为 48.5V，如图 4-5a 所示，试求电流 I_3 波动量 ΔI_3。

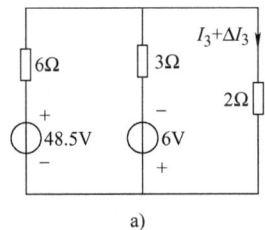
a)
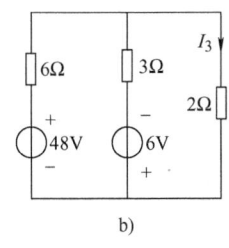
b)
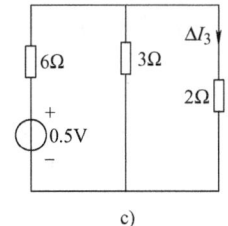
c)

图 4-5 例 4-4 的电路

解 将 48.5V 电压源视为 48V 和 0.5V 两个电压源，图 4-5a 所示电路可画为两个分电路，图 4-5b 为 48V 和 6V 两个电压源共同作用，图 4-5c 为 0.5V 电压源单独作用，可见

$$\Delta I_3 = \frac{0.5}{6 + \frac{3 \times 2}{3 + 2}} \times \frac{3}{3 + 2}\text{A} = \frac{4}{96}\text{A} \approx 0.0417\text{A}$$

实际上 ΔI_3 为例 4-1 中 48V 单独作用时所求得的 I'_3 的 1/96，可应用下述齐次定理直接求。

4.1.2 齐次定理

1. 定义

齐次定理指在线性电路中，若所有激励（独立电压源和电流源）同时增大或缩小 k 倍，则响应（电压和电流）也将同时增大或缩小 k 倍；若电路只含一个激励时，则响应与激励成正比。

2. 梯形电路分析

例 4-5 图 4-6 所示为梯形电路，试求电流 I_5。

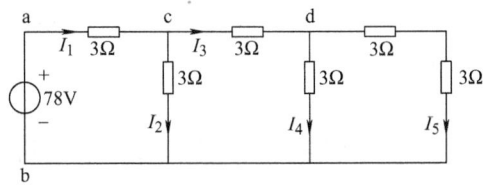

图 4-6 例 4-5 的电路

记一记：在叠加过程中，受控源始终保留在各独立源单独作用的分电路中。

解 梯形电路常采用"倒退法",从离电源最远的支路开始计算,由远到近推算到电源,最后用齐次定理予以修正。为便于计算,设 $I_5 = 1\text{A}$,则各支路电压和电流为

$$U_{db} = (3+3)I_5 = 6\text{V} \quad I_4 = U_{db}/3 = 2\text{A} \quad I_3 = I_4 + I_5 = 3\text{A}$$
$$U_{cb} = 3I_3 + U_{db} = 15\text{V} \quad I_2 = U_{cb}/3 = 5\text{A} \quad I_1 = I_2 + I_3 = 8\text{A}$$
$$U_{ab} = 3I_1 + U_{cb} = 39\text{V}$$

而 U_{ab} 实际为 78V,由齐次定理,$39:1 = 78:I_5$,故 $I_5 = 2\text{A}$。

4.2 替代定理

1. 定义

替代定理指在线性或非线性电路中,若第 k 条支路的支路电压 u_k 或支路电流 i_k 已知,则该支路可以用值为 u_k 的电压源或值为 i_k 的电流源来替代,替代后电路中所有支路电压和电流均保持原值不变。

2. 举例

例 4-6 如图 4-7a 所示电路中,已知 $I_1 = 7\text{A}$,$I_2 = 4\text{A}$,$I_3 = 3\text{A}$,$U_3 = 3\text{A} \times 2\Omega = 6\text{V}$。若 2Ω 电阻所在支路用 6V 电压源替代,如图 4-7b 所示,则

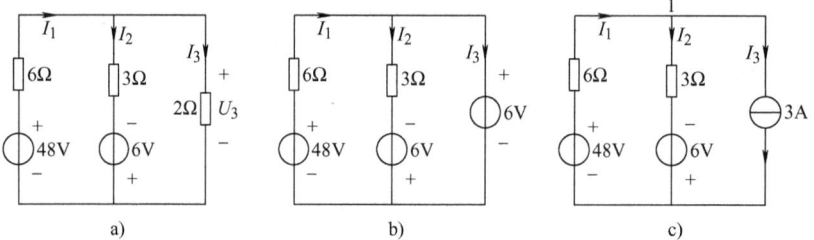

图 4-7 例 4-6 的电路

$$I_1 = \frac{(48-6)\text{V}}{6\Omega} = 7\text{A} \quad I_2 = \frac{(6+6)\text{V}}{3\Omega} = 4\text{A} \quad I_3 = I_1 - I_2 = 3\text{A}$$

若 2Ω 电阻所在支路用 3A 电流源替代,如图 4-7c 所示,则对节点 1 列 KCL 方程

$$I_2 = I_1 - 3 \tag{4-4}$$

对左网孔列 KVL 方程

$$6I_1 + 3I_2 = 6 + 48 \tag{4-5}$$

联立求解式(4-4)和式(4-5),可得 $I_1 = 7\text{A}$,$I_2 = 4\text{A}$,$I_3 = 3\text{A}$。两种情况均保持原电路电流不变,从而电压也不变。

3. 替代定理的证明

图 4-7a 所示电路,若 2Ω 电阻所在支路串联两个值为 $U_3 = 6\text{V}$ 的极性相反的电压源,如图 4-8a 所示,2Ω 电阻与其中一个电压源抵消,被短路后的电路如图 4-7b 所示;若 2Ω 电阻所在支路并联两个值为 $I_3 = 3\text{A}$ 的方向相反的电流源,如图 4-8b 所示,2Ω 电阻与其中一个电流源抵消,被开路后的电路如图 4-7c 所示。

4. "替代"和"等效"的区别

"替代"和"等效"是两个不同的概念。如图 4-9a 所示电路,当 N_2 中 $U_S = 3\text{V}$ 时,N_1

考一考:电压为零的支路可用什么来替代?电流为零的支路可用什么来替代?

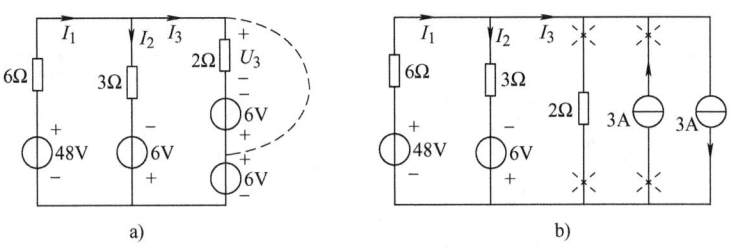

图 4-8 替代定理的证明

可用值为 1A 的电流源替代,如图 4-9b 所示;当 N_2 中 $U_S=6V$ 时,N_1 必须要用值为 2A 的电流源替代,如图 4-9c 所示。N_1 的替代同 N_2 有关,而 N_1 的等效同 N_2 无关,不管 N_2 中 U_S 为何值,N_1 对 N_2 可等效为一个 3Ω 电阻,如图 4-9d 所示。

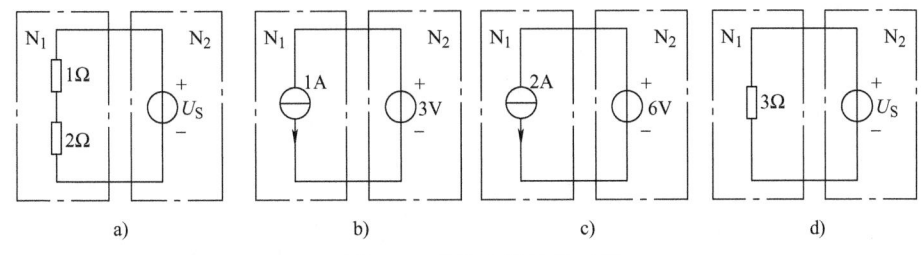

图 4-9 替代和等效的区别

4.3 戴维南定理和诺顿定理

4.3.1 戴维南定理

1. 定义

一个含独立电源、线性电阻和受控源的有源二端网络,对外电路而言,可用一个电压源和电阻的串联来等效,其中电压源电压为二端网络的端口开路电压,电阻为该二端网络中全部独立源置零后端口等效电阻。

如图 4-10a 所示电路中,N_S 为线性有源二端网络,其等效电路为 u_{oc} 串联 R_{eq},如图 4-10b 所示。u_{oc} 为 N_S 的端口开路电压,如图 4-10c 所示;R_{eq} 为 N_S 中全部独立源置零后所得无源二端网络 N_0 的端口等效电阻,如图 4-10d 所示。

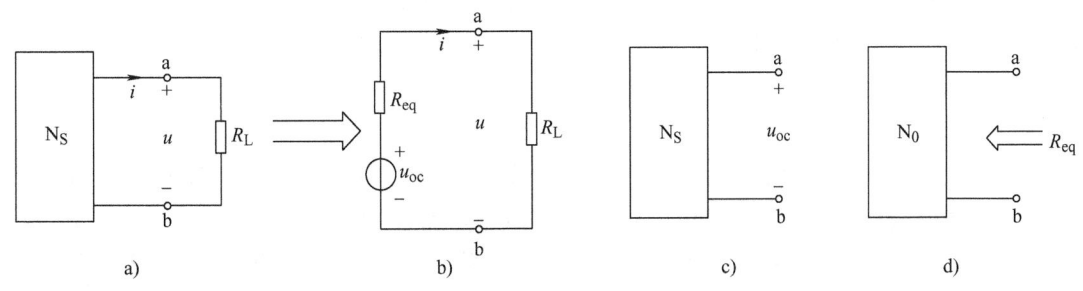

图 4-10 戴维南定理示意图

2. 戴维南定理引例

如图 4-11a 所示电路,由弥尔曼定理

赞一赞:1883 年法国学者戴维南(LC Thevenin,1857—1926)独立地提出了戴维南定理。

电路分析

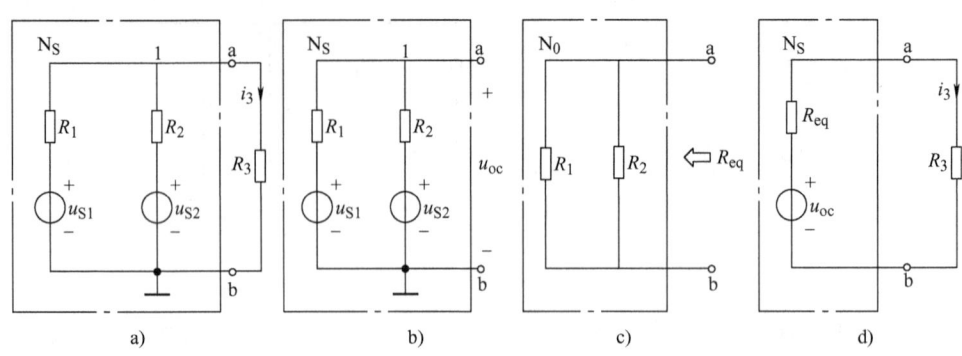

图 4-11 戴维南定理引例

$$u_{n1} = \frac{\dfrac{u_{S1}}{R_1} + \dfrac{u_{S2}}{R_2}}{\dfrac{1}{R_1} + \dfrac{1}{R_2} + \dfrac{1}{R_3}}$$

支路电流

$$i_3 = \frac{u_{n1}}{R_3} = \frac{\dfrac{u_{S1}}{R_1} + \dfrac{u_{S2}}{R_2}}{\dfrac{1}{R_1} + \dfrac{1}{R_2} + \dfrac{1}{R_3}} \times \frac{1}{R_3} = \frac{R_2 R_3 u_{S1} + R_1 R_3 u_{S2}}{R_1 R_2 + R_1 R_3 + R_2 R_3} \times \frac{1}{R_3}$$

$$= \frac{\dfrac{R_2}{R_1 + R_2} u_{S1} + \dfrac{R_1}{R_1 + R_2} u_{S2}}{\dfrac{R_1 R_2}{R_1 + R_2} + R_3} = \frac{u_{oc}}{R_{eq} + R_3} \tag{4-6}$$

式(4-6) 中

$$u_{oc} = \frac{R_2}{R_1 + R_2} u_{S1} + \frac{R_1}{R_1 + R_2} u_{S2} \tag{4-7}$$

$$R_{eq} = \frac{R_1 R_2}{R_1 + R_2} \tag{4-8}$$

由式(4-7) 可构造如图 4-11b 所示电路，同图 4-11a 电路比较，u_{oc} 为断开 R_3 后有源二端网络 N_S 的端口 a、b 的开路电压。由式(4-8) 可构造如图 4-11c 所示电路，同图 4-11a 电路比较，R_{eq} 为断开 R_3 后 N_S 中全部独立源置零所得无源二端网络 N_0 的端口等效电阻。从而，得到 u_{oc} 串联 R_{eq} 的 N_S 的戴维南等效电路，如图 4-11d 所示。

3. 步骤

1）断开待求支路，剩余为有源二端网络 N_S，求 N_S 的开路电压 u_{oc}。求 u_{oc} 可采用多种方法，如电源等效变换、回路电流法、节点电压法和叠加定理等。

2）置 N_S 中独立源为零（电压源短路，电流源开路），得无源二端网络 N_0，求 N_0 端口等效电阻 R_{eq}。求仅含线性电阻的 N_0 的 R_{eq} 的方法，可采用电阻串、并联和 Y-△等效变换等。

3）画出戴维南等效电路，求解。

想一想：有源二端网络 N_S 变成无源二端网络 N_0 时，受控源怎么处理？

4. 举例

例 4-7 电路如图 4-12a 所示，试用戴维南定理求电流 I。

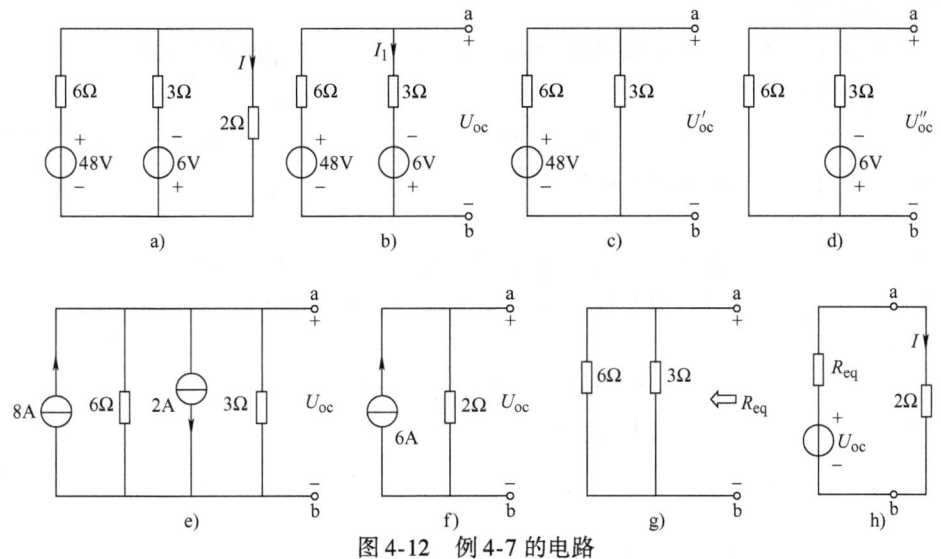

图 4-12 例 4-7 的电路

解 （1）将图 4-12a 所示电路中待求支路断开，剩余为如图 4-12b 所示有源二端网络 N_S，求 N_S 的开路电压 U_{oc}。

方法一：由 KVL 可得

$$(6+3)I_1 = 48 + 6$$

得 $I_1 = 6A$，故

$$U_{oc} = 3I_1 - 6 = 12V$$

方法二：由叠加定理，图 4-12a 所示电路可分为图 4-12c 和图 4-12d。

$$U'_{oc} = \frac{3\Omega}{6\Omega + 3\Omega} \times 48V = 16V$$

$$U''_{oc} = -\frac{6\Omega}{6\Omega + 3\Omega} \times 6V = -4V$$

故

$$U_{oc} = U'_{oc} + U''_{oc} = 16V - 4V = 12V$$

方法三：运用实际电源等效变换，把图 4-12a 变换成图 4-12e，再简化为图 4-12f，可得

$$U_{oc} = 2\Omega \times 6A = 12V$$

方法四：图 4-12b 所示电路，b 点接地时，由弥尔曼定理可得

$$U_{oc} = \frac{\dfrac{48V}{6\Omega} - \dfrac{6V}{3\Omega}}{\dfrac{1}{6\Omega} + \dfrac{1}{3\Omega}} = 12V$$

（2）置 N_S 中独立源为零，电压源短路，如图 4-12g 所示，等效电阻

$$R_{eq} = \frac{6\Omega \times 3\Omega}{6\Omega + 3\Omega} = 2\Omega$$

（3）画出戴维南等效电路，接上待求支路，如图 4-12h 所示。

数一数：求开路电压 u_{oc} 有哪几种方法？

$$I = \frac{U_{oc}}{R_{eq}+2} = \frac{12\text{V}}{(2+2)\Omega} = 3\text{A}$$

5. 含受控源情况的处理

求含受控源的有源二端网络戴维南等效电路中等效电阻 R_{eq} 的常用方法有：

（1）外加激励法

如图 4-13a 所示，在无源二端网络 N_0 的端口处施加电压源 U，在电压 U 和电流 I 对 N_0 关联参考方向下求 R_{eq}，则等效电阻 $R_{eq} = U/I$。

（2）开路–短路法

如图 4-13b 所示，先求有源二端网络 N_S 的开路电压 U_{oc}；如图 4-13c 所示，再求 N_S 端口处短路电流 I_{sc}，I_{sc} 和 U_{oc} 对外电路取关联参考方向，则等效电阻 $R_{eq} = U_{oc}/I_{sc}$。

（3）待定系数法

如图 4-13d 所示，端口电压 U 和电流 I 对有源二端网络 N_S 取关联参考方向，列写 U 和 I 的关系式 $U = AI + B$，则 $U_{oc} = B$ 和 $R_{eq} = A$。

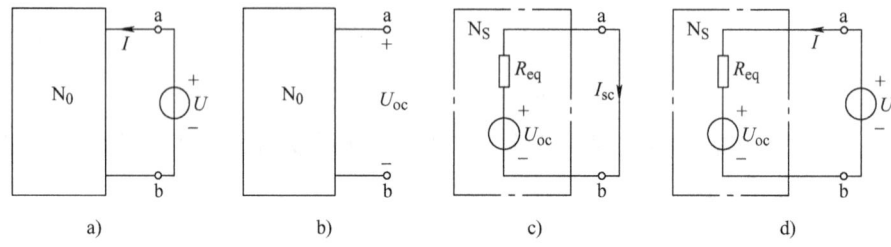

图 4-13 求 R_{eq} 的几种方法

例 4-8 含受控源的有源二端网络如图 4-14a 所示，试求其戴维南等效电路。

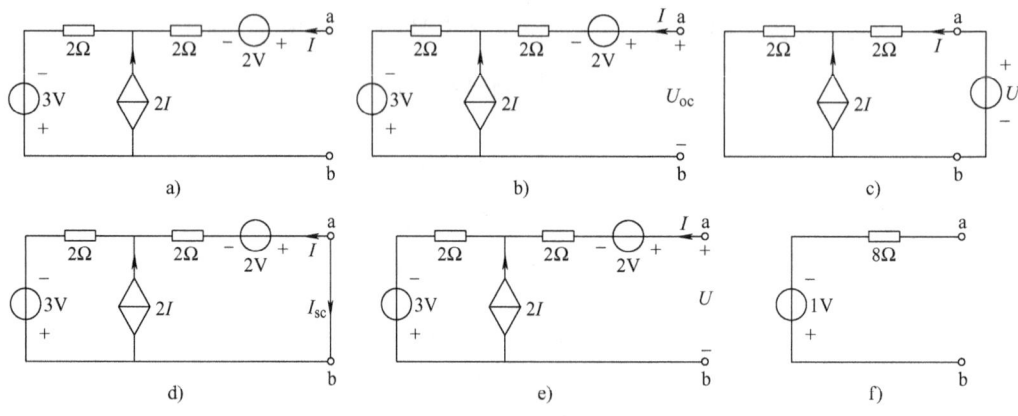

图 4-14 例 4-8 的电路

解 （1）求开路电压 U_{oc}，电路如图 4-14b 所示。此时，$I = 0$，故受控电流源 $2I = 0$，受控电流源相当于开路，故 $U_{oc} = 2\text{V} - 3\text{V} = -1\text{V}$。

（2）求等效电阻 R_{eq}。

方法一：外加激励法。有源二端网络中独立源置零，并在端口处施加电压源 U，如图 4-14c 所示。列 KVL 方程

忆一忆：例 4-8 能否用电源等效变换法求解？

$$U = 2I + 2(2I + I) = 8I$$

$$R_{\text{eq}} = \frac{U}{I} = \frac{8I}{I} = 8\Omega$$

方法二：开路-短路法。将端口处短路，如图4-14d所示。列KVL方程

$$2 + 2I + 2(2I + I) - 3 = 0$$

可得

$$I = \frac{1}{8}\text{A} \qquad I_{\text{sc}} = -I = -\frac{1}{8}\text{A} \qquad R_{\text{eq}} = \frac{U_{\text{oc}}}{I_{\text{sc}}} = \frac{-1\text{V}}{-\frac{1}{8}\text{A}} = 8\Omega$$

方法三：待定系数法。如图4-14e所示，有源二端网络端口电压U和电流I的关系式为

$$U = 2 + 2I + 2(2I + I) - 3 = 8I + (-1)$$

故

$$R_{\text{eq}} = 8\Omega \qquad U_{\text{oc}} = -1\text{V}$$

所求有源二端网络的戴维南等效电路如图4-14f所示。

4.3.2 诺顿定理

1. 定义

诺顿定理是指，一个含独立电源、线性电阻和受控源的有源二端网络，对外电路而言，可用一个电流源和电阻的并联来等效，其中电流源电流为二端网络的端口短路电流，电阻为该二端网络中全部独立源置零后端口等效电阻。

如图4-15a所示电路中，N_S为线性有源二端网络，其等效电路为i_{sc}并联R_{eq}，如图4-15b所示。i_{sc}为N_S的端口短路电流，如图4-15c所示；R_{eq}为N_S中全部独立源置零后所得无源二端网络N_0的端口等效电阻，如图4-15d所示。

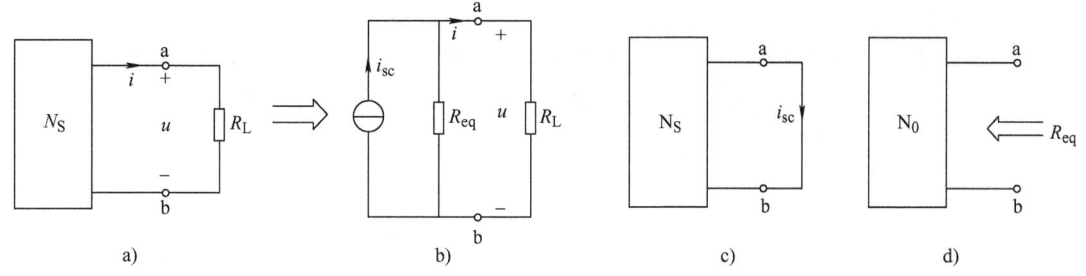

图4-15 诺顿定理示意图

2. 举例说明

例4-9 电路如图4-16a所示，试用诺顿定理求电流I。

解 （1）将图4-16a所示电路中待求支路断开，剩余为有源二端网络N_S，把端口a、b短接，如图4-16b所示，则短路电流

$$I_{\text{sc}} = \frac{48\text{V}}{6\Omega} - \frac{6\text{V}}{3\Omega} = 6\text{A}$$

（2）置N_S中独立源为零，电压源短路，如图4-16c所示，等效电阻

赞一赞：美国工程师爱德华·罗里·诺顿(1898—1983)于1926年提出诺顿定理。

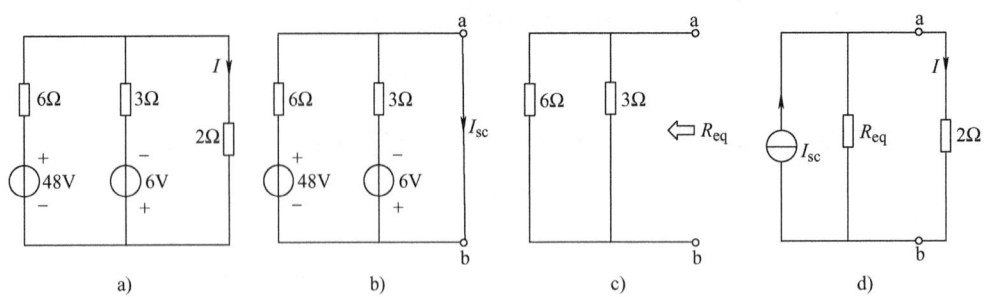

图 4-16 例 4-9 的电路

$$R_{eq} = \frac{6\Omega \times 3\Omega}{6\Omega + 3\Omega} = 2\Omega$$

（3）画出诺顿等效电路，接上待求支路，如图 4-16d 所示。

$$I = \frac{2\Omega}{2\Omega + 2\Omega} \times 6A = 3A$$

4.3.3 戴维南定理的应用（一）——最大功率传输定理

电源一定时，传输给不同负载的功率也不同。在通信网络中，负载经常要求能从电源获得最大功率，如常用的扬声器和耳机等。那么，在什么条件下负载能从给定电源中获得最大功率呢？

1. 最大功率传输定理

戴维南等效电路为 u_{oc} 串联 R_{eq} 的有源二端网络，传输给负载电阻 R_L 最大功率的匹配条件是 $R_L = R_{eq}$，此时 R_L 获得的最大功率为 $P_{Lmax} = \dfrac{u_{oc}^2}{4R_{eq}}$。

2. 公式推导

图 4-17a 表示一个有源二端网络 N_S 向负载 R_L 传输功率，R_L 可调，R_L 调为何值时获最大功率？将图 4-17a 中 N_S 用戴维南等效电路表示，如图 4-17b 所示。负载获得的功率为

$$\begin{aligned}P_L &= I^2 R_L = \left(\frac{u_{oc}}{R_{eq}+R_L}\right)^2 R_L \\ &= \frac{u_{oc}^2}{(R_{eq}+R_L)^2} R_L \\ &= \frac{u_{oc}^2 R_L}{(R_{eq}-R_L)^2 + 4R_{eq}R_L}\end{aligned} \quad (4\text{-}9)$$

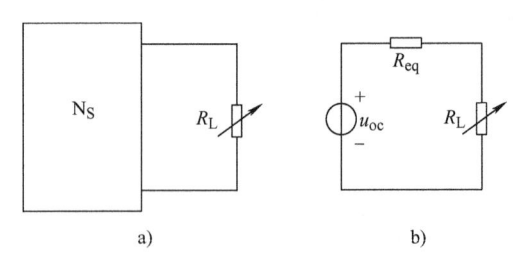

图 4-17 最大功率传输定理

由式（4-9）可知，当 $R_L = R_{eq}$ 时，R_L 可获得最大功率

$$P_{Lmax} = \frac{u_{oc}^2}{4R_{eq}}$$

3. 举例说明

例 4-10 电路如图 4-18a 所示，负载 R_L 为何值时获得最大功率？并求此最大功率。

找一找：什么情况下二端网络有等效的戴维南电路，却没有对应的诺顿等效电路？

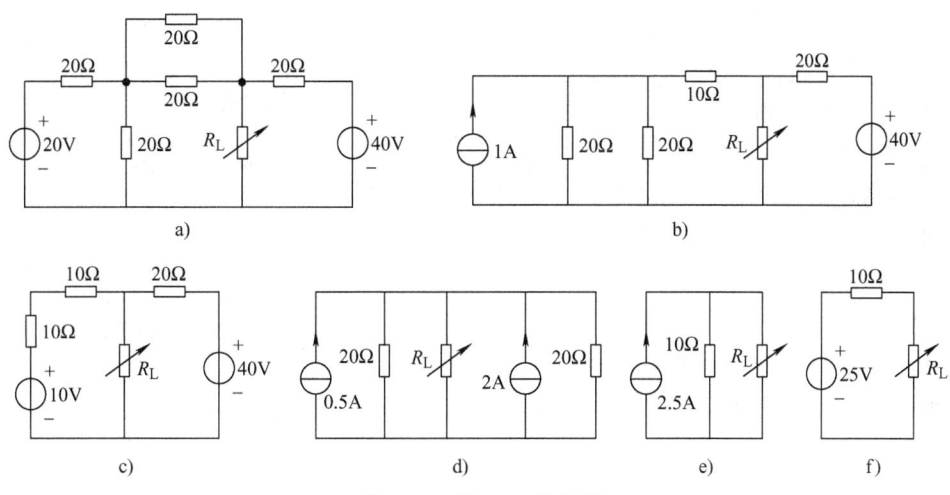

图4-18 例4-10的电路

解 将图4-18a所示电路负载左侧进行电源等效变换和电阻并联等效,如图4-18b所示;再进行电阻并联等效和电源等效变换,如图4-18c所示;负载两侧电压源变换成电流源,如图4-18d所示;电流源并联得诺顿等效电路,如图4-18e所示;电源等效变换得戴维南等效电路,如图4-18f所示。当 $R_L = R_{eq} = 10\Omega$,R_L 获得最大功率

$$P_{Lmax} = \frac{u_{oc}^2}{4R_{eq}} = \frac{(25V)^2}{4 \times 10\Omega} = 15.625W$$

4.3.4 戴维南定理的应用(二)——非线性电阻电路的求解

1. 非线性电阻

伏安特性不是一条通过 $u-i$ 平面原点的直线,而是遵循某种特定的非线性函数关系的电阻,称为非线性电阻。

非线性电阻的电路图形符号如图4-19所示。图4-20给出了二极管伏安特性,它是非线性电阻。

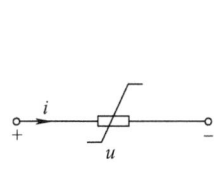

图4-19 非线性电阻

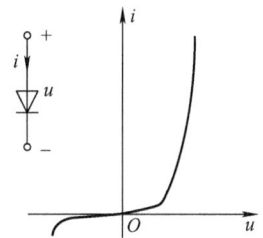

图4-20 二极管伏安特性

2. 图解法

在非线性电阻电路中,仅含一个非线性电阻的电路是很常见的。当非线性电阻的伏安特性是以曲线形式给出时,常用图解法。先将非线性电阻以外的线性有源二端网络用戴维南等效电路等效,如图4-21a所示,由KVL得

$$u = U_{oc} - R_{eq}i \tag{4-10}$$

式(4-10)画在 $u-i$ 平面上是如图4-21b所示的一条直线MN。设非线性电阻的伏安特性为

算一算:当负载获得最大功率时,传输效率为多少?

$$i = g(u) \quad (4\text{-}11)$$

直线 MN 与此伏安特性的交点 Q(U_0, I_0) 同时满足式(4-10) 和式(4-11)，所以该电路的解就是(U_0, I_0)。

交点 Q 称为电路的静态工作点，在电子电路中，直线 MN 常称为负载线。

3. 解析法

当非线性电阻的伏安特性是一个给定的数学表达式时，可用解析法。

例 4-11 电路如图 4-22a 所示，已知 $U_S = 8V$，$R_1 = 2\Omega$，$R_2 = 2\Omega$，$R_3 = 1\Omega$，非线性电阻的伏安特性为 $i = u^2 - u + 1.5$。试求 u 和 i。

解 先求有源二端网络的戴维南等效电路

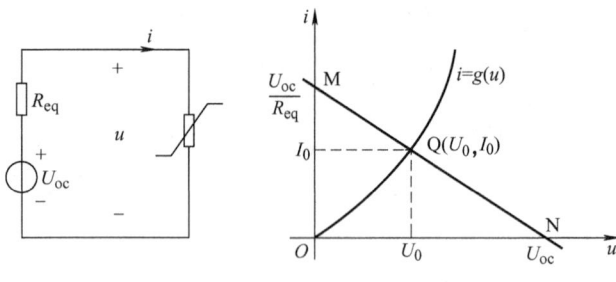

图 4-21 一个非线性电阻的电路

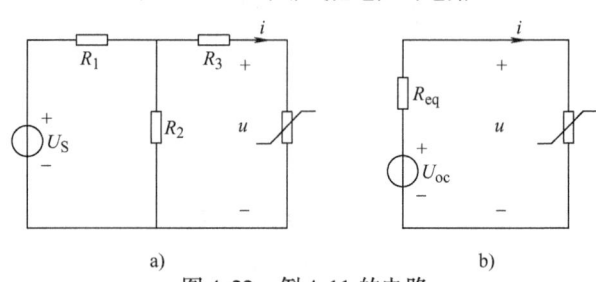

图 4-22 例 4-11 的电路

$$U_{oc} = \frac{R_2}{R_1+R_2}U_S = \frac{2}{2+2} \times 8V = 4V \qquad R_{eq} = \frac{R_1 R_2}{R_1+R_2} + R_3 = \frac{2 \times 2}{2+2}\Omega + 1\Omega = 2\Omega$$

画出戴维南等效电路，连接非线性电阻，如图 4-22b 所示。列写图 4-22b 电路方程

$$u = 4 - 2i \quad (4\text{-}12)$$

非线性电阻的伏安特性为

$$i = u^2 - u + 1.5 \quad (4\text{-}13)$$

联立求解式(4-12) 和式(4-13)，可得

$$u_1 = 1V \qquad i_1 = 1.5A$$

或

$$u_2 = -0.5V \qquad i_2 = 2.25A$$

本 章 小 结

1. 叠加定理就是在含多个独立电源作用的线性电路中，任一支路电流(或电压) 等于各独立源单独作用时在该支路上所产生的电流(或电压) 的代数和。单独作用指作用电源以外的独立源置零，电压源短路，电流源开路。

2. 齐次定理表明，在线性电路中，若所有激励(独立电压源和电流源) 同时增大或缩小 k 倍，则响应(电压和电流) 也同时增大或缩小 k 倍；若电路只含一个激励时，则响应与激励成正比。

3. 替代定理指出，若已知电路中第 k 条支路的支路电压 u_k 或支路电流 i_k，则该支路可用值为 u_k 的电压源或值为 i_k 的电流源来替代，替代后电路中所有支路电压和电流保持原值不变。

4. 戴维南定理阐述了一个含独立电源、线性电阻和受控源的有源二端网络，对外电路而言，可用一个电压源和电阻的串联来等效，其中电压源电压为二端网络的端口开路电压，电阻为该二端网络中全部独立源置零后端口等效电阻；若用一个电流源和电阻的并联来等效，其中电流源电流为二端网络的端口短路电流，电阻同戴维南等效电阻，则称为诺顿定理。

说一说：如何解释非线性电阻电路的多组解？

5. 最大功率传输定理描述了戴维南等效电路为 u_{oc} 串联 R_{eq} 的有源二端网络，传输给负载电阻 R_L 最大功率 P_{Lmax} 的匹配条件是 $R_L = R_{eq}$，此时 $P_{Lmax} = u_{oc}^2/(4R_{eq})$。

- **实验链接**
1. 叠加定理的验证。
2. 戴维南定理：测定有源二端网络的等效参数；验证戴维南定理和诺顿定理；验证负载获得最大功率的条件以及最大功率的测量。
3. **拓展性实验** 特勒根定理的验证。

※ 小知识

电路满足最大功率匹配条件时，负载吸收功率与电源内阻消耗功率相等，对电源而言，功率传输效率仅为 50%。为充分利用能源，电力系统要求尽可能提高传输效率，故不能采用功率匹配的方法。但是在测量、电子与信息工程中，常常着眼于从微弱信号中获得最大功率，就需要采用功率匹配，而不看重效率的高低。

习 题

判一判

1. 叠加定理是应用在线性电路中求解支路电流、电压和功率的方法。
2. 叠加定理是将每个独立源作用的效果相加，不应该出现相减的情况。
3. 在电路分析中，替代和等效是同一概念。
4. 任何一个有源二端网络总可以用一个电压源串联电阻来等效。
5. 开路 – 短路法也适用于求含受控源的无源二端网络的等效电阻。
6. 叠加定理可用来求非线性电阻上的电压和电流。

选一选

1. 叠加定理只适用于(　　)。
   A. 直流电路　　　　B. 线性电路　　　　C. 非线性电路　　　　D. 电阻电路
2. 对于齐次定理，下列说法正确的是(　　)。
   A. 适用于所有激励同时变化 k 倍的情况
   B. 即使只有其中一个激励变化也适用
   C. 只适用于所有的电源和负载都变化 k 倍的情况
   D. 适用于所有负载同时变化 k 倍的情况
3. 对于电路中受控源的处理，下列说法错误的是(　　)。
   A. 在网孔电流法中应将控制量用网孔电流表示
   B. 在节点电压法中应将控制量用节点电压表示
   C. 在应用叠加定理时不视为独立源单独作用
   D. 在应用戴维南定理时等同于独立源作用
4. 有源二端网络 N_S 的戴维南等效电路是对(　　)。
   A. N_S 内部等效，外部不等效　　　　B. N_S 外部等效，内部不等效
   C. N_S 内部和外部都等效　　　　D. N_S 内部和外部都不等效
5. 连接在由独立源和线性电阻构成的有源二端网络 N_S 上的负载电阻 R_L，等于 N_S 的戴维南等效电阻 R_{eq} 时获得最大功率，此时传输效率为(　　)。
   A. 大于 50%　　　　B. 小于 50%　　　　C. 50%　　　　D. 小于和等于 50%

填一填

1. 叠加定理表明：线性电路中任一条支路电流(或电压) 等于各独立源单独作用时在该支路所产生的电流(或电压) 的_____，单独作用指作用以外的独立源置零，电压源为零时被_____，电流源为零时被_____。
2. 叠加定理是对_____和_____叠加，一般对_____不能叠加。

3. 齐次定理适用于_____。

4. 含独立源、线性电阻的有源二端网络，对外电路而言，可用电压源和电阻的串联来等效，其中电压源电压为二端网络的_____，电阻为_____。

5. 含独立源、线性电阻的有源二端网络，对外电路而言，可用电流源和电阻的并联来等效，其中电流源电流为二端网络的_____，电阻为_____。

6. 戴维南等效电路为 u_{oc} 串联 R_{eq} 的有源二端网络，传输给负载电阻 R_L 最大功率的匹配条件是_____，此时，R_L 获得的最大功率为_____。

算一算

1. 电路如图 4-23 所示，由叠加定理可知，当电压 $U_{ab} = 0$ 时，电压源电压 $U_S =$ _____ V。
   A. 2   B. -2   C. 4   D. -4

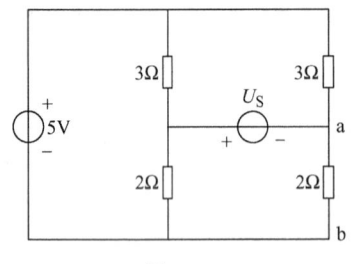

图 4-23

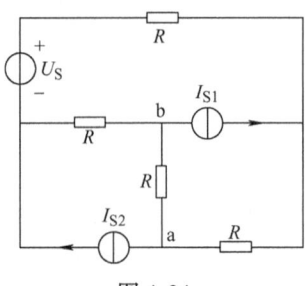

图 4-24

2. 电路如图 4-24 所示，已知 $U_S = 20V$ 时，$U_{ab} = 10V$；则 $U_S = 0V$ 时，$U_{ab} =$ _____。
   A. 5   B. -5   C. 10   D. -10

3. 图 4-25a 所示有源二端网络 N_S 的端口伏安特性如图 4-25b 所示，则在 N_S 的戴维南等效电路中，开路电压 $U_{oc} =$ _____V，等效电阻 $R_{eq} =$ _____Ω。
   A. 4, 1   B. 2, 0.5   C. -4, 1   D. -2, 0.5

4. 电路如图 4-26 所示，当电阻 $R = 12Ω$ 时，电流 $I = -1A$；若要求电流 $I = -3A$，则电阻 R 应变为_____Ω。
   A. 4   B. 3   C. 2   D. 1

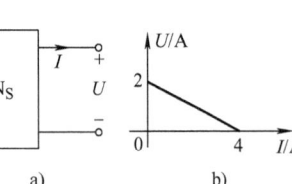

图 4-25

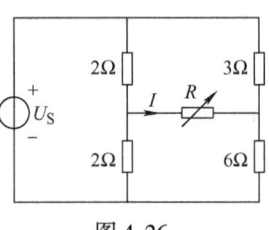

图 4-26

5. 有源二端网络 N_S 的端口短路时，短路电流为 2A，N_S 内部消耗功率为 400W，则 N_S 的最大输出功率为_____W。
   A. 100   B. 200
   C. 400   D. 不能确定

6. 如图 4-27 所示，无源二端网络的等效电阻为_____Ω。
   A. 6   B. -6
   C. 2   D. -4

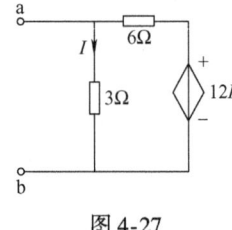

图 4-27

练一练

1. 电路如图 4-28 所示，试用叠加定理求 I。
2. 电路如图 4-29 所示，试用叠加定理求 I_1 和 I_2。

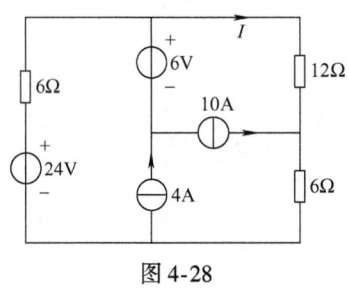
图 4-28

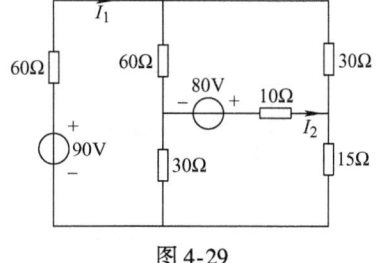
图 4-29

3. 电路如图 4-30 所示，试用叠加定理求 I。
4. 电路如图 4-31 所示。试用叠加定理求 i。

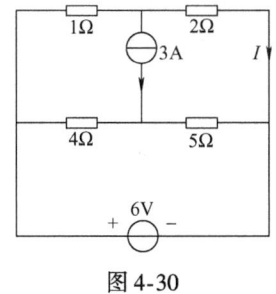
图 4-30

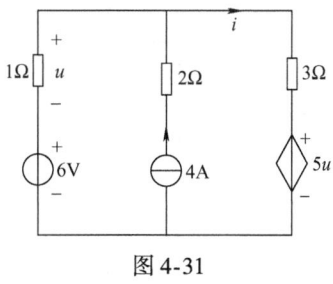
图 4-31

5. 电路如图 4-32 所示，当电流源 i_{S1} 和电压源 u_{S1} 反向而电压源 u_{S2} 不变时，电压 u_o 是原来的 0.6 倍；当 i_{S1} 和 u_{S2} 反向而 u_{S1} 不变时，电压 u_o 是原来的 0.4 倍；如果仅 i_{S1} 反向而 u_{S1} 和 u_{S2} 不变时，电压 u_o 应是原来的多少倍？

6. 电路如图 4-33 所示，已知支路电流 $i = 0.5A$，试用替代定理求电阻 R。

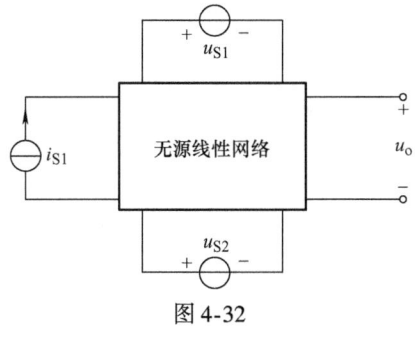
图 4-32

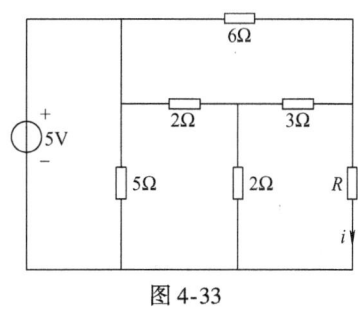
图 4-33

7. 电路如图 4-34 所示，试求其戴维南或诺顿等效电路。

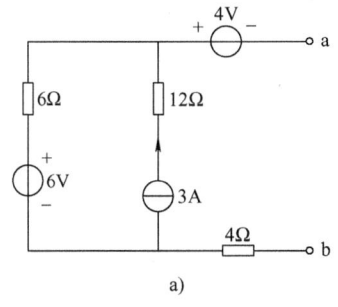
a)

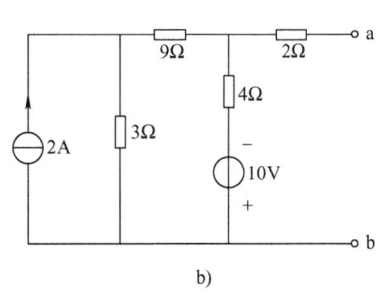
b)

图 4-34

8. 电路如图 4-35 所示，试求 R 为何值时可获得最大功率 P_{max}？并求此 P_{max}。
9. 电路如图 4-36 所示，试求 R 为何值时可获得最大功率 P_{max}？并求此 P_{max}。

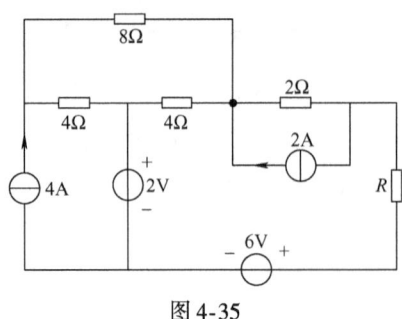
图 4-35

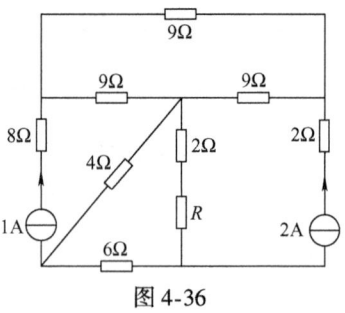
图 4-36

10. 电路如图 4-37 所示，试求 R 为何值时可获得最大功率 P_{max}？并求此 P_{max}。
11. 电路如图 4-38 所示，试求 R 为何值时可获得最大功率 P_{max}？并求此 P_{max}。

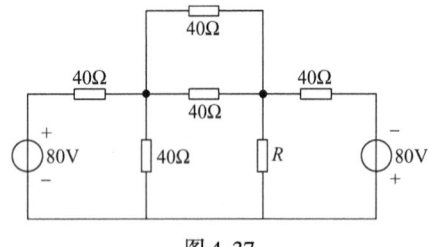
图 4-37

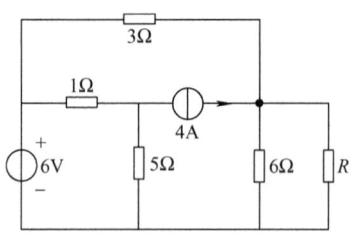
图 4-38

12. 电路如图 4-39 所示，试求 R 为何值时可获得最大功率 P_{max}？并求此 P_{max}。
13. 电路如图 4-40 所示，已知电阻 $R=18\Omega$ 时，其支路电流为 I，现欲使电流 I 增大一倍，电阻 R 应改为多大？

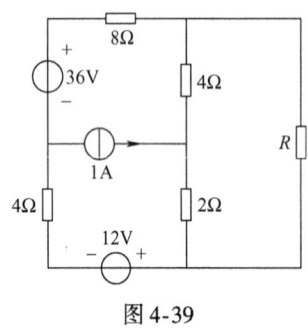
图 4-39

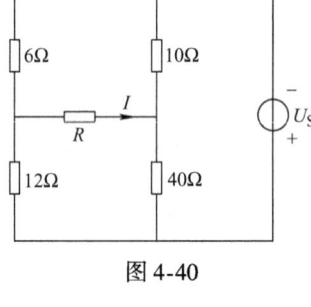
图 4-40

14. 电路如图 4-41 所示，试求其戴维南或诺顿等效电路。

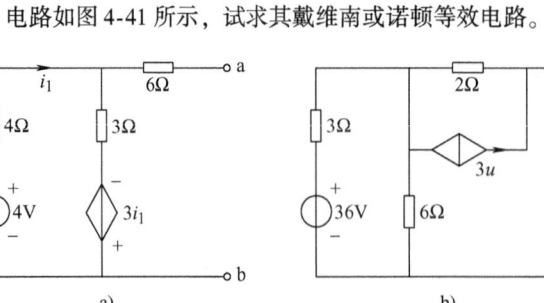
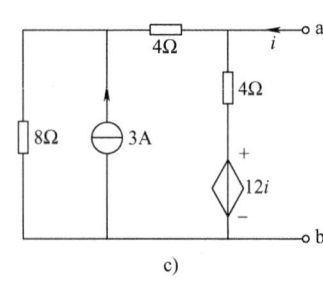
图 4-41

第 5 章 运算放大器

导读

运算放大器是一种重要的多端元件。本章主要讨论运算放大器的模型,理想运算放大器的条件及其分析规则,最后介绍含理想运算放大器的电阻电路的分析和计算。

基本要求

- 正确理解运算放大器的特性。
- 了解运算放大器的模型和理想运算放大器的条件。
- 熟练掌握运用"虚断"和"虚短"分析含理想运算放大器电路。

你知道吗

运算放大器因可进行加法、减法、积分和微分等数学运算而得名。运算放大器除具有高增益和大输入阻抗的特点之外,还具有精巧、廉价和可灵活使用等优点,因而在有源滤波器、开关电容电路、数/模和模/数转换器、直流信号放大、波形的产生和变换以及信号处理等方面得到十分广泛的应用。

5.1 运算放大器概述

5.1.1 运算放大器

运算放大器简称运放,是一种高放大倍数的放大器,其最初被用来完成模拟信号的求和、微分和积分等运算,故称为运算放大器。现在其应用已远远超出这些范围,被广泛用于通信、控制和测量等设备中。

运算放大器内部是一个集成电路,如通用型运放 μA741 集成了 22 个晶体管、11 个电阻、1 个二极管和 1 个电容元件。图 5-1 所示为一个双列 8 引脚的 μA741 封装图,引脚 7 和 4 分别为 ±15V 的电源输入端,引脚 2 和 3 分别为反相、同相输入端,引脚 6 为输出端。

1. 图形符号

运算放大器的图形符号如图 5-2a 所示,其两个电源端所接电源的输入,确保了运放内部的正常工作。在运放分析中,可以不考虑电源输入端,故采用如图 5-2b 所示电路符号,其中,a 为反相输入端,b 为同相输入端,O 为输出端。

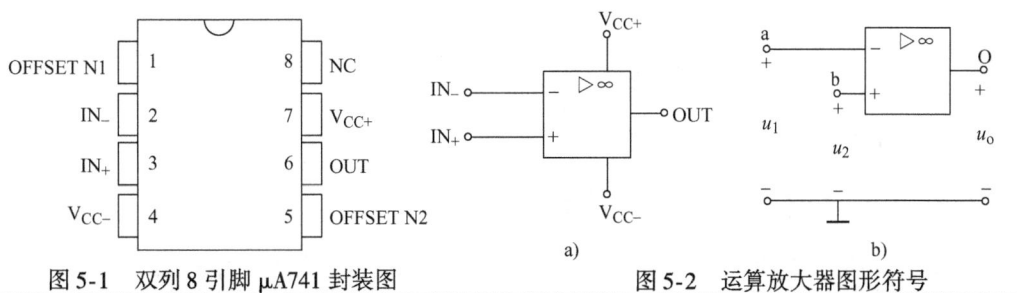

图 5-1 双列 8 引脚 μA741 封装图 图 5-2 运算放大器图形符号

记一记:集成电路是一种集元件、电路和系统为一体的器件。

2. 转移特性

若在输入端 a、b 施加电压 u_1 和 u_2，则在输出端口得输出电压 u_o。u_o 同差动输入电压 $u_d = u_2 - u_1$ 的关系特性被称为运放的转移特性，如图 5-3 所示，其中，U_{sat} 称为饱和电压，A 称为运放的开环电压放大倍数。在 $-U_{ds} \leq u_d \leq U_{ds}$ 时，u_o 与 u_d 的关系用过原点的一条直线表示，其斜率为 A，即 $u_o = Au_d$，该区域称为线性工作区；在 $u_d > U_{ds}(u_d < -U_{ds})$ 时，$u_o = U_{sat}(-U_{sat})$，相应区域称为正（反）向饱和区。

5.1.2 运算放大器模型

1. 运算放大器等效电路

运算放大器工作在线性工作区时，其等效电路如图 5-4 所示，其中受控源的电压为 $A(u_2-u_1)$，R_i 为运放的输入电阻，R_o 为输出电阻。实际运放的 R_i 很大，约为 $10^6 \sim 10^{13}\,\Omega$；$R_o$ 很小，约为 $10 \sim 100\,\Omega$，A 很大，约为 $10^5 \sim 10^7$。

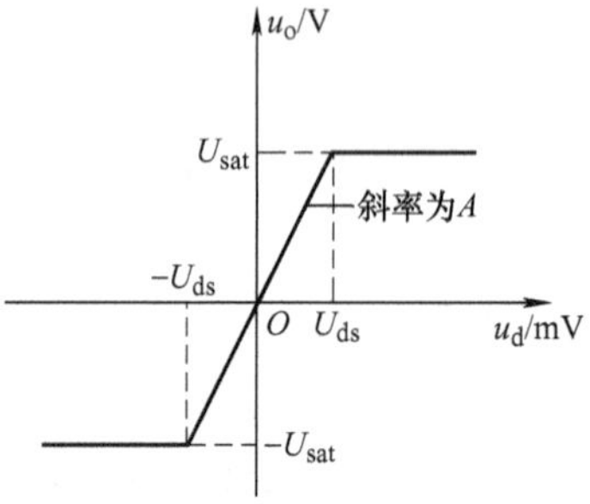

2. 理想运算放大器等效电路

若假设 R_i 为无穷大，R_o 为零，且设 A 为无穷大，则称此运放为理想运算放大器，其等效电路如图 5-5 所示。

由图 5-5 所示电路可知

$$u_o = A(u_2 - u_1) = Au_d \tag{5-1}$$

图 5-3 运算放大器转移特性

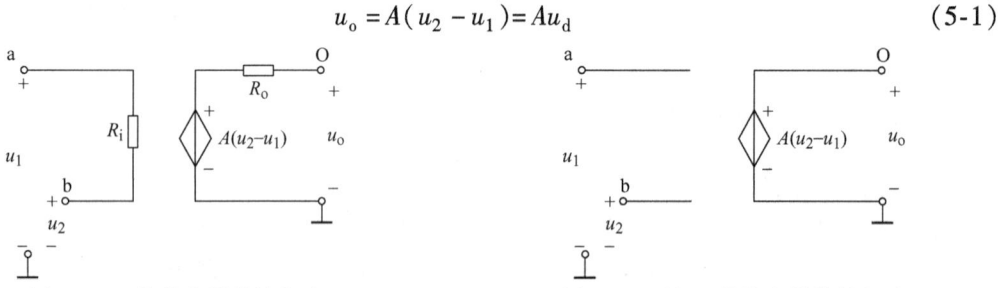

图 5-4 运算放大器等效电路　　图 5-5 理想运算放大器等效电路

若把反相输入端 a 接地，只在同相输入端 b 与公共接地端之间施加 u_2，则由式(5-1) 得 $u_o = Au_2$，u_o 与 u_2 同相；若把同相输入端 b 接地，只在反相输入端 a 与公共接地端之间施加 u_1，则由式(5-1) 得 $u_o = -Au_1$，u_o 与 u_1 反相。这就是同相输入端和反相输入端的由来。

5.1.3 理想运算放大器的两个重要特性

1. 虚断

理想运放的 R_i 为无穷大，故反相输入端和同相输入端的输入电流为零，认为此两输入端断开。

2. 虚短

理想运放的 R_o 为零时 $u_o = Au_d$。A 为无穷大，u_o 为有限值，故 u_d 为零时，认为此两输入端短路。

实际应用中，一般要求运放工作在线性区，并且运放一般不工作在开环状态，而是把输出的一部分反馈到输入端成闭环状态。

5.2 运算放大器构成的比例器

运算放大器构成的应用电路中，反相比例器和同相比例器是两个常用的基本放大器。

想一想：运算放大器可用哪种受控源表示？

5.2.1 反相比例器

图 5-6 所示电路是一个用实际运算放大器构成的反相比例器。已知实际运算放大器参数 $A=50000$，$R_i=1\mathrm{M}\Omega$、$R_o=100\Omega$，元件参数 $R_s=10\mathrm{k}\Omega$，$R_f=100\mathrm{k}\Omega$。运放输入电压为 u_1'，输出电压为 u_o。输出电压通过 R_f 反馈到反相输入端上。图 5-7a 所示电路为含运放的反相比例器等效电路。

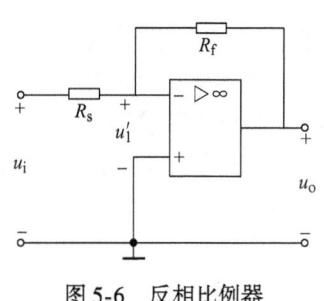

图 5-6 反相比例器

对含运算放大器电路的分析，一般采用节点电压法。对图 5-7a 所示电路，有

$$\left(\frac{1}{R_s}+\frac{1}{R_i}+\frac{1}{R_f}\right)u_1' - \frac{1}{R_f}u_o = \frac{u_i}{R_s}$$

$$-\frac{1}{R_f}u_1' + \left(\frac{1}{R_o}+\frac{1}{R_f}\right)u_o = \frac{-Au_1'}{R_o}$$

联立求解上述方程，可得

$$\frac{u_o}{u_i} = -\frac{R_f}{R_s} \times \frac{1}{1+\dfrac{\left(1+\dfrac{R_o}{R_f}\right)\left(1+\dfrac{R_f}{R_s}+\dfrac{R_f}{R_i}\right)}{A-\dfrac{R_o}{R_f}}}$$

将已知数据代入上式得

$$\frac{u_o}{u_i} = -\frac{R_f}{R_s} \times \frac{1}{1.00022} \approx -\frac{R_f}{R_s}$$

(5-2)

由式(5-2)可知，u_o 与 u_i 成比例，且反相，故图 5-6 所示电路为反相比例器。

若将运放视为理想运放，则可得图 5-7b 所示反相比例器等效电路。理想运放虚断时

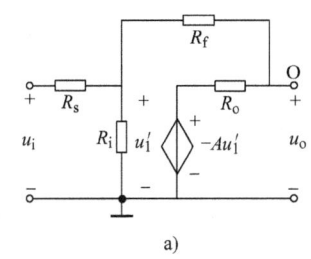
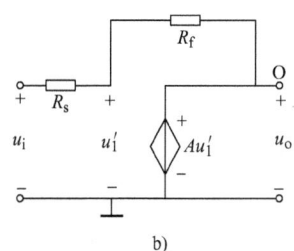

图 5-7 反相比例器等效电路

$$\left(\frac{1}{R_s}+\frac{1}{R_f}\right)u_1' - \frac{1}{R_f}u_o = \frac{u_i}{R_s} \tag{5-3}$$

理想运放虚短时，$u_1'=0$，代入式(5-3)，可得

$$\frac{u_o}{u_i} = -\frac{R_f}{R_s} \tag{5-4}$$

式(5-4)与式(5-2)相比，误差很小，具有足够精度。可见，将运算放大器理想化时，分析计算要简便得多。如不加说明，下述运放均认为是理想运放。

5.2.2 同相比例器

图 5-8 所示电路为同相比例器。理想运放虚断时

$$u_+ = u_i$$

且由节点电压法得

$$\left(\frac{1}{R_1}+\frac{1}{R_f}\right)u_- - \frac{1}{R_f}u_o = 0 \tag{5-5}$$

理想运放虚短时

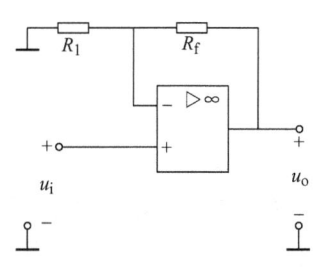

图 5-8 同相比例器

问一问：用"虚断"和"虚短"分析理想运放，"虚"为何意？

$$u_- = u_+ = u_i \tag{5-6}$$

将式(5-6)代入式(5-5),可得

$$\frac{u_o}{u_i} = 1 + \frac{R_f}{R_1} \tag{5-7}$$

由式(5-7)可知,u_o与u_i同相,且其比值为R_f与R_1的比值加1,故图5-8所示电路为同相比例器。

5.3 理想运放典型电路分析

5.3.1 电压跟随器

在图5-8所示同相比例器中,若取R_1为无穷大,R_f为零,实际电压源接同相输入端与参考点之间,就构成如图5-9所示的电压跟随器。由虚断特性得$u_1 = u_S$;由虚短特性得$u_o = u_1$,故$u_o = u_S$。可见,输出电压u_o等于实际电压源电压u_S,实际电压源带负载R_L的能力增强了。

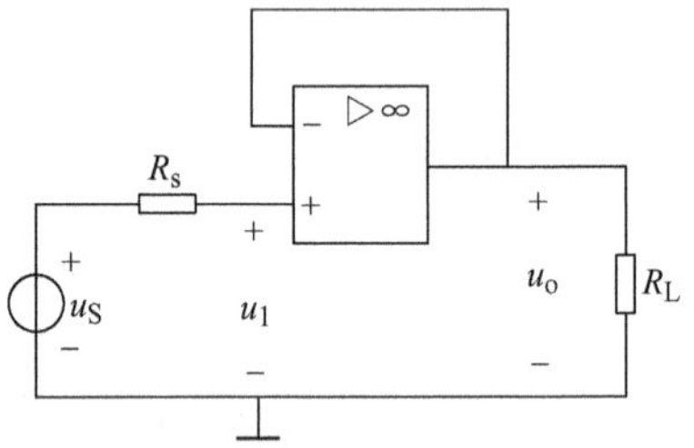

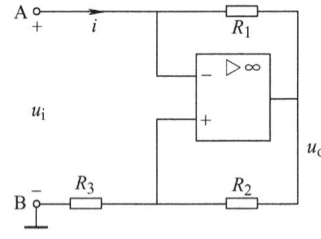

图5-9 电压跟随器

5.3.2 负电阻变换器

图5-10所示的电路为负电阻变换器。虚断时,列节点电压方程

$$\frac{1}{R_1}u_- - \frac{1}{R_1}u_o = i \tag{5-8}$$

$$\left(\frac{1}{R_2} + \frac{1}{R_3}\right)u_+ - \frac{1}{R_2}u_o = 0 \tag{5-9}$$

虚短时

$$u_+ = u_- = u_i \tag{5-10}$$

将式(5-10)代入式(5-8)和式(5-9),可得从AB两端往右看的输入电阻

$$R_i = \frac{u_i}{i} = -\frac{R_1 R_3}{R_2}$$

该运放电路实现了负电阻。

图5-10 负电阻变换器

5.3.3 加法器

1. 反相加法器

图5-11所示的电路为反相加法器。虚断时,$u_+ = 0$,且由节点电压法

$$\left(\frac{1}{R_1} + \frac{1}{R_2} + \frac{1}{R_3} + \frac{1}{R_f}\right)u_- - \frac{1}{R_f}u_o = \frac{u_{i1}}{R_1} + \frac{u_{i2}}{R_2} + \frac{u_{i3}}{R_3} \tag{5-11}$$

虚短时,$u_- = u_+ = 0$,代入式(5-11),可得

$$u_o = -R_f\left(\frac{u_{i1}}{R_1} + \frac{u_{i2}}{R_2} + \frac{u_{i3}}{R_3}\right)$$

当$R_1 = R_2 = R_3 = R_f$时,$u_o = -(u_{i1} + u_{i2} + u_{i3})$,输出电压为三个输入电压反相之和。

2. 同相加法器

图5-12所示的电路为同相加法器。虚断时,由节点电压法

$$\left(\frac{1}{R_1} + \frac{1}{R_2}\right)u_- - \frac{1}{R_2}u_o = 0 \tag{5-12}$$

考一考:为什么电压源接入电压跟随器后带负载能力增强?

$$\left(\frac{1}{R_3}+\frac{1}{R_4}+\frac{1}{R_5}\right)u_+ = \frac{u_{i1}}{R_3}+\frac{u_{i2}}{R_4} \tag{5-13}$$

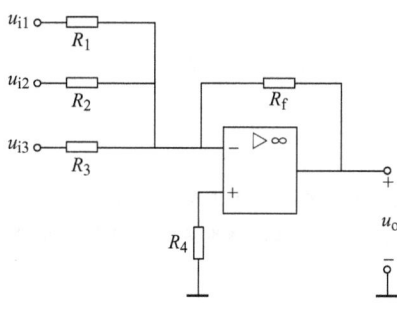

图 5-11 反相加法器

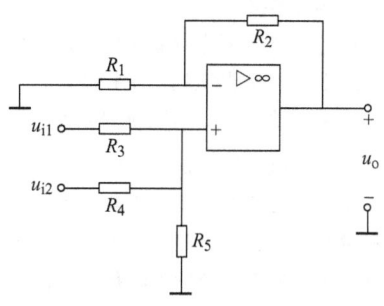

图 5-12 同相加法器

虚短时，$u_- = u_+$，代入式(5-12) 和式(5-13)，可得

$$u_o = \frac{R_1+R_2}{R_1} \times \frac{\dfrac{u_{i1}}{R_3}+\dfrac{u_{i2}}{R_4}}{\dfrac{1}{R_3}+\dfrac{1}{R_4}+\dfrac{1}{R_5}} \tag{5-14}$$

当 $R_3 = R_4 = R_5 = R$，$2R_1 = R_2$ 时，式(5-14) 可简化为 $u_o = u_{i1}+u_{i2}$，输出电压为两输入电压同相之和。

5.3.4 含两运放电路的分析

含运放的电路通常利用虚短、虚断特性并结合节点电压法求解。由于运放输出端电流未知，故对其不列节点电压方程。对图 5-13 所示含两运放电路，对节点 2 和 4 不列节点电压方程，只列节点 1 和 3 的节点电压方程。虚断时

$$\left(\frac{1}{R_1}+\frac{1}{R_2}+\frac{1}{R_3}\right)u_1 - \frac{1}{R_2}u_2 - \frac{1}{R_3}u_o = \frac{u_{i1}}{R_1} \tag{5-15}$$

$$\left(\frac{1}{R_4}+\frac{1}{R_5}\right)u_3 - \frac{1}{R_4}u_o = 0 \tag{5-16}$$

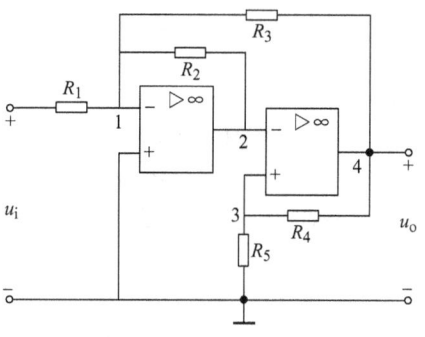

图 5-13 两运放的电路

虚短时 $u_1 = 0$，$u_2 = u_3$，将这两式代入式(5-15) 和式(5-16)，可得

$$\frac{u_o}{u_i} = \frac{-R_2 R_3 (R_4+R_5)}{R_1 (R_3 R_4 + R_2 R_4 + R_2 R_5)}$$

本 章 小 结

1. 运算放大器是一种电压放大倍数很高的放大器，通常工作在线性工作区，且闭环运行。

2. 理想运放的条件是：开环电压放大倍数无穷大、输入电阻无穷大和输出电阻为零。对含理想运放的电路，应用"虚断""虚短"规则分析和计算。

3. 输出电压与输入电压成比例且反相的，称为反相比例器。输出电压与输入电压成比例且同相的，称为同相比例器。

聊一聊：同相加法器中，u_- 用 u_o 分压得到，u_+ 用弥尔曼定理得到，就可得式(5-14)。

4. 通常采用节点电压法来分析含理想运放的电路，除"虚断""虚短"规则外，对运放的输出节点不列写节点电压方程。

● 实验链接

1. 运算放大器常用基本电路：比例器、加法器和减法器。
2. 运算放大器应用：受控源。
3. **拓展性实验** 负阻抗变换器。

※小知识

运算放大器可由分立器件实现，也可在半导体芯片中实现。现在的运放绝大部分以单片形式存在。运放的种类繁多，有通用型、高阻型、低温漂型、高速型、低功耗型、高压大功率型、可编程控制型等，运放被广泛应用于几乎所有的行业中。

习　题

判一判

1. 运算放大器是一种多端元件，有两个输入端、一个输出端、一个地共 4 个端子。
2. 将运放同相输入端接地，输出电压与反相输入端输入电压反相。
3. 理想运放的条件是电压放大倍数无穷大，输入电阻无穷大，输出电阻为零。
4. 用节点电压法分析含理想运放电路时，要对除地以外的所有节点列节点电压方程。
5. "虚短" 意味着同相输入端与反相输入端等电位。

选一选

1. 当运算放大器工作在＿＿＿时，可运用＿＿＿和＿＿＿分析各种运算放大器电路。而同相端接地时＿＿＿是＿＿＿的特殊情况。
    A. 线性工作区　　　B. 非线性工作区　　C. 虚短　　　　　D. 虚地
    E. 虚断
2. 电压跟随器是同相比例器的特例，电压跟随器起"隔离"作用，是因为＿＿＿的原因。
    A. 虚短　　　　　　B. 虚地　　　　　　C. 虚断　　　　　D. 电源内阻小
3. 电路如图 5-14 所示，负载电阻 R_L 变化时，i_o ＿＿＿。
    A. 变大　　　　　　B. 不变　　　　　　C. 变小　　　　　D. 不确定变化
4. 用"虚断""虚短"分析如图 5-15 所示含理想运放电路，当 R 变化时 u_o ＿＿＿。
    A. 变大　　　　　　B. 不变　　　　　　C. 变小　　　　　D. 不确定变化

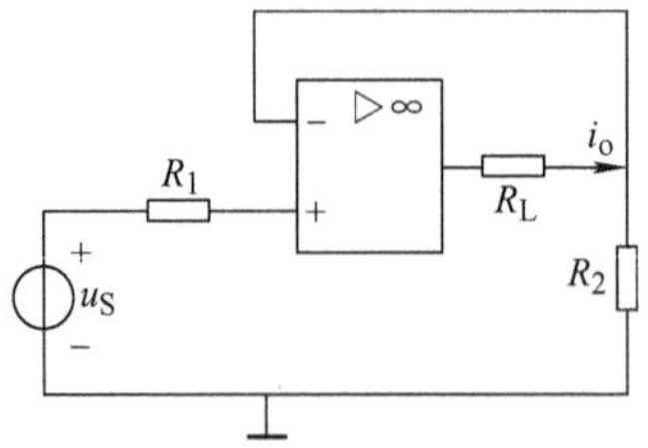

图 5-14 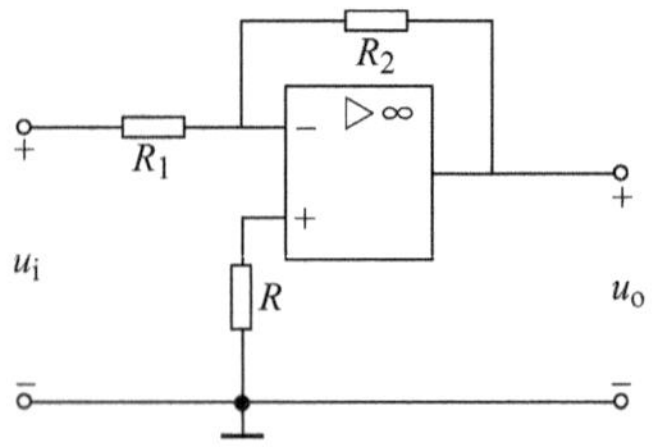　　　　　　　　　　　　　　　图 5-15

5. 运算放大器可用＿＿＿受控源模型表示。
    A. VCCS　　　　　　B. VCVS　　　　　　C. CCVS　　　　　D. CCCS

填一填

1. 运算放大器有两个输入端，分别为＿＿＿和＿＿＿。
2. 运算放大器理想化的 3 个条件为＿＿＿，＿＿＿，＿＿＿。
3. 运算放大器输出电阻为零，表明带负载能力＿＿＿，因为负载上电压＿＿＿。

4. 理想运放的输入电阻无穷大，故可认为其两个输入端输入电流为_____，通常称为_____。

算一算

1. 如图 5-15 所示电路，$R_1 = 1\text{k}\Omega$，$R_2 = 100\text{k}\Omega$，已知运放饱和电压为 $\pm 14\text{V}$，则当输入电压 u_i 为 10mV 时，输出电压 u_o 为_____V；当 u_i 为 10mV 时，反馈电阻 R_2 开路时 u_o 为_____V。

A. 1　　　　　　B. -1　　　　　　C. 14　　　　　　D. -14

2. 如图 5-16 所示电路，当 $u_i = 6.6\text{V}$ 时，$i_1 = $_____mA，$i_2 = $_____mA。

A. 0.2　　　　　　B. 0.1　　　　　　C. -0.1　　　　　　D. -0.2

3. 如图 5-17 所示电路，电流表 A 的读数为 20mA，则输入电压 $u_i = $_____V。

A. 4　　　　　　B. -4　　　　　　C. 2　　　　　　D. -2

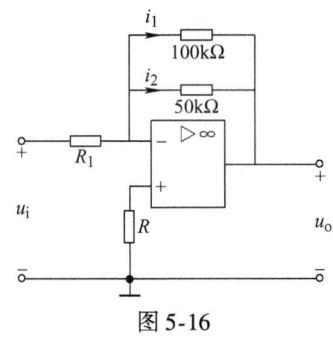

图 5-16

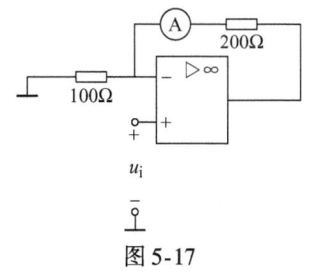

图 5-17

4. 如图 5-18 所示电路，输出电压 $u_o = $_____。

A. $4u_i$　　　　　　B. $-4u_i$

C. $3u_i$　　　　　　D. $-3u_i$

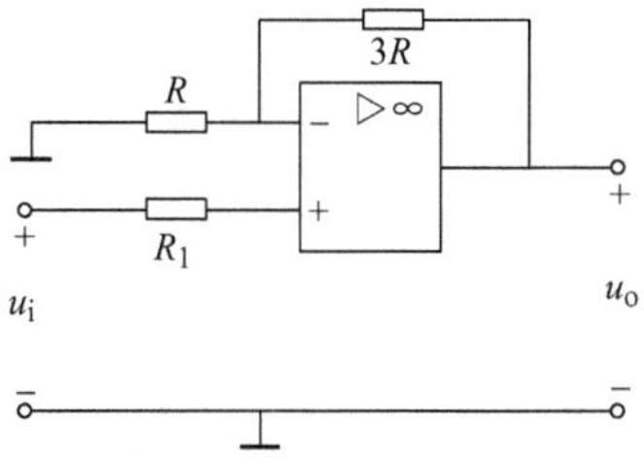

练一练

1. 电路如图 5-19 所示，试求电路中的电流 i。

2. 电路如图 5-20 所示，试求电路中的输出电压 u_o。

3. 电子欧姆表电路如图 5-21 所示，已知直流电压表读数为 8V，试求电阻 R。

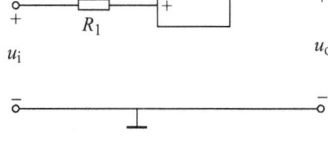

图 5-18

4. 电路如图 5-22 所示，试求电路的输入电阻 R_i。

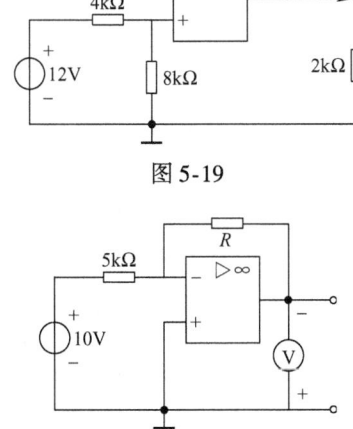

图 5-19

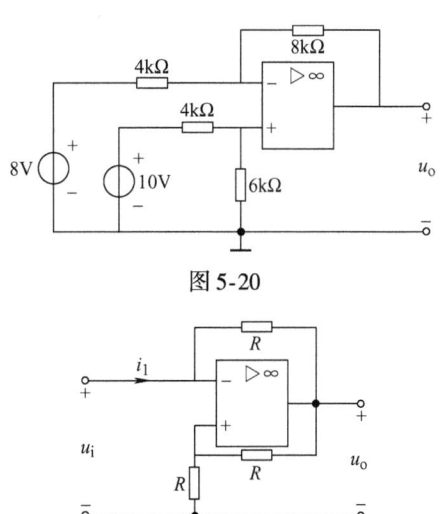

图 5-20

图 5-21

图 5-22

5. 电路如图 5-23 所示，试求电路的电压比 $\dfrac{u_o}{u_i}$。

6. 电路如图 5-24 所示，已知 $R_o = 12\text{k}\Omega$，若要求输出电压 $U_o = -(4U_1 + 6U_2)$，试确定 R_1 和 R_2 的值。

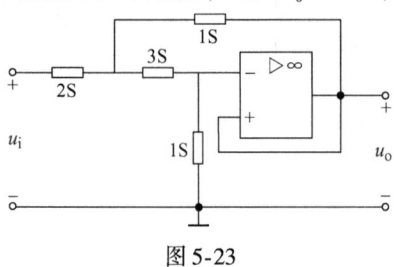

图 5-23

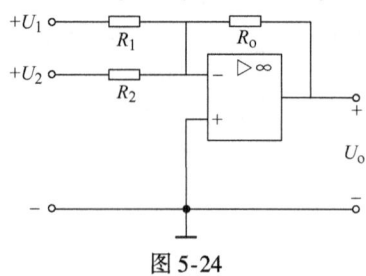

图 5-24

7. 电路如图 5-25 所示，试求电路的电压比 $\dfrac{u_o}{u_S}$。

8. 电路如图 5-26 所示，试求电路的输出电压 u_o。

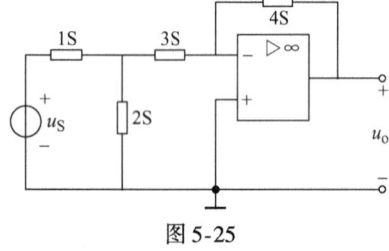

图 5-25

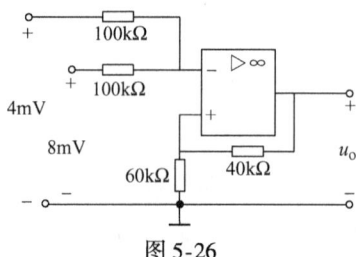

图 5-26

9. 电路如图 5-27 所示，试求电路的输出电压 u_o 与输入电压 u_S 之比。

10. 电路如图 5-28 所示，试求电路的转移电压比 $\dfrac{u_o}{u_S}$。

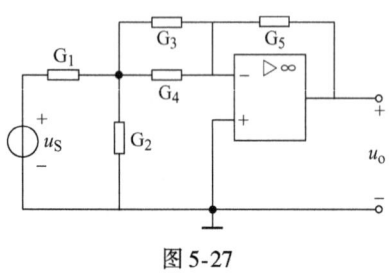

图 5-27

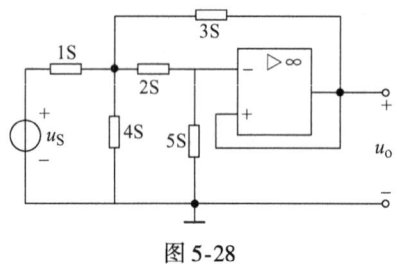

图 5-28

11. 电路如图 5-29 所示，试求电路的转移电压比 $\dfrac{u_o}{u_i}$。

12. 电路如图 5-30 所示，电路中 u_{S1}、u_{S2} 为输入电压，u_o 为输出电压，试求输出电压 u_o 与输入电压 u_{S1}、u_{S2} 的关系。

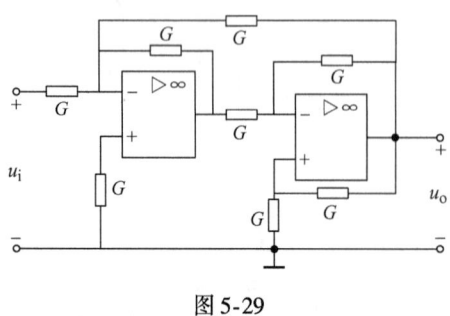

图 5-29

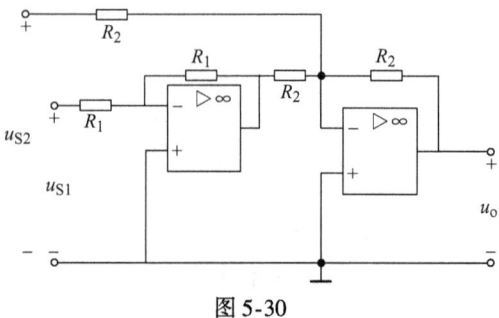

图 5-30

第 6 章

一 阶 电 路

导读

含有一个电容或电感的电路称为一阶电路,在开关通断时这种电路会发生瞬态过程。本章主要讨论一阶电路的特点与分析方法,包括一阶电路微分方程的建立和求解,一阶电路的"三要素"法,一阶电路的各种响应;最后介绍一阶电路的应用。

基本要求

- 了解电容和电感元件的伏安特性。
- 掌握换路定律和电压、电流初始值的确定。
- 熟练掌握直流激励下一阶电路的"三要素"分析法。
- 了解电路的零输入响应、零状态响应、全响应和阶跃响应。

你知道吗

电子闪光灯电路是由电阻和电容构成的,利用换路瞬间电容器的电压不能突变以及电路的时间常数小的特点,瞬间产生强电流,使闪光灯闪出强光。

6.1 电容元件

在工程技术中,电容器应用广泛。电容器是一种能够储存电场能量的电路器件。电容元件是电容器的理想化模型。

6.1.1 电容元件的库伏关系

1. 库伏关系

线性二端电容元件的电路符号如图 6-1a 所示。图中 $+q$ 和 $-q$ 是该元件正极板和负极板上的电荷量。如果电容上电压的参考方向如图 6-1a 所示,则任何时刻线性电容上电荷 q 与其两端电压 u 的库伏关系为

$$q = Cu \tag{6-1}$$

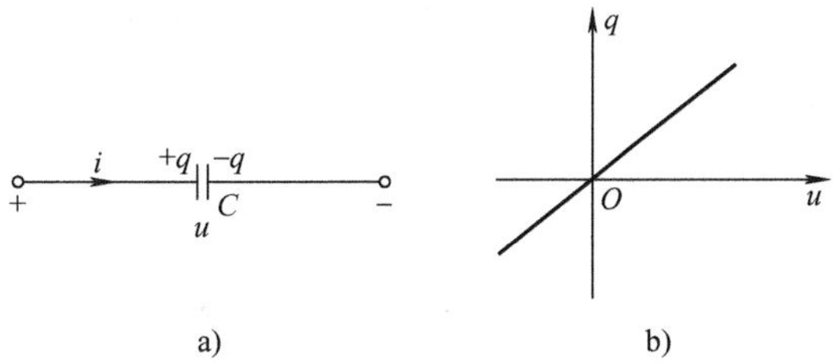

图 6-1 线性二端电容元件

记一记:电路中 C 既表示电容器,也可表示电容量。

式(6-1) 中，C 称为线性电容的电容量，是联系线性电容的电荷和电压的一个参数，为一正实常数。当电压单位用伏(V)，电荷单位用库(C) 时，电容单位为法拉，简称法(F)。实际工程中，电容器的电容往往远小于1F，故常用 $\mu F(10^{-6}F)$ 和 $pF(10^{-12}F)$ 作为电容单位。习惯上，用电容表示电容器的电容值，又把电容元件简称为电容。

2. 库伏特性曲线

若把电容的电荷取为纵坐标，电压取为横坐标，则可在 $u-q$ 平面上画出电荷与电压的关系曲线，该曲线称为电容的库伏特性曲线。线性电容的库伏特性曲线是一条通过 $u-q$ 平面坐标原点的直线，如图6-1b 所示。为便于描述，下述电容皆指线性电容。

6.1.2 电容元件的伏安关系

在图 6-1a 所示的 i、q、u 关联参考方向时，电容电流

$$i = \frac{dq}{dt} \tag{6-2}$$

将式(6-1) 代入式(6-2)，得电容伏安关系

$$i = \frac{dCu}{dt} = C\frac{du}{dt} \tag{6-3}$$

注意，若 u、i 非关联参考方向时，$i = -C\frac{du}{dt}$。

式(6-3) 表明，任何时刻电容电流与该时刻电压的变化率成正比。如果电容电压变化越快，即 $\frac{du}{dt}$ 越大，则电流越大。如果电压不变，即 $\frac{du}{dt}$ 为零，虽有电压，但电流为零，电容相当于开路，故有隔断直流的作用。

电容电压 u 也可表示为电流 i 的函数。对式(6-3) 积分可得

$$u(t) = \frac{1}{C}\int_{-\infty}^{t} i(\xi)d\xi \tag{6-4}$$

式(6-4) 表明，在任一时刻 t，电容电压的数值取决于从 $-\infty$ 到 t 所有时刻的电流值，即与电流全部过去历史有关，故电容电压有"记忆"电流的作用，电容是一种"记忆"元件。

如果只对某一初始时刻 t_0 以后电容电压感兴趣，则式(6-4) 可写为

$$u(t) = \frac{1}{C}\int_{-\infty}^{t_0} i(\xi)d\xi + \frac{1}{C}\int_{t_0}^{t} i(\xi)d\xi = u(t_0) + \frac{1}{C}\int_{t_0}^{t} i(\xi)d\xi \tag{6-5}$$

式(6-5) 表明，如果知道了由初始时刻 t_0 开始作用的电流 $i(t)$，以及电容的初始电压 $u(t_0)$，就能确定 $t \geq t_0$ 时的电容电压 $u(t)$。

例6-1 图 6-2a 所示电路，电压源电压波形如图 6-2b 所示，求电容电流。

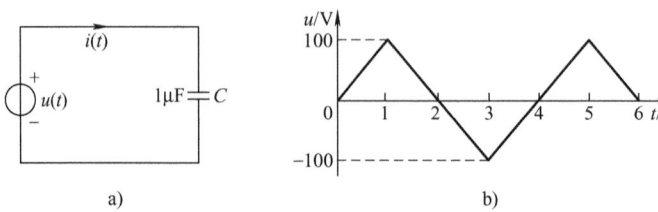

图 6-2 例6-1 的电路

问一问： 电容为什么具有隔直流通交流的功能？

解 $i = C\dfrac{\mathrm{d}u}{\mathrm{d}t} = 10^{-6}\dfrac{\mathrm{d}u}{\mathrm{d}t}$

由图 6-2b 得

$$u = \begin{cases} 10^5 t\,\mathrm{V} & (0 \leqslant t \leqslant 1\mathrm{ms}) \\ -10^5(t - 2 \times 10^{-3})\,\mathrm{V} & (1\mathrm{ms} \leqslant t \leqslant 3\mathrm{ms}) \\ 10^5(t - 4 \times 10^3)\,\mathrm{V} & (3\mathrm{ms} \leqslant t \leqslant 5\mathrm{ms}) \\ -10^5(t - 6 \times 10^{-3})\,\mathrm{V} & (5\mathrm{ms} \leqslant t \leqslant 6\mathrm{ms}) \end{cases}$$

故

$$i = \begin{cases} 0.1\mathrm{A} & (0 \leqslant t \leqslant 1\mathrm{ms}) \\ -0.1\mathrm{A} & (1\mathrm{ms} \leqslant t \leqslant 3\mathrm{ms}) \\ 0.1\mathrm{A} & (3\mathrm{ms} \leqslant t \leqslant 5\mathrm{ms}) \\ -0.1\mathrm{A} & (5\mathrm{ms} \leqslant t \leqslant 6\mathrm{ms}) \end{cases}$$

电流随时间变化的曲线如图 6-3 所示。可见电容电压波形与电流波形不相同，不同于电阻电压波形与电流波形相同的情况。

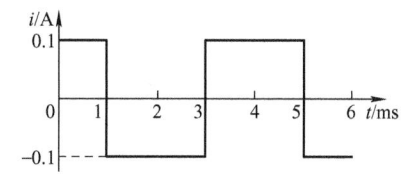

图 6-3 电容对三角波电压的响应

6.1.3 电容元件的储能

在电压和电流关联参考方向下，电容吸收的瞬时功率

$$p_C = ui = Cu\dfrac{\mathrm{d}u}{\mathrm{d}t}$$

从时刻 $t_0 \sim t$，电容吸收的电能

$$W_C = \int_{t_0}^{t} u(\xi) i(\xi) \mathrm{d}\xi = \int_{t_0}^{t} Cu(\xi) \dfrac{\mathrm{d}u(\xi)}{\mathrm{d}\xi} \mathrm{d}\xi = C \int_{u(t_0)}^{u(t)} u(\xi) \mathrm{d}u(\xi)$$

$$= \dfrac{1}{2}Cu^2(t) - \dfrac{1}{2}Cu^2(t_0) = W_C(t) - W_C(t_0)$$

它等于电容在时刻 t 和 t_0 的电场能量之差。

若 $|u(t)| > |u(t_0)|$，则 $W_C = W_C(t) - W_C(t_0) > 0$，电容吸收能量，电容处于充电状态。若 $|u(t)| < |u(t_0)|$，则 $W_C = W_C(t) - W_C(t_0) < 0$，电容释放能量，电容处于放电状态。若电容原先未充电，那么它在充电时吸收并储存起来的能量一定会在放电完毕时全部释放出来，电容不消耗能量，所以电容是一种储能元件。同时，电容也不会释放出多于它所吸收或储存的能量，因此，电容又是一种无源元件。

6.2 电感元件

在工程技术中，电感线圈应用广泛。电感线圈是一种能够储存磁场能量的电路器件，电感元件是电感线圈的理想化模型。

6.2.1 电感元件的韦安关系

1. 韦安关系

如图 6-4 所示电感线圈中，当通以电流 i 后将产生磁通 Φ_L，若 Φ_L 与线圈的 N 匝都交链，

念一念：电容是一种记忆元件、储能元件和无源元件。

则磁链 $\Psi_L = N\Phi_L$。Φ_L 和 Ψ_L 都由线圈本身电流产生,故称为自感磁通和自感磁链。

线性二端电感元件的电路符号如图6-5a所示。如果电感上磁通 Φ_L 的参考方向与电流 i 的参考方向满足右手螺旋定则,则任何时刻线性电感上自感磁链 Ψ_L 与其电流 i 的韦安关系为

$$\Psi_L = Li \tag{6-6}$$

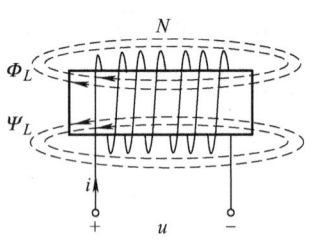

图6-4 线圈的磁通和磁链

式(6-6)中,L 称为线性电感的自感或电感,其为联系线性电感的自感磁链和电流的一个参数,是一正实常数。当电流单位用安(A),自感磁链单位用韦伯(Wb)时,电感单位为亨利,简称亨(H)。L 的常用单位还有 mH(10^{-3}H)和 μH(10^{-6}H)。习惯上,用电感表示电感线圈的电感值,又把电感元件简称为电感。

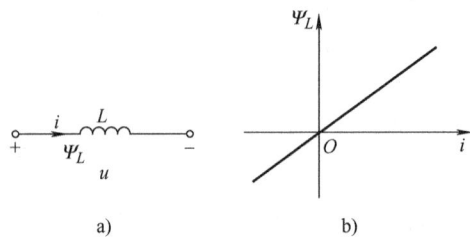

图6-5 线性电感元件的图形符号及其韦安特性

2. 韦安特性曲线

若把电感的自感磁链取为纵坐标,电流取为横坐标,则可在 i-Ψ_L 平面上画出自感磁链与电流的关系曲线,该曲线称为电感的韦安特性曲线。线性电感的韦安特性曲线是一条通过 i-Ψ_L 平面坐标原点的直线,如图6-5b所示。为便于描述,下述电感皆指线性电感。

6.2.2 电感元件的伏安关系

当电感电流发生变化时,自感磁链也相应地发生变化,根据电磁感应定律,电感上将出现感应电压,在电感电压的参考方向与自感磁链参考方向符合右手螺旋定则时,电感电压

$$u = \frac{d\Psi_L}{dt} \tag{6-7}$$

将式(6-6)代入式(6-7),得电压和电流关联参考方向下电感的伏安关系

$$u = L\frac{di}{dt} \tag{6-8}$$

注意,若 u、i 非关联参考方向时,$u = -L\dfrac{di}{dt}$。

式(6-8)表明,任何时刻电感电压与该时刻电流的变化率成正比。如果电感电流变化越快,即 $\dfrac{di}{dt}$ 越大,则电压越大。如果电流不变,即 $\dfrac{di}{dt}$ 为零,虽有电流,但电压为零,电感相当于短路。

电感电流 i 也可表示为电压 u 的函数。对式(6-8)积分可得

想一想:当电感上电压和电流参考方向相反时式(6-8)应如何表示?

$$i(t) = \frac{1}{L}\int_{-\infty}^{t} u(\xi)\,\mathrm{d}\xi \tag{6-9}$$

式(6-9)表明,在任一时刻 t,电感电流的数值取决于从 $-\infty$ 到 t 所有时刻的电压值,即与电压全部过去历史有关,故电感电流有"记忆"电压的作用,电感是一种"记忆"元件。

如果只对某一初始时刻 t_0 以后电容电压感兴趣,则式(6-9)可写为

$$i(t) = \frac{1}{L}\int_{-\infty}^{t_0} u(\xi)\,\mathrm{d}\xi + \frac{1}{L}\int_{t_0}^{t} u(\xi)\,\mathrm{d}\xi = i(t_0) + \frac{1}{L}\int_{t_0}^{t} u(\xi)\,\mathrm{d}\xi \tag{6-10}$$

式(6-10)表明,如果知道了由初始时刻 t_0 开始作用的电压 $u(t)$ 以及电感的初始电流 $i(t_0)$,就能确定 $t \geq t_0$ 时的电感电流 $i(t)$。

6.2.3 电感元件的储能

在电压和电流关联参考方向下,电感吸收的瞬时功率

$$p_L = ui = Li\frac{\mathrm{d}i}{\mathrm{d}t}$$

从时刻 $t_0 \sim t$,电感吸收的电能

$$\begin{aligned}W_L &= \int_{t_0}^{t} u(\xi)i(\xi)\,\mathrm{d}\xi = \int_{t_0}^{t} Li(\xi)\frac{\mathrm{d}i(\xi)}{\mathrm{d}\xi}\mathrm{d}\xi = L\int_{i(t_0)}^{i(t)} i(\xi)\,\mathrm{d}i(\xi)\\ &= \frac{1}{2}Li^2(t) - \frac{1}{2}Li^2(t_0) = W_L(t) - W_L(t_0)\end{aligned}$$

等于电感在时刻 t 和 t_0 的磁场能量之差。

若 $|i(t)| > |i(t_0)|$,则 $W_L = W_L(t) - W_L(t_0) > 0$,电感吸收能量,电感处于充磁状态。若 $|i(t)| < |i(t_0)|$,则 $W_L = W_L(t) - W_L(t_0) < 0$,电感释放能量,电感处于放磁状态。若电感原先未充磁,那么在充磁时吸收并储存起来的能量一定会在放磁完毕时全部释放出来,电感不消耗能量,所以电感是一种储能元件。同时,电感也不会释放出多于它所吸收或储存的能量,因此,电感又是一种无源元件。

6.3 换路定律与电压电流初始条件的确定

6.3.1 一阶电路

1. 一阶电路定义

在电阻电路中所建立的电路方程是以电流、电压为变量的代数方程。在含储能元件(电容、电感)的电路中,由于其伏安关系是微分或积分关系,因此所建立的电路方程是以电流、电压为变量的微分方程或微分—积分方程。实际工程中常用到仅含一个储能元件的电路,可用一阶常微分方程描述,这类电路被称为一阶电路或动态电路。

2. 动态电路特征

动态电路的重要特征是当电路换路时,其结构或元件参数改变。如电源的接入或断开等,可能使电路从原来的工作状态转变到另一个工作状态,这种转变所经历的过程称为过渡过程,又称暂态过程,简称暂态。若在换路前或换路后,电路中电流或电压在给定条件下达到某一稳定值,就称此状态为稳态。对直流电而言,指数值稳定不变;对正弦交流电而言,指振幅、频率稳定不变。

读一读:电感是一种记忆元件、储能元件和无源元件。

6.3.2 换路定律

1. 初始条件

求解描述动态电路性状的微分方程时，必须根据电路的初始条件来确定解中的积分常数。若设 $t=0$ 为换路时刻，并以 $t=0_-$ 表示换路前的终了时刻，$t=0_+$ 表示换路后的初始时刻，则初始条件就是指电路中所求变量（电压或电流）及其各阶导数在 $t=0_+$ 时的值，该值又称为初始值。初始值可分为两类，除独立电源的初始值外，电容电压的初始值 $u_C(0_+)$ 和电感电流的初始值 $i_L(0_+)$ 称为独立的初始条件，其余的初始值称为非独立的初始条件，如电容电流的初始值 $i_C(0_+)$、电感电压的初始值 $u_L(0_+)$、电阻电压的初始值 $u_R(0_+)$ 和电阻电流的初始值 $i_R(0_+)$ 等。

2. 换路定律

对电容来说，当其电压与电流取关联参考方向时，则在任意时刻 t

$$u_C(t) = u_C(t_0) + \frac{1}{C}\int_{t_0}^{t} i_C(\xi)\mathrm{d}\xi$$

如果令 $t_0=0_-$，$t=0_+$，则

$$u_C(0_+) = u_C(0_-) + \frac{1}{C}\int_{0_-}^{0_+} i_C(\xi)\mathrm{d}\xi \tag{6-11}$$

由式(6-11)可知，若在换路时刻前后 $i_C(t)$ 为有限值，则式(6-11)中等号右方积分项为零，此时电容电压不发生跃变，即

$$u_C(0_+) = u_C(0_-)$$

对一个原先未充电的电容来说，在换路时刻前后不发生电压跃变的情况下，$u_C(0_+) = u_C(0_-) = 0$。可见，在换路时刻前后，此电容可用"短路"替代。

对电感来说，当其电压与电流取关联参考方向时，则在任意时刻 t

$$i_L(t) = i_L(t_0) + \frac{1}{L}\int_{t_0}^{t} u_L(\xi)\mathrm{d}\xi$$

如果令 $t_0=0_-$，$t=0_+$，则

$$i_L(0_+) = i_L(0_-) + \frac{1}{L}\int_{0_-}^{0_+} u_L(\xi)\mathrm{d}\xi \tag{6-12}$$

由式(6-12)可知，若在换路时刻前后 $u_L(t)$ 为有限值，则式(6-12)中等号右方积分项为零，此时电感电流不发生跃变，即

$$i_L(0_+) = i_L(0_-)$$

对一个原先无电流的电感来说，在换路时刻前后不发生电流跃变的情况下，$i_L(0_+) = i_L(0_-)$。可见，在换路时刻前后，此电感可用"开路"替代。

综上所述，在换路时刻，若电容电流保持为有限值，则电容电压不能跃变；若电感电压保持为有限值，则电感电流不能跃变，这一结论被称为换路定律。若令 $t=0$ 为换路时刻，则其表达式为

$$u_C(0_+) = u_C(0_-) \qquad i_L(0_+) = i_L(0_-) \tag{6-13}$$

3. 电压电流初始条件的确定

独立初始条件（$u_C(0_+)$ 与 $i_L(0_+)$）一般可由 $t=0_-$ 时的 $u_C(0_-)$ 和 $i_L(0_-)$ 来确

判一判：含有两个电容的电路一定不是一阶电路。

定,而非独立初始条件($i_C(0_+)$、$u_L(0_+)$、$u_R(0_+)$ 和 $i_R(0_+)$)需由 $t=0_+$ 时的独立初始条件来求得。

确定电压、电流初始条件的步骤:

1) 画出 $t=0_-$ 时的电路。对直流电路,若原电路已处于稳态,则 $i_C = C\dfrac{du_C}{dt}\bigg|_{0_-} = 0$, $u_L = L\dfrac{di_L}{dt}\bigg|_{0_-} = 0$,电容可用"开路"替代,电感可用"短路"替代,独立源的电压(或电流) 取 $t=0_-$ 时的值。由 $t=0_-$ 时电路求出 $u_C(0_-)$ 和 $i_L(0_-)$。

2) 由换路定律 $u_C(0_+) = u_C(0_-)$、$i_L(0_+) = i_L(0_-)$,在需求非独立初始条件的情况下,再画出 $t=0_+$ 时电路。在此电路中,电容用值为 $u_C(0_+)$ 的电压源替代(在 $u_C(0_+) = 0$ 时,电容用"短路"替代);电感用值为 $i_L(0_+)$ 的电流源替代(在 $i_L(0_+) = 0$ 时,电感用"开路"替代);独立源的电压(或电流) 取 $t=0_+$ 时的值。由 $t=0_+$ 时的电路求出非独立初始条件。

例 6-2 电路如图 6-6 所示,换路前电路已处于稳态,$t=0$ 时开关 S 打开,求 $u_C(0_+)$、$i_L(0_+)$、$i_C(0_+)$、$u_L(0_+)$ 和 $u_{R_2}(0_+)$。

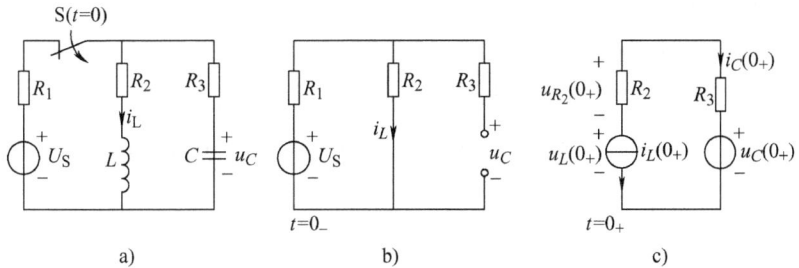

图 6-6 例 6-2 的电路

解 画出 $t=0_-$ 时电路,如图 6-6b 所示,电容用"开路"替代,电感用"短路"替代。由 $t=0_-$ 电路,可得

$$u_C(0_-) = \frac{R_2}{R_1+R_2}U_S = \frac{6}{6+4} \times 10\text{V} = 6\text{V} \qquad i_L(0_-) = \frac{U_S}{R_1+R_2} = \frac{10\text{V}}{(6+4)\Omega} = 1\text{A}$$

由换路定律得

$$u_C(0_+) = u_C(0_-) = 6\text{V} \qquad i_L(0_+) = i_L(0_-) = 1\text{A}$$

画出 $t=0_+$ 时电路,如图 6-6c 所示,电容用值为 $u_C(0_+)$ 的电压源替代,电感用值为 $i_L(0_+)$ 的电流源替代。由 $t=0_+$ 电路得

$$i_C(0_+) = -i_L(0_+) = -1\text{A}$$
$$u_L(0_+) = i_C(0_+)(R_2+R_3) + u_C(0_+) = (-1)\text{A} \cdot (6+3)\Omega + 6\text{V} = -3\text{V}$$
$$u_{R_2}(0_+) = i_L(0_+)R_2 = 1\text{A} \times 6\Omega = 6\text{V}$$

6.4 一阶电路的零输入响应

6.4.1 零输入响应

如果在换路时刻储能元件原来就储存能量,则换路后电路中即使没有外施独立源输入,

分一分:电容在什么时候可用"开路"替代,什么时候可用"短路"替代?

却仍有电压、电流出现,这是因为储能元件所储存的能量要释放出来。电路中没有外施独立源输入,仅由初始储能产生的响应,称为电路的零输入响应。本节研究只含一个储能元件的一阶电路的零输入响应。

6.4.2 RC 电路的零输入响应

1. 电路

如图 6-7a 所示电路,$t<0$ 时,开关 S 闭合于 1 侧。电容 C 被电压源 U_S 充电到电压为 $u_C(0_-)=U_0$。列出如图 6-7b 所示换路后的电路方程为

$$u_R + u_C = 0 \quad (t>0)$$

根据元件的伏安关系

$$u_R = Ri \quad i = C\frac{du_C}{dt}$$

代入上式得

$$RC\frac{du_C}{dt} + u_C = 0 \quad (t>0) \quad (6\text{-}14)$$

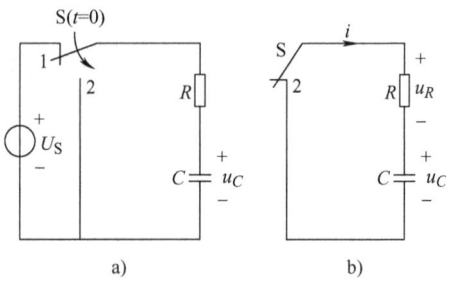

式(6-14)为一阶齐次微分方程,其通解为

$$u_C = Ae^{pt} \quad (6\text{-}15)$$

图 6-7 RC 电路的零输入响应

将式(6-15)代入式(6-14)中,消去公因子 Ae^{pt},得微分方程的特征方程为 $RCp + 1 = 0$,特征根为 $p = -\frac{1}{RC}$。令 $t=0_+$,由式(6-15)得 $u_C(0_+) = A$,积分常数 A 可由电路的初始条件确定。由换路定律 $u_C(0_+) = u_C(0_-) = U_0$,故 $A = U_0$。

RC 电路的零输入响应

$$u_C = U_0 e^{-\frac{t}{RC}} \quad (t>0) \quad (6\text{-}16)$$

$$u_R = -u_C = -U_0 e^{-\frac{t}{RC}} \quad (t>0) \quad (6\text{-}17)$$

$$i = \frac{u_R}{R} = -\frac{U_0}{R} e^{-\frac{t}{RC}} \quad (t>0) \quad (6\text{-}18)$$

u_C、u_R 和 i 随时间变化的曲线如图 6-8 所示,都按同一指数规律不断衰减并趋于零。可见 RC 电路的零输入响应的过程实质上是电容不断放出能量,电阻不断消耗能量的过程。电容原先储存的电场能量($W_C = \frac{1}{2}CU_0^2$),最后全被电阻转换为热能并消耗掉。

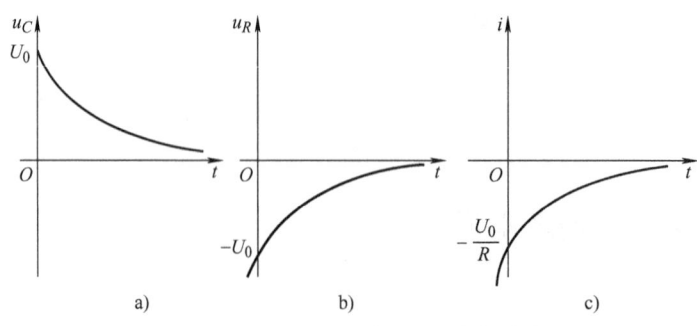

图 6-8 u_C、u_R 和 i 随时间变化的曲线

辨一辨:换路定律在任何瞬时都适用。
考一考:放电电流 i 为负值的物理意义是什么?

2. 时间常数

令 $\tau = RC$，其中 R 为由电容两端看进去的戴维南等效电阻，则式(6-16)、式(6-17) 和式(6-18) 可写为

$$u_C = U_0 e^{-\frac{t}{\tau}} \qquad (t>0)$$

$$u_R = -U_0 e^{-\frac{t}{\tau}} \qquad (t>0)$$

$$i = -\frac{U_0}{R} e^{-\frac{t}{\tau}} \qquad (t>0)$$

τ 的单位为秒，这是因为欧·法 = 欧·(库/伏) = 欧·((安·秒)/伏) = 欧·(秒/欧) = 秒。τ 称为 RC 串联电路的时间常数。

τ 的大小反映了一阶电路过渡过程的进展速度。对应于不同 t 值的 u_C 值见表6-1。

表6-1 对应于不同 t 值的 u_C 值

t	0	τ	2τ	3τ	4τ	5τ
$u_C = U_0 e^{-\frac{t}{\tau}}$	U_0	$0.368U_0$	$0.135U_0$	$0.05U_0$	$0.018U_0$	$0.007U_0$

从理论上讲，$t \to \infty$ 时 u_C 才衰减到零，而实际上，$t = 5\tau$ 时 u_C 已衰减到 $0.007U_0$。在工程中一般认为 $t = (3 \sim 5)\tau$ 时，过渡过程结束。因此，τ 越小过渡过程进展越快。在实际电路中，适当选择 R 和 C 的值，就可控制过渡过程的快慢。对应不同时间常数时，u_C 随时间变化的曲线如图6-9所示。

例 6-3 电路如图6-10所示，原电路已稳定，$t = 0$ 时开关 S 打开，试求：(1) 换路后电路的时间常数；(2) 换路后 u_C 和 i_C；(3) $t = 0.2$s 时的 u_C。

解 (1) 时间常数

$$\tau = RC = 8 \times 10^3 \times 5 \times 10^{-6} \text{s} = 40\text{ms}$$

(2) 原电路已处于稳态

$$i_C(0_-) = 0 \quad u_C(0_-) = \frac{6}{4+8} \times 8\text{V} = 4\text{V}$$

即 $U_0 = 4$V。$t = 0$ 时，开关 S 打开，成为一个 RC 放电电路。

由换路定律得 $u_C(0_+) = u_C(0_-) = U_0 = 4$V。由式(6-16) 得

$$u_C = U_0 e^{-\frac{t}{RC}} = 4e^{-\frac{t}{40 \times 10^{-3}}}\text{V} = 4e^{-25t}\text{V} \qquad (t>0)$$

则

$$i_C = C\frac{du_C}{dt} = 5 \times 10^{-6} \times 4e^{-25t}(-25)\text{A} = -0.5e^{-25t}\text{mA}$$

(3) $t = 0.2$s 即 $t = 5\tau$ 时，$u_C = 4e^{-5}\text{V} = 0.028$V，可认为电容放电结束。

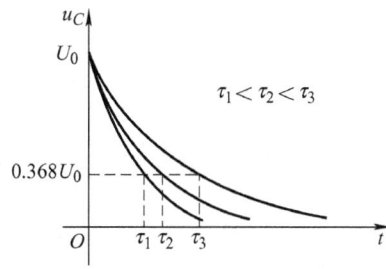

图6-9 对应不同时间常数时 u_C 随时间变化的曲线

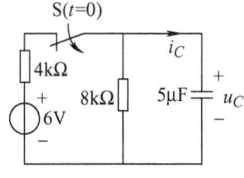

图6-10 例6-3的电路

6.4.3 RL 电路的零输入响应

1. 电路

如图6-11a所示电路，$t < 0$ 时，开关 S 闭合于1侧。电感 L 被电压源 U_S 充磁到电流为

试一试：要使充了电的电容器很快放完电，可用什么措施？

$i_L(0_-) = I_0 = \dfrac{U_S}{R}$。列出如图 6-11b 所示换路后的电路方程为

$$u_R + u_L = 0 \qquad (t>0)$$

根据元件的伏安关系

$$u_R = Ri_L \qquad u_L = L\dfrac{di_L}{dt}$$

代入上式得

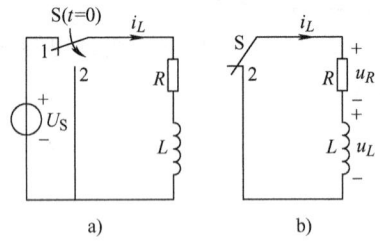

图 6-11 RL 电路的零输入响应

$$L\dfrac{di_L}{dt} + Ri_L = 0 \qquad (t>0) \tag{6-19}$$

式(6-19)为一阶齐次微分方程，其通解为

$$i_L = Ae^{pt} \tag{6-20}$$

将式(6-20)代入式(6-19)中，消去公因子 Ae^{pt}，得微分方程的特征方程为 $Lp + R = 0$，特征根为 $p = -\dfrac{R}{L}$。令 $t = 0_+$，由式(6-20)得 $i_L(0_+) = A$。换路定律 $i_L(0_+) = i_L(0_-) = I_0$，故 $A = I_0$。

RL 电路的零输入响应

$$i_L = I_0 e^{-\frac{Rt}{L}} \qquad (t>0) \tag{6-21}$$

$$u_R = Ri_L = RI_0 e^{-\frac{Rt}{L}} \qquad (t>0) \tag{6-22}$$

$$u_L = -u_R = -RI_0 e^{-\frac{Rt}{L}} \qquad (t>0) \tag{6-23}$$

i_L、u_R 和 u_L 随时间变化的曲线如图 6-12 所示，都按同一指数规律不断衰减并趋于零。可见 RL 电路的零输入响应的过程，实质上是电感不断放出能量，电阻不断消耗能量的过程，电感原先储存的磁场能量最后全被电阻转换为热能并消耗掉。

2. 时间常数

令 $\tau = \dfrac{L}{R} = GL$，其中 $G = \dfrac{1}{R}$，R 为由电感两端看进去的戴维南等效电阻，τ 称为 RL 串联电路的时间常数。则式(6-21)、式(6-22)和式(6-23)可写为

$$i_L = I_0 e^{-\frac{t}{\tau}} \qquad (t>0)$$

$$u_R = RI_0 e^{-\frac{t}{\tau}} \qquad (t>0)$$

$$u_L = -RI_0 e^{-\frac{t}{\tau}} \qquad (t>0)$$

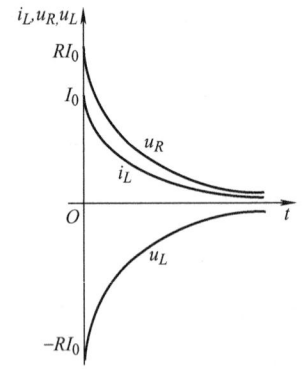

图 6-12 i_L、u_R 和 u_L 随时间变化的曲线

例 6-4 一台 300kW 汽轮发电机的励磁回路如图 6-13 所示。已知励磁绕组的电阻 $R = 0.189\Omega$，电感 $L = 0.398H$，直流电压源电压 $U = 35V$，电压表量程为 50V，内阻 $R_V = 5k\Omega$。开关 S 打开前电路已处于稳态。在 $t = 0$ 时，S 打开，试求：(1) 换路后电路的时间常数；(2) 换路后电流 i_L 的初始值和最终值；(3) 换路后 i_L 和 u_V；(4) 换路后瞬时电压表两端电压。

聊一聊：电阻大的放磁快还是电阻小的放磁快？

解 (1) 时间常数

$$\tau = \frac{L}{R+R_V} = \frac{0.398\text{H}}{(0.189+5000)\Omega} \approx 79.6\mu\text{s}$$

(2) 换路前电路已处于稳态，L 用"短路"替代

$$i_L(0_-) = I_0 = \frac{U}{R} = \frac{35\text{V}}{0.189\Omega} \approx 185.2\text{A}$$

由换路定律得 i_L 的初始值 $i_L(0_+) = i_L(0_-) = I_0 = 185.2\text{A}$
换路后，i_L 的最终值等于零。

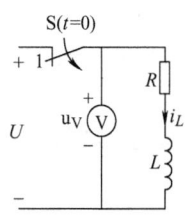

图6-13 例6-4 的电路

(3) 换路后

$$i_L = I_0 e^{-\frac{t}{\tau}} = \frac{U}{R} e^{-\frac{t}{\tau}} = 185.2 e^{-\frac{t}{79.6\times 10^{-6}}}\text{A} = 185.2 e^{-12563t}\text{A}$$

$$u_V = -R_V i_L = -R_V \frac{U}{R} e^{-\frac{t}{\tau}} = -5000\times 185.2 e^{-12563t}\text{V} = -926 e^{-12563t}\text{kV}$$

(4) 换路后瞬时电压表两端电压

$$u_V(0_+) = -\frac{R_V}{R}U = -926\text{kV}$$

换路后瞬时电压表承受很高电压，有可能损坏电压表。出现这么高的电压是因为电感电流不能跃变，电压表内阻 R_V 又远大于励磁绕组的电阻 R，故换路后瞬时电压表的电压将远大于直流电压源电压 U，因此，切断电感电流时必须考虑磁场能量的释放，防止产生过电压。

6.5 一阶电路的零状态响应

6.5.1 零状态响应

如果在换路时刻储能元件没有储存能量(如 $t=0$ 时换路，$u_C(0_+) = 0$，$i_L(0_+) = 0$，为零初始状态)，则换路后电路在外施独立源输入下产生的电压、电流，称为电路的零状态响应。本节研究只含一个储能元件的一阶电路的零状态响应。

6.5.2 RC 电路的零状态响应

如图6-14a 所示电路，$t<0$ 时，开关 S 闭合于 1 侧。电容 C 未带电荷，即 $u_C(0_-) = 0$。列出如图6-14b 所示换路后的电路方程为

$$u_R + u_C = U_S \quad (t>0)$$

根据元件的伏安关系

$$u_R = Ri \quad i = C\frac{du_C}{dt}$$

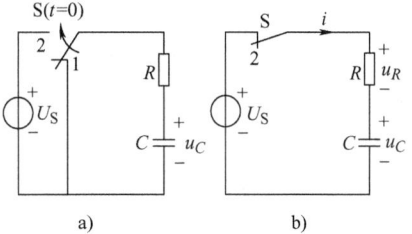

图6-14 RC 电路的零状态响应

代入上式得

$$RC\frac{du_C}{dt} + u_C = U_S \quad (t>0) \quad (6-24)$$

式(6-24)为一阶非齐次微分方程，其解为

$$u_C = u_{Cp} + u_{Ch} \quad (t>0)$$

做一做：例6-4 中为防止电感线圈承受高电压，常在电感线圈上并联一个反向二极管。

$u_{C\mathrm{p}}$ 为非齐次微分方程的特解,是换路后电路达到稳定状态时的稳态解,具有与外施激励相同的形式,故称为强制响应。式(6-24) 中外施激励为常量 U_S,因此,可设

$$u_{C\mathrm{p}} = K$$

代入式(6-24) 中,有

$$RC\frac{\mathrm{d}K}{\mathrm{d}t} + K = U_\mathrm{S}$$

得

$$K = U_\mathrm{S}$$

故

$$u_{C\mathrm{p}} = U_\mathrm{S}$$

$u_{C\mathrm{h}}$ 为与式(6-24) 对应的齐次微分方程

$$RC\frac{\mathrm{d}u_C}{\mathrm{d}t} + u_C = 0$$

的通解,与外施激励无关,故称为固有响应。由前一节内容可知

$$u_{C\mathrm{h}} = A\mathrm{e}^{-\frac{t}{RC}}$$

于是,式(6-24) 的解

$$u_C = u_{C\mathrm{p}} + u_{C\mathrm{h}} = U_\mathrm{S} + A\mathrm{e}^{-\frac{t}{RC}} \qquad t > 0$$

根据初始条件 $u_C(0_+) = u_C(0_-) = 0$,代入上式,有

$$0 = U_\mathrm{S} + A$$

得积分常数

$$A = -U_\mathrm{S}$$

RC 电路的零状态响应

$$u_C = U_\mathrm{S} - U_\mathrm{S}\mathrm{e}^{-\frac{t}{RC}} = U_\mathrm{S}(1 - \mathrm{e}^{-\frac{t}{\tau}}) \qquad (t > 0) \qquad (6\text{-}25)$$

$$u_R = U_\mathrm{S} - u_C = U_\mathrm{S}\mathrm{e}^{-\frac{t}{\tau}} \qquad (t > 0) \qquad (6\text{-}26)$$

$$i = \frac{u_R}{R} = \frac{U_\mathrm{S}}{R}\mathrm{e}^{-\frac{t}{\tau}} \qquad (t > 0) \qquad (6\text{-}27)$$

u_C、u_R 和 i 随时间变化的曲线如图 6-15 所示,u_C 由零按指数规律不断增加并趋于 U_S,可见,在外施激励下 RC 电路的零状态响应的过程实质上是电容的充电过程。

例 6-5 如图 6-16 所示 RC 串联电路,已知 $U_\mathrm{S} = 40\mathrm{V}$,$R = 5\mathrm{k}\Omega$,$C = 100\mu\mathrm{F}$,电容原先未带电荷。在 $t = 0$ 时,开关 S 闭合。试求:(1) 换路后电路的时间常数;(2) 换路后最大充电电流;(3) 换路后 u_C、i,并画出 u_C、i 随时间变化的曲线;(4) S 闭合 1.5s 时 u_C 和 i 的数值。

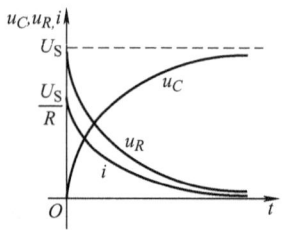

图 6-15 u_C、u_R 和 i 随时间变化的曲线

解 (1) 时间常数

$$\tau = RC = 5 \times 10^3 \times 100 \times 10^{-6}\mathrm{s} = 0.5\mathrm{s}$$

(2) 开关 S 刚闭合时充电电流最大,其值为

看一看:用万用表测电容器时,为什么一开始电流很大,慢慢就小下来了?

想一想:电容量越大充电越快吗?

$$i_{\max} = \frac{U_S}{R} = \frac{40\text{V}}{5000\Omega} = 8\text{mA}$$

(3) 由式(6-25)和式(6-27)得

$$u_C = U_S(1-\mathrm{e}^{-\frac{t}{\tau}}) = 40(1-\mathrm{e}^{-2t})\text{V} \qquad (t>0)$$

$$i = \frac{U_S}{R}\mathrm{e}^{-\frac{t}{\tau}} = \frac{40}{5}\mathrm{e}^{-2t} = 8\mathrm{e}^{-2t}\text{mA} \qquad (t>0)$$

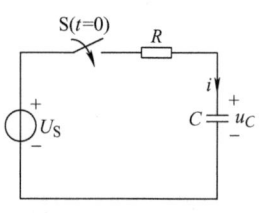

图 6-16 例 6-5 的电路

u_C、i 随时间变化的曲线如图 6-17 所示。

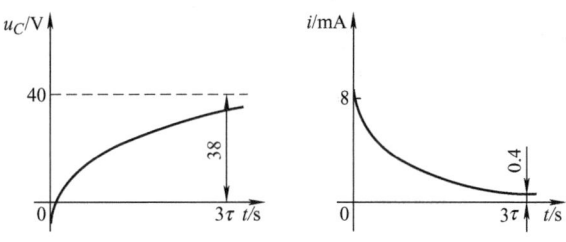

图 6-17 u_C、i 随时间变化的曲线

(4) S 闭合 1.5s 时 u_C 和 i 的数值

$$u_C(1.5) = 40(1-\mathrm{e}^{-2\times 1.5})\text{V} = 40(1-\mathrm{e}^{-3})\text{V} = 40(1-0.05)\text{V} = 38\text{V}$$

$$i(1.5) = 8\mathrm{e}^{-2\times 1.5}\text{A} = 8\mathrm{e}^{-3}\text{A} = 0.4\text{mA}$$

6.5.3 *RL* 电路的零状态响应

如图 6-18a 所示电路，$t<0$ 时，开关 S 闭合于 1 侧。电感 L 未充磁，即 $i_L(0_-)=0$。列出如图 6-18b 所示换路后的电路方程为

$$u_R + u_L = U_S \qquad t>0$$

根据元件的伏安关系

$$u_R = Ri \qquad u_L = L\frac{\mathrm{d}i_L}{\mathrm{d}t}$$

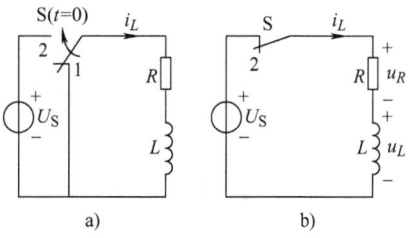

图 6-18 *RL* 电路的零状态响应

代入上式得

$$L\frac{\mathrm{d}i_L}{\mathrm{d}t} + Ri_L = U_S \qquad (t>0) \qquad (6\text{-}28)$$

式(6-28) 为一阶非齐次微分方程，其解为

$$i_L = i_{Lp} + i_{Lh} \qquad (t>0)$$

i_{Lp} 为非齐次微分方程的特解，与外施激励形式相同。式(6-28) 中外施激励为常量 U_S，因此，可设

$$i_{Lp} = K$$

代入式(6-28) 中，有

$$L\frac{\mathrm{d}K}{\mathrm{d}t} + RK = U_S$$

得

比一比：电容和电感是对偶元件，一一对应的对偶元件有哪些？

$$K = \frac{U_S}{R}$$

故

$$i_{Lp} = \frac{U_S}{R}$$

i_{Lh} 为与式(6-28)对应的齐次微分方程

$$L\frac{di_L}{dt} + Ri_L = 0$$

的通解。由前一节内容可知

$$i_{Lh} = Ae^{-\frac{Rt}{L}}$$

于是，式(6-28)的解

$$i_L = i_{Lp} + i_{Lh} = \frac{U_S}{R} + Ae^{-\frac{Rt}{L}} \quad (t>0)$$

根据初始条件 $i_L(0_+) = i_L(0_-) = 0$，代入上式，有

$$0 = \frac{U_S}{R} + A$$

得积分常数

$$A = -\frac{U_S}{R}$$

RL 电路的零状态响应

$$i_L = \frac{U_S}{R} - \frac{U_S}{R}e^{-\frac{Rt}{L}} = \frac{U_S}{R}(1 - e^{-\frac{t}{\tau}}) \quad (t>0) \quad (6\text{-}29)$$

$$u_R = Ri_L = U_S(1 - e^{-\frac{t}{\tau}}) \quad (t>0) \quad (6\text{-}30)$$

$$u_L = U_S - u_R = U_S e^{-\frac{t}{\tau}} \quad (t>0) \quad (6\text{-}31)$$

i_L、u_R 和 u_L 随时间变化的曲线如图 6-19 所示，i_L 由零按指数规律不断增加并趋于 $\frac{U_S}{R}$，可见，在外施激励下 RL 电路的零状态响应的过程实质上是电感的充磁过程。

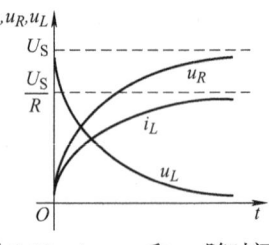

图 6-19 i_L、u_R 和 u_L 随时间变化的曲线

6.6 一阶电路的全响应

6.6.1 全响应

如果在换路时刻储能元件已储存能量，则换路后电路由储能元件储能和外施独立源共同作用下产生的电压、电流，称为电路的全响应。本节研究只含一个储能元件的一阶电路的全响应。

6.6.2 RC 电路的全响应

如图 6-20a 所示电路，$t<0$ 时，开关 S 闭合于 1 侧。电容 C 被电压源 U_0 充电到电压为 $u_C(0_-) = U_0$。列出如图 6-20b 所示换路后的电路方程为

联一联：非齐次方程的特解与微分方程中哪一项相对应？

$$u_R + u_C = U_S$$

其解为

$$u_C = u_{Cp} + u_{Ch} = U_S + Ae^{-\frac{t}{\tau}}$$

把初始条件 $u_C(0_+) = u_C(0_-) = U_0$ 代入上式,有

$$U_0 = U_S + A$$
$$A = U_0 - U_S$$

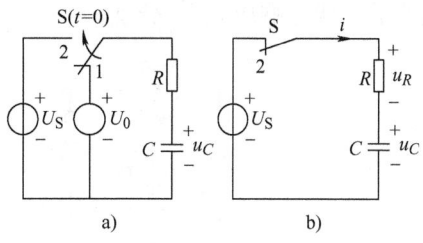

图 6-20 RC 电路的全响应

RC 电路的全响应

$$u_C = U_S + (U_0 - U_S)e^{-\frac{t}{\tau}} \quad (t > 0) \quad (6\text{-}32)$$

$$u_R = U_S - u_C = (U_S - U_0)e^{-\frac{t}{\tau}} \quad (t > 0) \quad (6\text{-}33)$$

$$i = \frac{u_R}{R} = \frac{U_S - U_0}{R}e^{-\frac{t}{\tau}} \quad (t > 0) \quad (6\text{-}34)$$

$U_S > U_0$ 时,u_C、u_R 和 i 随时间变化的曲线如图 6-21 所示。

6.6.3 *RL* 电路的全响应

如图 6-22a 所示电路,$t < 0$ 时,开关 S 闭合于 1 侧。

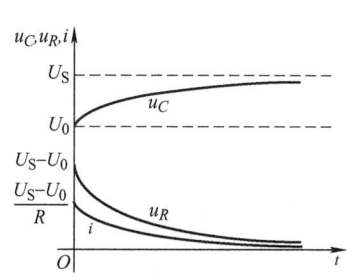

图 6-21 $U_S > U_0$ 时 u_C、u_R 和 i 随时间变化的曲线

电感 L 被电压源 U_0 充磁,电流为 $i_L(0_-) = I_0 = \frac{U_0}{R}$。列出如图 6-22b 所示换路后的电路方程为

$$u_R + u_L = U_S$$

其解为

$$i_L = i_{Lp} + i_{Lh} = \frac{U_S}{R} + Ae^{-\frac{t}{\tau}}$$

把初始条件 $i_L(0_+) = i_L(0_-) = I_0$ 代入上式,有

$$I_0 = \frac{U_S}{R} + A$$

$$A = I_0 - \frac{U_S}{R}$$

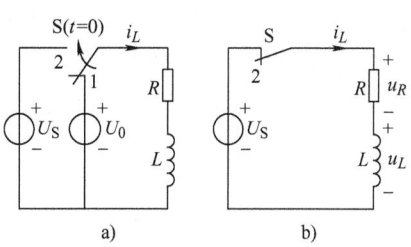

图 6-22 RL 电路的全响应

RL 电路的全响应

$$i_L = \frac{U_S}{R} + (I_0 - \frac{U_S}{R})e^{-\frac{t}{\tau}} \quad (t > 0) \quad (6\text{-}35)$$

$$u_R = Ri_L = U_S + (I_0R - U_S)e^{-\frac{t}{\tau}} \quad (t > 0) \quad (6\text{-}36)$$

$$u_L = U_S - u_R = (U_S - I_0R)e^{-\frac{t}{\tau}} \quad (t > 0) \quad (6\text{-}37)$$

6.6.4 电路全响应的分解

1. 全响应分解为零输入响应和零状态响应之和

对图 6-23a 所示电路,已充电的电容经电阻接到直流电压源 U_S,换路前时刻电容上电压为 U_0。$t = 0$ 时开关 S 闭合,可得到图 6-23b 所示电路的零输入响应 $u_C^{(1)}$ 和图 6-23c 所示

辨一辨:图 6-20 中,$U_S < U_0$ 时电容在充电还是在放电?

练一练:式(6-34) 中 i 可用 Cdu_C/dt 求吗?

电路的零状态响应 $u_C^{(2)}$ 分别为

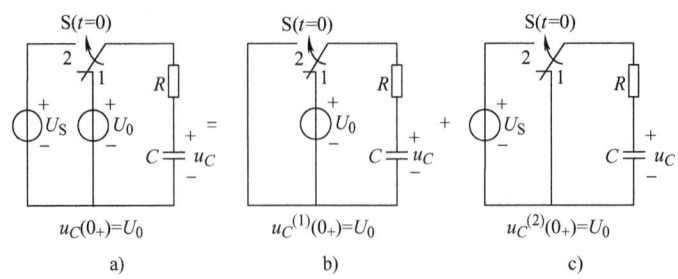

图 6-23 RC 电路全响应的分解

$$u_C^{(1)} = U_0 e^{-\frac{t}{RC}} \qquad (t>0)$$

$$u_C^{(2)} = U_S(1 - e^{-\frac{t}{RC}}) \qquad (t>0)$$

而电容电压的全响应

$$u_C = u_C^{(1)} + u_C^{(2)} = U_0 e^{-\frac{t}{RC}} + U_S(1 - e^{-\frac{t}{RC}}) \qquad (t>0)$$

即

全响应 = 零输入响应 + 零状态响应

上式体现了线性电路的叠加性。零输入响应是由非零初始状态产生的，电容的非零初始电压和电感的非零初始电流可视为一种"输入"，因此，电路的全响应是由外施激励输入和初始状态"输入"分别单独作用时所产生响应的总和。

2. 全响应分解为稳态响应和暂态响应之和

对图 6-22a 所示电路，电容电压的全响应

$$u_C = U_0 e^{-\frac{t}{RC}} + U_S(1 - e^{-\frac{t}{RC}}) = U_S + (U_0 - U_S) e^{-\frac{t}{RC}} \qquad (t>0)$$

上式中，U_S 为强制响应，$(U_0 - U_S) e^{-\frac{t}{RC}}$ 为固有响应，因此

全响应 = 强制响应 + 固有响应

当 $t \to \infty$ 时，固有响应趋于零，故又称为暂态响应。当激励为常量或正弦量时，强制响应也为常量或正弦量，故此时又称为稳态响应。在这种情况下

全响应 = 稳态响应 + 暂态响应

以全响应 u_C 为例的两种分解后的波形如图 6-24 所示。

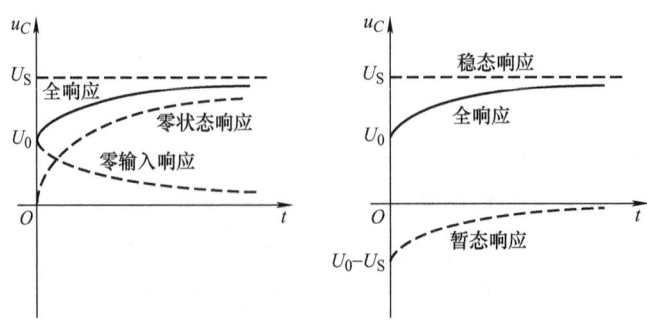

图 6-24 全响应 u_C 的两种分解

判一判：RC 电路接入电源后总有稳态响应。

6.7 一阶电路的三要素法

6.7.1 一阶电路全响应的一般形式

对一阶电路，设$f(t)$为电路中任意电流或电压，则其全响应可写成

$$f(t)=f_p(t)+f_h(t)=f_p(t)+Ae^{-\frac{t}{\tau}}$$

$t=0_+$时

$$f(0_+)=f_p(0_+)+A$$

即

$$A=f(0_+)-f_p(0_+)$$

故

$$f(t)=f_p(t)+[f(0_+)-f_p(0_+)]e^{-\frac{t}{\tau}} \tag{6-38}$$

式(6-38)为一阶电路全响应的一般形式。

6.7.2 直流激励时一阶电路的三要素法

当外加激励为直流时，$f_p(t)$是$f(t)$的稳态响应，即$f_p(t)=f(\infty)$。由于$f_p(0_+)=f_p(t)|_{t=0_+}=f(\infty)$，则式(6-38)可写成

$$f(t)=f(\infty)+[f(0_+)-f(\infty)]e^{-\frac{t}{\tau}} \tag{6-39}$$

由式(6-39)可知，若已知稳态响应$f(\infty)$、全响应的初始值$f(0_+)$和时间常数τ三要素，便可唯一地决定$f(t)$。通过求解电路变量的三要素来决定电路响应的方法称为三要素法。

对于$f(0_+)$，可利用6.3节所示换路定律和$t=0_+$时等效电路的计算获得；对于直流激励，$f(\infty)$可通过对换路后达到稳态时的直流电路计算获得；时间常数τ为RC或$\frac{L}{R}$，这里的R是与C或L相连的两端网络的戴维南等效电阻。这样，三要素法将暂态过程的分析计算归结为相应直流电路的分析计算，而不必通过列写和求解电路微分方程。因此，三要素法是分析一阶电路暂态过程的一种简便有效的方法。

例6-6 如图6-25a所示电路，已知$U_S=10V$，$R_1=20k\Omega$，$R_2=30k\Omega$，$C=0.1\mu F$，换路前电路已处于稳态，在$t=0$时开关S打开。试求换路后电容电压u_C和电阻R_1中的电流i，并画出u_C、i随时间变化的曲线。

解 第一步 画$t=0_-$时电路，求$u_C(0_-)$。换路前电路已处于稳态，电容用"开路"替代，$t=0_-$时电路如图6-25b所示，$u_C(0_-)$为

$$u_C(0_-)=\frac{R_2}{R_1+R_2}U_S=\frac{30}{20+30}\times 10V=6V$$

第二步 画$t=0_+$时电路，求$u_C(0_+)$和$i(0_+)$。由换路定律得$u_C(0_+)=u_C(0_-)=6V$，电容用值为$u_C(0_+)$的电压源替代，$t=0_+$时电路如图6-25c所示，$i(0_+)$为

$$i(0_+)=\frac{U_S-u_C(0_+)}{R_1}=\frac{(10-6)V}{20k\Omega}=0.2mA$$

第三步 画$t\to\infty$时的电路，求$u_C(\infty)$和$i(\infty)$。$t\to\infty$时电路已处于稳态，电容用

理一理：$f_p(t)$为时间函数时，$f_p(t)\neq f_p(0_+)$，如$f_p(t)=\cos t$。

顺一顺：用"三要素"法求解时，为什么电路都不含储能元件？

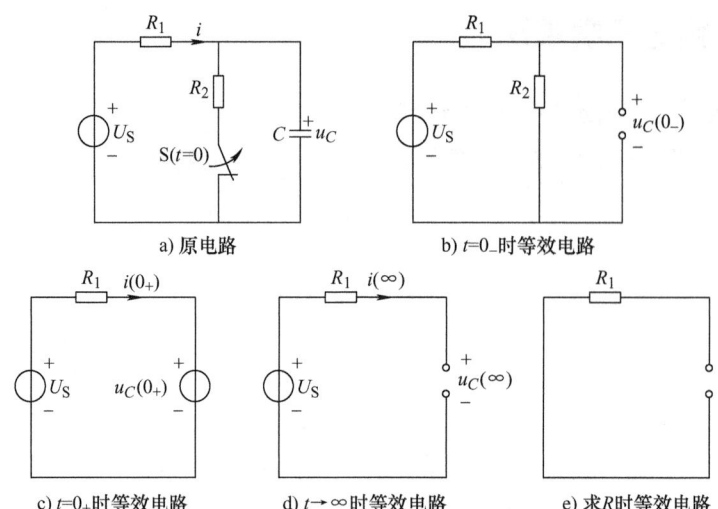

图 6-25 例 6-6 电路及其求解过程

"开路"替代，$t\to\infty$ 时电路如图 6-25d 所示，$u_C(\infty)$ 为

$$u_C(\infty) = U_S = 10\text{V} \qquad i(\infty) = 0$$

第四步 画 τ 图，求时间常数。画出从动态元件电容两端看进去而独立源置零的无源二端网络，如图 6-25e 所示，该无源二端网络的等效电阻

$$R = R_1 = 20\text{k}\Omega$$

$$\tau = RC = 20\times 10^3 \times 0.1\times 10^{-6}\text{s} = 2\text{ms}$$

第五步 将上述值分别代入式(6-39)，得

$$\begin{aligned}u_C &= u_C(\infty) + [u_C(0_+) - u_C(\infty)]e^{-\frac{t}{\tau}} \\ &= 10\text{V} + (6-10)e^{-\frac{t}{2\times 10^{-3}}}\text{V} = (10 - 4e^{-500t})\text{V} \qquad (t>0)\end{aligned}$$

$$\begin{aligned}i &= i(\infty) + [i(0_+) - i(\infty)]e^{-\frac{t}{\tau}} \\ &= 0 + (0.2 - 0)e^{-500t}\text{mA} = 0.2e^{-500t}\text{mA} \qquad (t>0)\end{aligned}$$

第六步 画出 u_C、i 随时间变化的曲线，如图 6-26 所示。

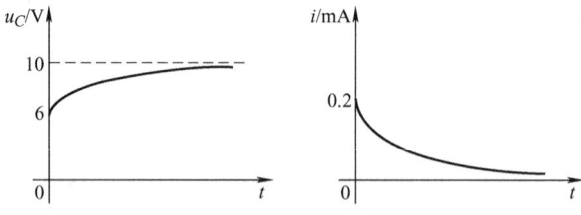

图 6-26 u_C、i 随时间变化的曲线

当然，也可省去第二步，在求出 u_C 后，得

$$i = C\frac{du_C}{dt} = 0.1\times 10^{-6}(-4e^{-500t})(-500) = 0.2e^{-500t}\text{mA}$$

例 6-7 如图 6-27a 所示电路，已知 $U_S = 18\text{V}$，$I_S = 3\text{A}$，$R_1 = 6\Omega$，$R_2 = 2\Omega$，$R_3 = 1\Omega$，$L = 0.1\text{H}$，换路前电路已处于稳态，在 $t=0$ 时开关 S 闭合。试求换路后电感电流 i_L 和电阻 R_1 中

注一注：通常求出 u_C 或 i_L 后，可利用 KCL、KVL 或欧姆定律求出其他电压或电流。

电流 i，并画出 i_L、i 随时间变化的曲线。

解 第一步 画 $t=0_-$ 时电路，求 $i_L(0_-)$。换路前电路已处于稳态，电感用"短路"替代，$t=0_-$ 时电路如图 6-27b 所示。由分流公式得

$$i_L(0_-)=\frac{R_3}{R_2+R_3}I_S=\frac{1}{2+1}\times 3\text{A}=1\text{A}$$

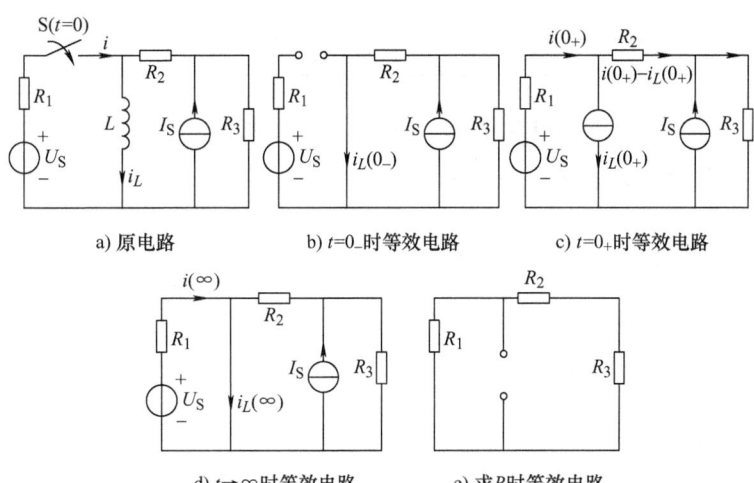

a) 原电路　　　b) $t=0_-$ 时等效电路　　　c) $t=0_+$ 时等效电路

d) $t\to\infty$ 时等效电路　　　e) 求 R 时等效电路

图 6-27　例 6-7 电路及其求解过程

第二步　画 $t=0_+$ 时电路，求 $i_L(0_+)$ 和 $i(0_+)$。由换路定律，$i_L(0_+)=i_L(0_-)=1\text{A}$，电感用值为 $i_L(0_+)$ 的电流源替代，$t=0_+$ 时电路如图 6-27c 所示。由 KVL 得

$$i(0_+)R_1+[i(0_+)-i_L(0_+)]R_2+[i(0_+)-i_L(0_+)+I_S]R_3=U_S$$

$$6i(0_+)+2[i(0_+)-1]+[i(0_+)-1+3]=18$$

得

$$i(0_+)=2\text{A}$$

第三步　画 $t\to\infty$ 时电路，求 $i_L(\infty)$ 和 $i(\infty)$。$t\to\infty$ 时电路已处于稳态，电感用"短路"替代，$t\to\infty$ 时电路如图 6-27d 所示，$i_L(\infty)$ 为

$$i_L(\infty)=\frac{U_S}{R_1}+\frac{R_3}{R_2+R_3}I_S=\frac{18\text{V}}{6\Omega}+\frac{1}{2+1}\times 3\text{A}=4\text{A}$$

$$i(\infty)=\frac{U_S}{R_1}=\frac{18\text{V}}{6\Omega}=3\text{A}$$

第四步　画 τ 图，求时间常数。画出从动态元件电感两端看进去而独立源置零的无源二端网络，如图 6-27e 所示，该无源二端网络的等效电阻

$$R=\frac{R_1(R_2+R_3)}{R_1+R_2+R_3}=\frac{6(2+1)}{6+2+1}\Omega=2\Omega$$

$$\tau=\frac{L}{R}=\frac{0.1}{2}\text{s}=0.05\text{s}$$

第五步　将上述值分别代入式(6-39)，得

$$i_L=i_L(\infty)+[i_L(0_+)-i_L(\infty)]\text{e}^{-\frac{t}{\tau}}=4\text{A}+(1-4)\text{e}^{-\frac{t}{0.05}}\text{A}=(4-3\text{e}^{-20t})\text{A} \quad (t>0)$$

讲一讲：独立源置零是指电压源为零时短路、电流源为零时开路。

$$i = i(\infty) + [i(0_+) - i(\infty)]e^{-\frac{t}{\tau}} = 3\text{A} + (2-3)e^{-\frac{t}{0.05}}\text{A} = (3 - e^{-20t})\text{A} \quad (t>0)$$

第六步 画出 i_L、i 随时间变化的曲线，如图 6-28 所示。

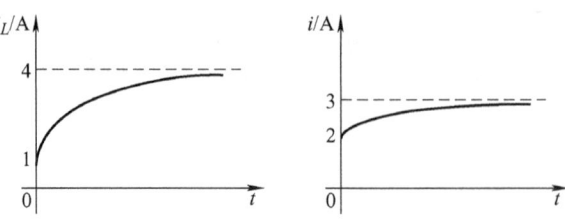

图 6-28 i_L、i 随时间变化的曲线

当然，也可省去第二步，在求出 i_L 后，得

$$i = \frac{U_S - L\dfrac{di_L}{dt}}{R_1} = \frac{18 - 0.1 \times [-3e^{-20t} \times (-20)]}{6}\text{A} = (3 - e^{-20t})\text{A}$$

6.8 一阶电路的阶跃响应

6.8.1 阶跃函数

1. 单位阶跃函数

单位阶跃函数是一种奇异函数，其定义为

$$\varepsilon(t) = \begin{cases} 0 & (t<0) \\ 1 & (t>0) \end{cases} \tag{6-40}$$

在 $(0_-, 0_+)$ 时域内发生单位阶跃响应，其波形如图 6-29 所示。

2. 延迟单位阶跃函数

延迟单位阶跃函数定义为

$$\varepsilon(t-t_0) = \begin{cases} 0 & (t<t_0) \\ 1 & (t>t_0) \end{cases} \tag{6-41}$$

式中，t_0 为任一起始时刻。$\varepsilon(t-t_0)$ 可视为 $\varepsilon(t)$ 在时间轴上向右移动 t_0 的结果，其波形如图 6-30 所示。

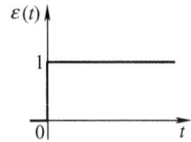
图 6-29 单位阶跃函数

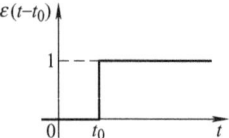
图 6-30 延迟单位阶跃函数

3. 阶跃函数作用

1) 单位阶跃函数可用来描述二端动态电路的开关动作。如图 6-31a 所示电路，原已处于稳态，$t=0$ 时开关 S 由 1 侧合向 2 侧，1V 直流电压源与二端动态电路相连接，于是可等效为如图 6-31b 所示电路，其中 $u_S(t) = \varepsilon(t)$ V。

议一议：什么是奇异函数？

拓一拓：图 6-31 中电压源 1V 变为 5V 时，如何用阶跃函数表示？

2）单位阶跃函数可用来"起始"任意一个 $f(t)$。设 $f(t)$ 是对所有 t 都有定义的一个任意函数，如图 6-32a 所示，则

$$f(t)\varepsilon(t-t_0) = \begin{cases} 0 & (t < t_0) \\ f(t) & (t > t_0) \end{cases} \quad (6-42)$$

随时间变化的波形如图 6-32b 所示。

3）单位阶跃函数和延迟单位阶跃函数的组合可用来表示矩形脉冲波和任意阶梯波。对图 6-33a 所示矩形脉冲波，表达式可写为

$$f(t) = \varepsilon(t) - \varepsilon(t-t_0)$$

$f(t)$ 的分解如图 6-33b 所示。对图 6-34 所示阶梯波，表达式可写为

$$f(t) = \varepsilon(t-t_1) + 2\varepsilon(t-t_2) + 3\varepsilon(t-t_3) - 6\varepsilon(t-t_4)$$

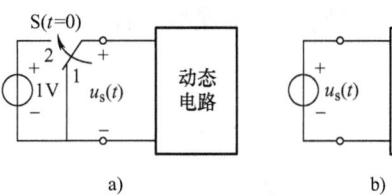

图 6-31 用单位阶跃函数描述开关作用

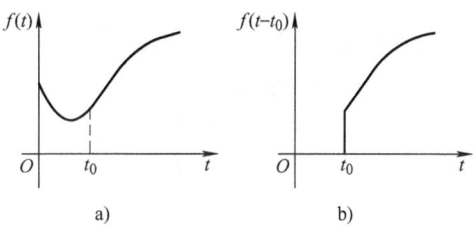

图 6-32 单位阶跃函数的起始作用

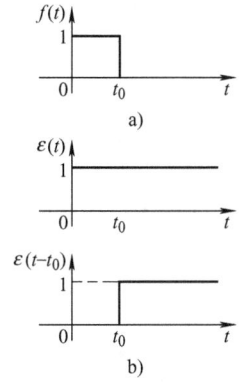

图 6-33 矩形脉冲的组成

图 6-34 阶梯波

6.8.2 阶跃响应

电路对于单位阶跃输入的零状态响应称为电路的单位阶跃响应。

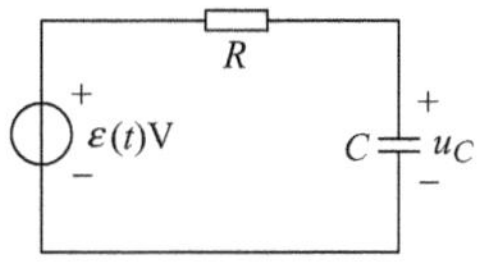

1. 单位阶跃函数作用

如图 6-35 所示 RC 电路，$t<0$ 时，$\varepsilon(t) = 0$，$u_C(0_-) = 0$；$t>0$ 时，$\varepsilon(t) = 1\text{V}$，由于 $u_C(0_+) = u_C(0_-) = 0$，电路响应为零状态响应，由一阶电路三要素法，得

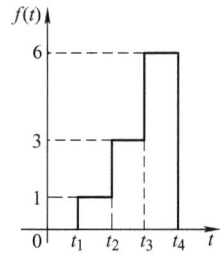

图 6-35 RC 电路的单位阶跃响应

$$u_C = (1 - e^{-\frac{t}{\tau}})\varepsilon(t)\text{V} \quad (6-43)$$

式中，$\varepsilon(t)$ 表示该响应仅适用于 $t>0$。

2. 延迟单位阶跃函数作用

如图 6-36 所示 RC 电路，如果单位阶跃不是在 $t=0$ 时输入，而是在 $t=t_0$ 时输入，则只需在式（6-43）中将 t 改为 $(t-t_0)$，便可得到延时 t_0 的延迟单位阶跃响应

$$u_C = (1 - e^{-\frac{t-t_0}{\tau}})\varepsilon(t-t_0)\text{V}$$

扩一扩：储能元件非零状态时，可考虑求零输入响应再叠加阶跃响应。

其波形是将起始 $t=0$ 的波形向右延时 t_0，如图 6-37 所示。

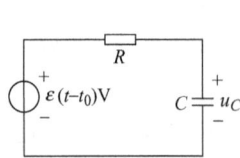

图 6-36　RC 电路延迟单位阶跃响应

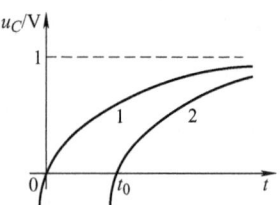

图 6-37　波形 2 是波形 1 延时 t_0 的结果

已知单位阶跃响应，就能求出任意直流激励下的零状态响应，该响应等于单位阶跃响应乘以该直流激励的大小。

例 6-8　如图 6-38a 所示电路，已知 $R=1\Omega$，$L=1H$，u_S 的波形如图 6-38b 所示，求电流 i，并画出 i 随时间变化的曲线。

解　方法一

在 $0<t<t_0$ 时，电路相当于在 1V 直流电压的作用下，电路的零状态响应

$$i=\frac{1}{R}(1-\mathrm{e}^{-\frac{t}{\tau}})=1-\mathrm{e}^{-t}\mathrm{A} \qquad (0<t\leqslant t_0)$$

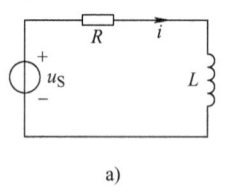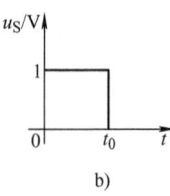

a)　　　　b)

图 6-38　例 6-8 的电路

当 $t=t_0$ 时

$$i(t_0)=1-\mathrm{e}^{-t_0}\mathrm{A}$$

在 $t>t_0$ 时，电压源相当于被短路，电路在 $i(t_0)$ 作用下的零输入响应

$$i=(1-\mathrm{e}^{-t_0})\mathrm{e}^{-(t-t_0)}\mathrm{A} \qquad (t>t_0)$$

i 随时间变化的曲线如图 6-39 所示。

方法二

把 u_S 看作为两个阶跃电压之和，即 $u_S=\varepsilon(t)-\varepsilon(t-t_0)$ V，在 $\varepsilon(t)$ 作用下

$$i^{(1)}=\frac{1}{R}(1-\mathrm{e}^{-\frac{t}{\tau}})\varepsilon(t)=(1-\mathrm{e}^{-t})\varepsilon(t)\mathrm{A}$$

在 $-\varepsilon(t-t_0)$ 作用下

$$i^{(2)}=-[1-\mathrm{e}^{-(t-t_0)}]\varepsilon(t-t_0)\mathrm{A}$$

$i^{(1)}$ 和 $i^{(2)}$ 随时间变化的曲线如图 6-40 虚线所示。由叠加定理，得

$$i=i^{(1)}+i^{(2)}=(1-\mathrm{e}^{-t})\varepsilon(t)-[1-\mathrm{e}^{-(t-t_0)}]\varepsilon(t-t_0)\mathrm{A}$$

i 随时间变化的曲线如图 6-40 实线所示。

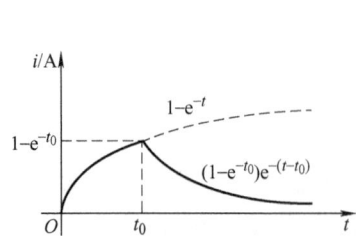

图 6-39　例 6-8 中 i 随时间变化的曲线

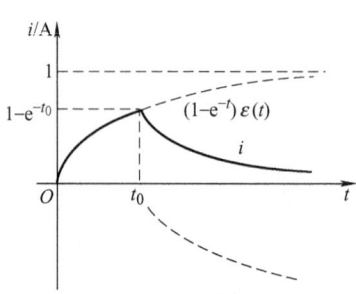

图 6-40　用叠加定理求例 6-8 中 i

说一说：$i^{(2)}$ 可否写成 $i^{(2)}=-[1-\mathrm{e}^{-(t-t_0)}]\varepsilon(t)\mathrm{A}$？

6.9 一阶电路的应用

在电子技术中，常用 RC 电路实现输出电压波形与输入电压波形成微分或积分关系，进行脉冲波形的变换。

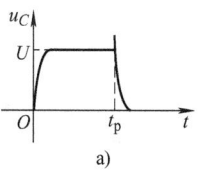

图 6-41 RC 微分电路

6.9.1 微分电路

1. 电路

RC 微分电路如图 6-41b 所示，输入 u_i 为一个如图 6-41a 所示的脉宽为 t_p 和幅度为 U 的矩形脉冲信号。

2. 条件

1）电阻 R 上输出电压 u_o。

2）电路时间常数 τ 远小于 t_p（$5\tau < t_p$）。

3. 波形分析

在 $0 < t < t_p$ 时，电路响应相当于在直流电压 U 作用下的零状态响应。由于 τ 相对于 t_p 很小，电容上电压 u_C 从零很快被充电到 U。当 $t = t_p$ 时，$u_C(t_p) = U$。在 $t > t_p$ 时，电压源相当于被短路，电路响应为在 $u_C(t_p)$ 作用下的零输入响应，u_C 从 U 很快被放电到零。u_C 的波形如图 6-41a 所示。

对图 6-41b 所示电路，由 KVL 得 $u_C + u_o = u_i$，故由 u_i 和 u_C 的波形可得如图 6-42b 所示 u_o 的波形，为正、负尖脉冲。在周期性矩形脉冲输入下，输出电压波形就是周期性正、负相间的尖脉冲。

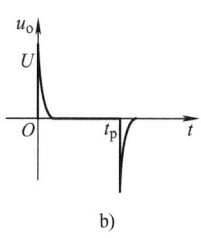

图 6-42 u_C 和 u_o 的波形

4. 数学关系

比较 u_C、u_o 和 u_i 波形，可知 $u_C \approx u_i$，故

$$u_o = Ri = RC\frac{du_C}{dt} \approx RC\frac{du_i}{dt}$$

输出电压波形与输入电压波形成微分关系。

6.9.2 积分电路

1. 电路

RC 积分电路如图 6-43b 所示，输入 u_i 为一个如图 6-43a 所示的脉宽为 t_p 和幅度为 U 的矩形脉冲信号。

2. 条件

1）电容 C 上输出电压 u_o。

2）电路时间常数 τ 远大于 t_p。

3. 波形分析

在 $0 < t < t_p$ 时，电路响应相当于在直流电压 U 作用下的零状态响应。由于 τ 远大于 t_p，

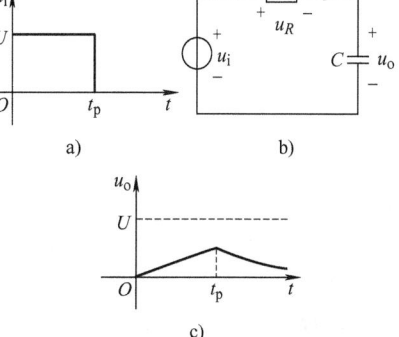

图 6-43 RC 积分电路

用一用：在电子技术中，常用微分电路将矩形脉冲变换为尖脉冲，作为触发信号。

电容上电压 u_o 从零被充电至 $t=t_p$ 时，$u_o(t_p)<U$。在 $t>t_p$ 时，电压源相当于被短路，电路响应为在 $u_o(t_p)$ 作用下的零输入响应，电容从 $u_o(t_p)$ 放电。u_o 的波形如图 6-43c 所示。u_o 的波形为三角波。在周期性矩形脉冲输入下，输出电压波形就成为锯齿波。

4. 数学关系

由于 τ 远大于 t_p，在整个脉冲过程中，u_o 增长与衰减都很慢，所以 u_o 很小，u_o 远小于 u_R，故对图 6-43b 所示电路，$u_i=u_R+u_o\approx u_R=Ri$，有

$$u_o = \frac{1}{C}\int_{-\infty}^{t} i(\xi)\,\mathrm{d}\xi \approx \frac{1}{RC}\int_{-\infty}^{t} u_i(\xi)\,\mathrm{d}\xi$$

输出电压波形与输入电压波形成积分关系。

在电子技术中，常用积分电路将矩形脉冲变换为锯齿波，作为扫描信号。

本 章 小 结

1. 电容和电感为储能元件，由于其伏安关系具有微分形式，又称其为动态元件。
2. 用一阶微分方程描述的电路称为一阶电路。为求解微分方程，必须确定初始条件，通常借助于换路定律 $u_C(0_+)=u_C(0_-)$，$i_L(0_+)=i_L(0_-)$。
3. 电路中没有外施独立源输入，仅由初始储能产生的响应，称为电路的零输入响应。储能元件没有储能，在外施独立源输入下产生的响应，称为电路的零状态响应。由储能元件储能和外施独立源共同作用下产生的响应，称为电路的全响应。
4. 直流激励时一阶电路的三要素法 $f(t)=f(\infty)+[f(0_+)-f(\infty)]e^{-\frac{t}{\tau}}$，其中，$f(\infty)$ 为稳态响应、$f(0_+)$ 为初始值和 τ 为时间常数。

● 实验链接

1. 一阶电路的暂态响应。RC 电路的零状态响应、零输入响应和全响应；RL 电路的零状态响应、零输入响应和全响应。
2. **拓展性实验** 二阶电路的暂态响应。

※小知识

衡量电容器质量的标准有：① 电容量和耐压；② 介质损耗和绝缘电阻。在选择电容器时，首先要考虑电容量和耐压，然后选择介质损耗小和绝缘电阻大的电容器。

习 题

判一判

1. 在电路的换路瞬间，电感电压和电容电流是可以跃变的。
2. 零状态的电容 C 与电阻 R 串联后，与直流电压源电压 U 接通瞬间，电容电压为 0，充电电流为 U 除以 R。
3. 电容 C 在充电过程中，电容电压按指数规律上升，充电电流也按指数规律上升。
4. 时间常数 τ 越大，过渡过程越快。
5. 在 RL 电路中，R 越大，过渡过程越快。
6. 电路换路前已处于稳态，则画 $t=0_-$ 时的电路，C 相当于短路，L 相当于开路。

选一选

1. 下列说法正确的是_____。

A. 电感电压不会跃变   B. 电感电流不会跃变
C. 电容电压不会跃变   D. 电容电流不会跃变

2. RC 电路的放电过程可能是＿＿＿＿。
   A. 零状态响应　　　　B. 零输入响应　　　　C. 全响应
3. 下列时间常数 τ 的计算式中正确的是＿＿＿＿。
   A. $\dfrac{1}{RC}$　　　B. RC　　　C. $\dfrac{L}{R}$　　　D. $\dfrac{R}{L}$
4. 在电路过渡过程分析中，电容和电感有时被视为开路，是因为＿＿＿＿；有时被视为短路，是因为＿＿＿＿。
   A. $u_L = 0$　　　B. $u_C = 0$　　　C. $i_L = 0$　　　D. $i_C = 0$
5. 常用万用表×1k 档检测电容量较大的电容器质量。检测时若万用表＿＿＿＿，说明此电容器质量良好。
   A. 指针不动
   B. 指针摆动后逐渐返回到∞刻度处
   C. 指针从∞处逐渐到 0 处
   D. 指针满偏
6. 某 RC 电路中 $u_C = 5\mathrm{e}^{-t}$ V，则下列表达式中比 u_C 变化最快的是＿＿＿＿。
   A. $5\mathrm{e}^{-4t}$ V　　　B. $5\mathrm{e}^{-\frac{t}{4}}$ V　　　C. $5\mathrm{e}^{-2t}$ V　　　D. $5\mathrm{e}^{-\frac{t}{2}}$ V

填一填

1. 产生过渡过程的外因是＿＿＿＿，内因是＿＿＿＿。
2. 充电前不带电荷的电容器在刚充电瞬间相当于＿＿＿＿，当充电结束时相当于一个等效＿＿＿＿。
3. 电容器充电和放电时的电压和电流都按＿＿＿＿变化。充放电的快慢由＿＿＿＿来衡量，一般认为 $t =$ ＿＿＿＿时充放电过程基本结束。
4. 电容器无论是充电还是放电，电流、电压随时间变化的曲线都是变化开始＿＿＿＿，然后逐渐＿＿＿＿，直至无限接近＿＿＿＿。
5. 当 RL 电路与直流电源接通时，电路中电流按指数规律＿＿＿＿，电阻电压按指数规律＿＿＿＿，电感电压按指数规律＿＿＿＿。
6. 一阶电路的"三要素"法中三要素指的是＿＿＿＿，＿＿＿＿，＿＿＿＿。

算一算

1. 如图 6-44 所示电路已处于稳态，$t=0$ 时开关 S 闭合。在 $t=0_+$ 时 $u_C =$ ＿＿＿＿V。
   A. 0　　　B. 12　　　C. 8　　　D. 4
2. 如图 6-45 所示电路已处于稳态，$t=0$ 时开关打开，则在 $t=0_+$ 时有＿＿＿＿。
   A. $u_C(0_+) = 6$V, $i(0_+) = 3$A　　　B. $u_C(0_+) = 18$V, $i(0_+) = 0$
   C. $u_C(0_+) = 0$, $i(0_+) = 4.5$A　　　D. $u_C(0_+) = 12$V, $i(0_+) = 1.5$A

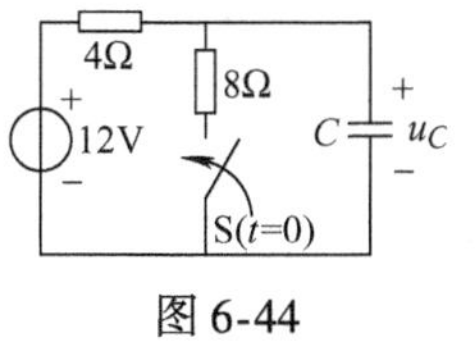

图 6-44 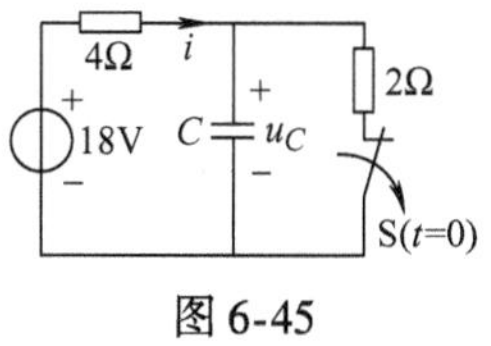　　　　图 6-45

3. 如图 6-46 所示电路已处于稳态，$t=0$ 时开关 S 闭合。在 $t=0_+$ 时 $u_C =$ ＿＿＿＿V, $i_C =$ ＿＿＿＿A, $u_L =$ ＿＿＿＿V, $i_L =$ ＿＿＿＿A。
   A. 1　　　B. 2　　　C. -1　　　D. -2
4. 如图 6-47 所示电路已处于稳态，$t=0$ 时开关 S 闭合。在 $t=0_+$ 时 $u_C =$ ＿＿＿＿V, $i_C =$ ＿＿＿＿A, $u_L =$ ＿＿＿＿V, $i_L =$ ＿＿＿＿A。
   A. 2　　　B. 8　　　C. 16　　　D. 0　　　E. -8
5. 如图 6-48 所示曲线，可知 u_C 的表达式为＿＿＿＿V。
   A. $-4 + 10\mathrm{e}^{-t}$　　　B. $-4 - 10\mathrm{e}^{-t}$　　　C. $6 - 10\mathrm{e}^{-t}$　　　D. $6 + 10\mathrm{e}^{-t}$

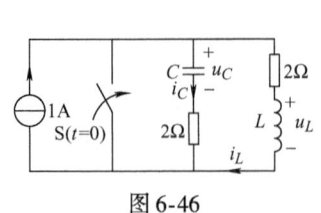
图 6-46

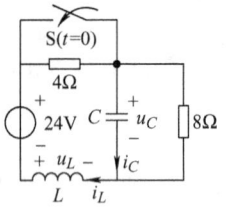
图 6-47

6. 如图 6-49 所示电路已处于稳态，$t=0$ 时开关 S 由 1 合向 2，则有_____。

A. $i_L(0_+)=3\text{mA}$，$i_L(\infty)=0$，$\tau=3\mu\text{s}$　　B. $i_L(0_+)=0$，$i_L(\infty)=3\text{mA}$，$\tau=2\mu\text{s}$

C. $i_L(0_+)=3\text{mA}$，$i_L(\infty)=3\text{mA}$，$\tau=2\mu\text{s}$　　D. $i_L(0_+)=0$，$i_L(\infty)=3\text{mA}$，$\tau=3\mu\text{s}$

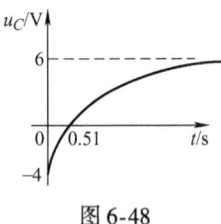
图 6-48

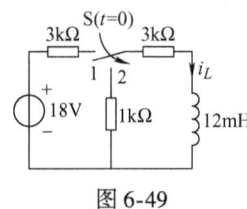
图 6-49

练一练

1. 电路如图 6-50 所示。

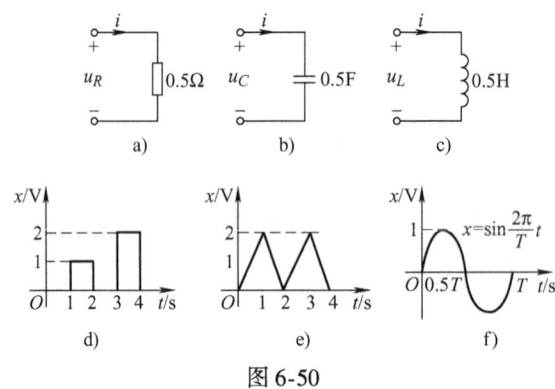
图 6-50

（1）图 6-50a 中 $x=u_R$，x 的波形如图 6-50d、e、f 所示，试画出电流 i 的波形。

（2）图 6-50b 中 $x=u_C$，x 的波形如图 6-50e、f 所示，试画出电流 i 的波形。

（3）图 6-50c 中 $x=u_L$，x 的波形如图 6-50d、e 所示，试画出电流 i 的波形。

2. 如图 6-51 所示电路已处于稳态，$t=0$ 时开关 S 打开，试求换路后 $t=0_+$ 时刻各支路电流与动态元件的电压值。

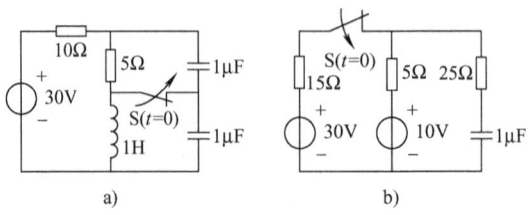
图 6-51

3. 如图 6-52 所示电路已处于稳态，$t=0$ 时开关 S 由 1 合向 2，试求换路后 $t=0_+$ 时刻各元件电流与电压。

4. 如图 6-53 所示电路已处于稳态，$t=0$ 时开关 S 打开，试求换路后 $t=0_+$ 时刻各元件的电流与电压。

图 6-52　　　　　　　　　　图 6-53

5. 如图 6-54 所示电路，换路前都已处于稳态，试求换路后电流 i 的初始值 $i(0_+)$ 和稳态值 $i(\infty)$。

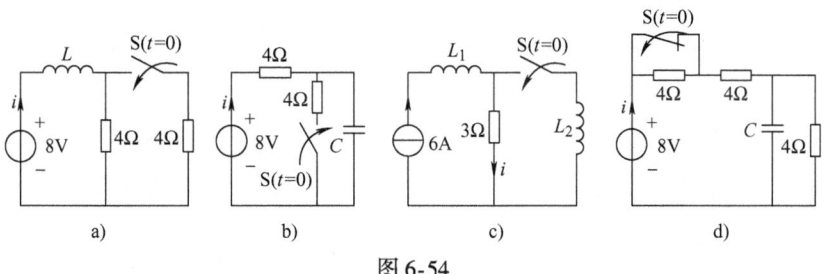

图 6-54

6. 如图 6-55 所示电路已处于稳态，$t=0$ 时开关 S 由 1 合向 2，试求换路后 $u_C(t)$ 和 $i(t)$，并画出其随时间变化的曲线。

7. 如图 6-56 所示电路，已处于稳态，$t=0$ 时开关 S 由 1 合向 2，试求换路后 $i(t)$ 和 $u_L(t)$，并画出其随时间变化的曲线。

图 6-55　　　　　　　　　　图 6-56

8. 如图 6-57 所示电路，已处稳态，$t=0$ 时开关 S 由 1 合向 2，经过 1.5ms 时电流 i 为 0.11A，试求电容 C 值、电流 i 的初始值和电容电压 $u_C(t)$，并画出 $u_C(t)$ 随时间变化的曲线。

9. 如图 6-58 所示电路已处于稳态，$t=0$ 时开关 S 闭合，试求换路后 $i_L(t)$ 和 $i(t)$。

图 6-57　　　　　　　　　　图 6-58

10. 如图 6-59 所示电路已处于稳态，$t=0$ 时开关 S 闭合，试求换路后 $i_L(t)$ 和 $i(t)$。

11. 如图 6-60 所示电路已处于稳态，$t=0$ 时开关 S 由 1 合向 2，试求换路后 $i_L(t)$ 和 $i(t)$，并画出其随时间变化的曲线。

12. 如图 6-61 所示电路已处于稳态，$t=0$ 时开关 S 打开，试求换路后 $u_C(t)$ 和 $i(t)$，并画出其随时间变化的曲线。

13. 如图 6-62 所示电路已处于稳态，$t=0$ 时开关 S 打开，试求换路后 $u_C(t)$ 和 $i_L(t)$，并画出其随时间变化的曲线。

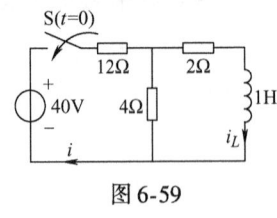

图 6-59

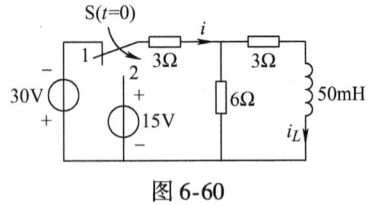

图 6-60

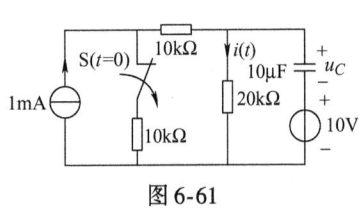

图 6-61

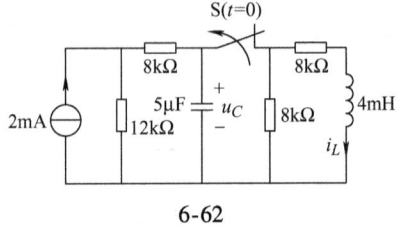

6-62

14. 如图 6-63 所示电路已处于稳态，$t=0$ 时开关 S 由 1 合向 2，试求换路后 $u(t)$，并画出 $u(t)$ 随时间变化的曲线。

15. 如图 6-64 所示电路，$t<0$ 时已稳定，试求 $t>0$ 时的 $i_L(t)$，并画出其随时间变化的曲线。

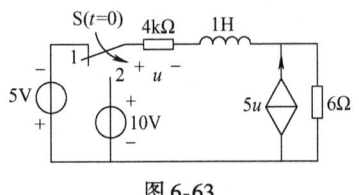

图 6-63

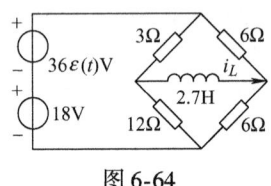

图 6-64

16. 如图 6-65a 所示电路，$t<0$ 时电容上未带电荷，试分别求 $i_S = \varepsilon(t)$ 和 i_S 波形如图 6-65b 所示时的电容电压 $u_C(t)$，并画出其随时间变化的曲线。

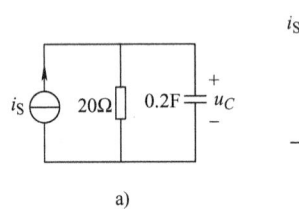

图 6-65

第 7 章 正弦电流电路基础

导读

大小和方向随时间按正弦规律变化的电压、电流称为正弦交流电,含有正弦交流电源的电路称为正弦电流电路。本章主要讨论正弦交流电的基本概念和表示方法,电阻、电感和电容在正弦交流电路中的性质和作用,确定正弦交流电路中电压、电流的关系及功率。

基本要求

- 理解正弦交流电的三要素、相位差、有效值和相量表示法。
- 理解电路基本定律的相量形式和相量图,掌握用相量法计算简单正弦交流电路的方法。

你知道吗

为什么电能的生产、传输和分配大多采用正弦交流电的形式?因为交流发电机比直流发电机性能好、效率高。研究正弦交流电路具有普遍意义,除日常生活中大量使用外,还在于现代电路中出现的各种非正弦周期信号都可以分解为不同频率的正弦信号。

日光灯电路是常用照明电路,为什么灯管稳定时电压比点燃时电压低得多?形影不离的手机为什么能接听到大洋彼岸的声音?奇妙的答案在等待着你的探索。

7.1 正弦量

7.1.1 正弦电流电路

在线性电路中,如果全部激励都是同一频率的正弦函数,则电路中全部稳态响应也是同一频率的正弦函数,这类电路称为正弦电流电路。从本章到第 10 章,都将分析此类电路。

7.1.2 正弦量及其三要素

1. 正弦量

凡是随时间按正弦规律变化的电压和电流统称为正弦量。正弦量在任一瞬时的值称为瞬时值。设正弦电流瞬时值表达式为

$$i = I_m \cos(\omega t + \psi_i) \tag{7-1}$$

随时间按正弦规律变化的波形如图 7-1 所示,该波形也可通过示波器(如图 7-2 所示)观察到。

由上可知,正弦电流瞬时值的大小和方向是随时间变化的。在电路图中,选定正弦量的参考方向后,当瞬时值为正时,实际方向与参考方向一致;反之,实际方向与参考方向相反。

念一念:凡随时间变化的量均用小写字母表示,如 i。不随时间变化的量用大写字母表示,如 I_m。

由式(7-1)可知，正弦量含有三个量：角频率(ω)、幅值(I_m、U_m)和初相位(ψ_i、ψ_u)。只要知道这三个量，正弦量便被唯一确定，故将其称为正弦量的三要素。

2. 正弦量的三要素

（1）幅值

正弦量的瞬时值中最大的值称为幅值或最大值，也称为振幅或峰值，用带有下标"m"的大写字母表示，如I_m、U_m。

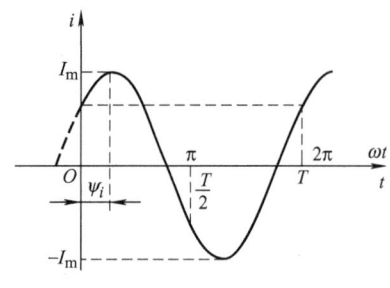

图7-1 正弦电流的波形图

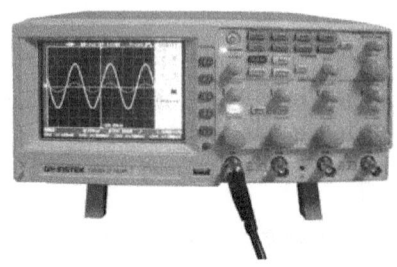

图7-2 示波器

（2）角频率

正弦量是周期函数，其重复交变一次所需的时间，称为周期，用T表示，单位是秒(s)。正弦量每秒变化的次数称为频率，用f表示，单位是赫兹(Hz)，简称赫。f与T的关系为

$$f = \frac{1}{T} \tag{7-2}$$

我国电力系统的频率是50Hz，在工业上应用最广，称为工业频率，简称工频。

正弦量每秒变化的弧度称为角频率，用ω表示，单位是弧度每秒(rad/s)。ω与f或T的关系为

$$\omega = \frac{2\pi}{T} = 2\pi f \tag{7-3}$$

周期、频率和角频率都是用来描述正弦量变化快慢的物理量，是同一概念的不同表示方式。

例7-1 试求与工频对应的周期T与角频率ω。

解 由式(7-2)和式(7-3)，可得

$$T = \frac{1}{f} = \frac{1}{50} = 0.02\text{s} \qquad \omega = 2\pi f = 2 \times 3.14 \times 50 = 314\text{rad/s}$$

（3）初相位

正弦量的角度($\omega t + \psi_i$)称为正弦量的相位角，简称相位，单位是弧度(rad)或度(°)，为时间的函数，反映了正弦量在交变过程中瞬时值的变化进程。在$t=0$时的相位角ψ_i称为正弦量的初相位角，简称初相位，它决定了正弦量的初始值。如式(7-1)所示的正弦电流的初始值

$$i(0) = I_m \cos\psi_i$$

算一算：无线电系统常用千赫(kHz)和兆赫(MHz)，计算机系统常用吉赫(GHz)，它们之间的关系是什么？$1\text{kHz} = 10^3\text{Hz}$，$1\text{MHz} = 10^6\text{Hz}$，$1\text{GHz} = 10^9\text{Hz}$。

初相位的单位也是弧度（rad）或度（°），通常在 $|\psi_i|\leqslant\pi$ 的范围内取值。

在波形图上，如果横轴表示角度 ωt，则 ψ_i 就等于正弦电流值中最靠近坐标原点的正最大值点与坐标原点之间的角度值。初相位 ψ_i 与计时起点（$t=0$ 的点，即坐标原点）有关。如果计时起点改变，则 ψ_i 也改变。如图 7-3a、b、c 所示，分别为 $\psi_i=0$、$\psi_i<0$ 和 $\psi_i>0$ 的情况。

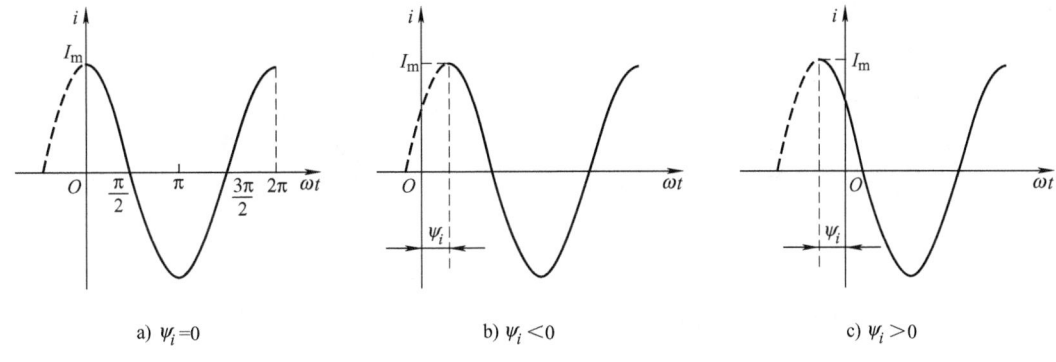

a) $\psi_i=0$ b) $\psi_i<0$ c) $\psi_i>0$

图 7-3   正弦波示例

初相位 ψ_i 还与正弦电流参考方向的选择有关。如果正弦电流选定如图 7-4a 所示的参考方向时，$i=I_m\cos(\omega t+\psi_i)$，则当选择其相反方向为参考方向时（如图 7-4b 所示）

$$i'=-i=-I_m\cos(\omega t+\psi_i)=I_m\cos(\omega t+\psi_i\pm\pi)=I_m\cos(\omega t+\psi_i')$$

式中 $\psi_i'=\psi_i\pm\pi$，当 $\psi_i>0$ 时，$\psi_i'=\psi_i-\pi$；当 $\psi_i<0$ 时，$\psi_i'=\psi_i+\pi$。因此，在电路中若参考方向选的不同，则相应的电流相差一个负号，初相位相差 π（即 180°）。

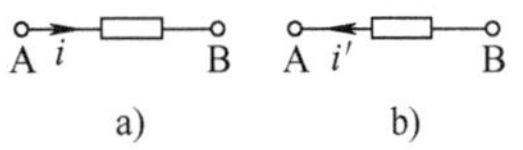

图 7-4   参考方向与正弦量的关系

例 7-2   已知电压 $u=110\sqrt{2}\cos(100\pi t+60°)\text{V}$，试求 u 的初相位 ψ_u、频率 f 和角频率 ω。

解

$$\psi_u=60°$$
$$\omega=100\pi=314\text{rad/s}$$
$$f=\frac{\omega}{2\pi}=\frac{100\pi}{2\pi}\text{rad/s}=50\text{Hz}$$

7.1.3   正弦量的相位差

1. 相位差

两个同频率的正弦量在相位上的差称为相位差，用 φ 表示。例如，设同频率的正弦电压和电流如下：

$$u=U_m\cos(\omega t+\psi_u)$$
$$i=I_m\cos(\omega t+\psi_i)$$

其正弦波形如图 7-5 所示。按相位差定义，该电压与电流的相位差

$$\varphi=(\omega t+\psi_u)-(\omega t+\psi_i)=\psi_u-\psi_i$$

可见，两个同频率的正弦量的相位差就是它们的初相位之差，与时间、频率无关。初相位因计时起点不同而不同，但相位差却为一个恒定值，它与计时起点无关。

记一记：正弦量的幅值、角频率（或周期、频率）和初相位称为正弦量的三要素。

2. 同频率正弦量的几种相位关系

在正弦电路分析中，用相位差来比较两个正弦量的变化进程，看谁先到达正最大值。图 7-5 所示电压比电流先到达正最大值，此时，$\varphi = \psi_u - \psi_i > 0$，即电压在相位上超前电流 φ 角，或称电流滞后电压 φ 角。

当 $\psi_u = \psi_i$ 时，$\varphi = 0$ 称为电压与电流同相，即电压与电流的变化进程一致，如图 7-6 所示。

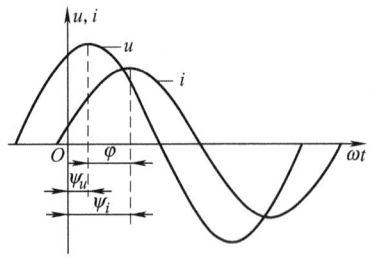

图 7-5 电压与电流的相位差

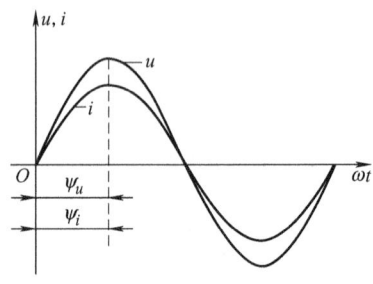

图 7-6 电压与电流同相

当 $\psi_u = \psi_i \pm \pi/2$（即 $\pm 90°$）时，称为电压与电流正交，$\varphi = 90°$ 的情况如图 7-7 所示。
当 $\psi_u = \psi_i \pm \pi$（即 $\pm 180°$）时，称为电压与电流反相，$\varphi = 180°$ 的情况如图 7-8 所示。

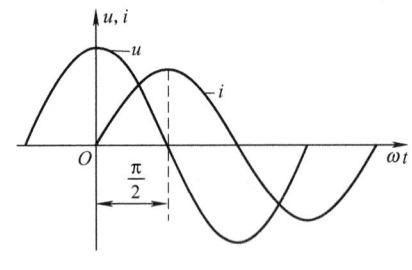

图 7-7 电压与电流正交

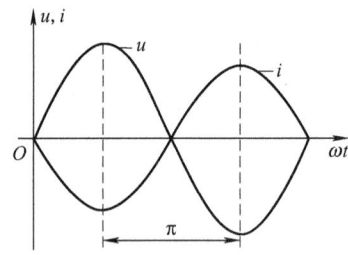

图 7-8 电压与电流反相

由上所述，依据相位差可以判别同频率正弦量之间相位超前或滞后的关系，相位差一般用 $|\varphi| \leq \pi$ 来表示。

7.2 正弦量的有效值

正弦量的大小往往不用其幅值来计量，而是采用有效值。有效值被定义为：当某一周期电流的平均做功能力与某一直流电的做功能力相等时，这个直流电的数值就称为此周期电流的有效值。根据周期电流 i 与直流电流 I 在一个周期 T 内分别通过同一电阻 R 所消耗的电能相等的关系

$$\int_0^T i^2 R \, dt = I^2 R T$$

得周期电流 i 的有效值为

$$I = \sqrt{\frac{1}{T} \int_0^T i^2 \, dt} \tag{7-4}$$

可见周期电流的有效值就是它的方均根值。式（7-4）所定义的有效值，适用于任何周期性

想一想：不同频率的两个正弦量之间的相位差是恒定值吗？

电流或电压。

对于正弦电流，设瞬时值表达式为
$$i = I_m\cos(\omega t + \psi_i) \tag{7-5}$$

将式(7-5)代入式(7-4)，得

$$\begin{aligned}
I &= \sqrt{\frac{1}{T}\int_0^T i^2 dt} = \sqrt{\frac{1}{T}\int_0^T I_m^2 \cos^2(\omega t + \psi_i) dt} \\
&= \sqrt{\frac{1}{T}\int_0^T I_m^2 \frac{1}{2}[1 + \cos2(\omega t + \psi_i)] dt} \\
&= \sqrt{\frac{1}{T}\int_0^T \frac{I_m^2}{2}dt + \frac{1}{T}\int_0^T \frac{I_m^2}{2}\cos2(\omega t + \psi_i) dt} \\
&= \frac{I_m}{\sqrt{2}} = 0.707 I_m
\end{aligned} \tag{7-6}$$

式(7-6)表明正弦电流的有效值等于其幅值除以$\sqrt{2}$，而与频率、时间和初相位无关。同理，正弦电压的有效值 $U = \dfrac{U_m}{\sqrt{2}}$。

例如，正弦电流有效值 $I = 1\text{A}$ 时，其幅值 $I_m = \sqrt{2}I = 1.414\text{A}$。正弦电压幅值 $U_m = 311\text{V}$ 时，其有效值 $U = \dfrac{U_m}{\sqrt{2}} = 220\text{V}$。

7.3 相量法的基本概念

正弦量可用三角函数表达式表示，也可用波形图表示，两种表示法都清楚地反映了正弦量的三要素，但用来进行分析计算却很繁琐。为了简便地对正弦电流电路进行分析与计算，将正弦交流电用相量来表示，可把正弦时间函数的运算变换为复数形式的代数运算。

7.3.1 复数的表示及运算

1. 复数的表示

复数 A 可用4种形式表示。用代数形式(直角坐标形式)表示时，有
$$A = a + \text{j}b \tag{7-7}$$

式(7-7)中，a 和 b 都是实数，分别称为 A 的实部和虚部，可写为
$$a = \text{Re}[A] \tag{7-8}$$
$$b = \text{Im}[A] \tag{7-9}$$

式(7-8)中运算符号 $\text{Re}[\ ]$ 为取复数的实部；式(7-9)中运算符号 $\text{Im}[\ ]$ 为取复数的虚部。式(7-7)中，$\text{j} = \sqrt{-1}$ 称为虚数单位。

用三角函数形式表示时，有
$$A = |A|\cos\psi + \text{j}|A|\sin\psi = |A|(\cos\psi + \text{j}\sin\psi) \tag{7-10}$$

式(7-10)中，$|A| = \sqrt{a^2 + b^2}$，称为 A 的模；$\psi = \arctan\dfrac{b}{a}$，称为 A 的辐角，ψ 所在的象限由 a、b 的正、负号确定。复数在复平面上可用有向线段表示，如图7-9所示。有向线段 OA

聊一聊：在工程上，通常用有效值表示正弦电压、电流的大小，例如交流电动机、电器铭牌上所标的额定电压、额定电流及交流电压表、电流表的读数一般为有效值。

的长度 $|A|$ 是 A 的模，它与实轴正方向间的夹角是 A 的辐角 ψ，在实轴上的投影是 A 的实部 a，在虚轴上的投影是 A 的虚部 b。

根据欧拉公式

$$e^{j\psi} = \cos\psi + j\sin\psi \tag{7-11}$$

将式(7-11)代入式(7-10)，得 A 的指数形式

$$A = |A|e^{j\psi}$$

在电路理论中，常用极坐标形式写 A 为

$$A = |A|\angle\psi$$

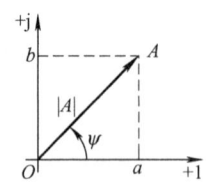

图 7-9 复数的图示

2. 复数的运算

复数相加或相减的运算常用代数形式进行。例如，设 $A_1 = a_1 + jb_1$，$A_2 = a_2 + jb_2$，则

$$A_1 \pm A_2 = (a_1 \pm a_2) + j(b_1 \pm b_2)$$

复数相乘或相除的运算常用指数形式或极坐标形式进行。例如，设

$$A_1 = |A_1|e^{j\psi_1} = |A_1|\angle\psi_1, A_2 = |A_2|e^{j\psi_2} = |A_2|\angle\psi_2$$

$$A_1 \cdot A_2 = |A_1|e^{j\psi_1} \cdot |A_2|e^{j\psi_2} = |A_1||A_2|e^{j(\psi_1+\psi_2)}$$

或

$$A_1 \cdot A_2 = |A_1|\angle\psi_1 \cdot |A_2|\angle\psi_2 = |A_1||A_2|\angle(\psi_1+\psi_2)$$

$$\frac{A_1}{A_2} = \frac{|A_1|e^{j\psi_1}}{|A_2|e^{j\psi_2}} = \frac{|A_1|}{|A_2|}e^{j(\psi_1-\psi_2)}$$

或

$$\frac{A_1}{A_2} = \frac{|A_1|\angle\psi_1}{|A_2|\angle\psi_2} = \frac{|A_1|}{|A_2|}\angle(\psi_1-\psi_2)$$

在复平面上利用平行四边形法则可以进行复数的加减运算，如图 7-10 所示。

例 7-3 已知 $A = -8 + j6$，$B = 3 + j4$，试求 $A+B$、$A-B$、AB 和 A/B。

解 $A + B = -8 + 3 + j(6+4) = -5 + j10$

$A - B = -8 - 3 + j(6-4) = -11 + j2$

$A = -8 + j6 = 10\angle 143°$，$B = 3 + j4 = 5\angle 53°$

$AB = 10\angle 143° \cdot 5\angle 53° = 50\angle 196°$

$\qquad = 50\angle(196° - 360°) = 50\angle -164°$

$\dfrac{A}{B} = \dfrac{10\angle 143°}{5\angle 53°} = 2\angle 90°$

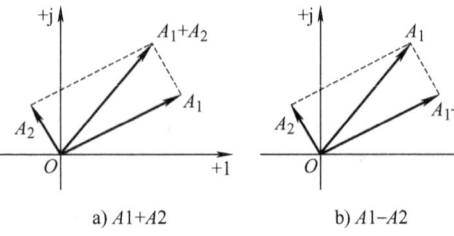

a) $A1+A2$ b) $A1-A2$

图 7-10 复数的加减运算

3. 旋转因子

复数 $e^{j\psi} = 1\angle\psi$ 是一个模为 1，辐角为 ψ 的复数。任意复数 $A = |A|e^{j\psi_a}$ 乘以复数 $e^{j\psi}$ 等于将复数 A 逆时针旋转一个角度 ψ，而复数 A 的模值不变，所以 $e^{j\psi}$ 称为旋转因子。根据欧拉公式，可以得到 $e^{j\frac{\pi}{2}} = j$，$e^{-j\frac{\pi}{2}} = -j$ 和 $e^{j\pi} = -1$。因此，$\pm j$ 和 -1 都可视为旋转因子。一个复数乘以 j，就等于把该复数在复平面上逆时针旋转 $\dfrac{\pi}{2}$。一个复数乘以 $-j$，就等于把该复数在复平面上顺时针旋转 $\dfrac{\pi}{2}$，如图 7-11 所示。

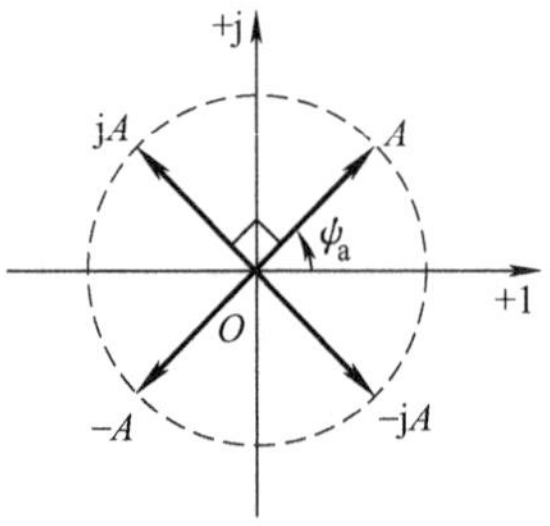

图 7-11 旋转因子示意图

辨一辨：数学中用 i 表示虚数单位，而电路理论中 i 已用来表示电流，故改用 j 表示。

画一画：在复平面上画出两个复数相乘和相除。

7.3.2 正弦量与复数的关系

1. 相量

一个复数可由模和辐角两个量来确定，而正弦量由有效值、初相位和频率三个量来确定。在正弦电流电路中，当电源频率已知时，电路中所有电压和电流频率就已知，因此要确定一个正弦量只要确定其有效值和初相位就可以了，从而正弦量可用复数来表示，复数的模即为正弦量的有效值，幅角即为正弦量的初相位。为区别一般复数，把表示正弦量的复数称为相量，并用大写字母其上加点"·"表示。

设电流 $i = I_m \cos(\omega t + \psi_i)$，设复指数函数 $A = I_m e^{j(\omega t + \psi_i)}$。由欧拉公式

$$A = I_m e^{j(\omega t + \psi_i)} = I_m \cos(\omega t + \psi_i) + j I_m \sin(\omega t + \psi_i)$$

可见

$$i = \text{Re}[A] = \text{Re}[I_m e^{j(\omega t + \psi_i)}] = \text{Re}[I_m e^{j\psi_i} e^{j\omega t}]$$
$$= \text{Re}[\dot{I}_m e^{j\omega t}] = \text{Re}[\sqrt{2}\, \dot{I}\, e^{j\omega t}] \tag{7-12}$$

式(7-12)中，$\dot{I}_m = I_m e^{j\psi_i} = I_m \angle \psi_i$ 称为电流的最大值相量；$\dot{I} = I e^{j\psi_i} = I \angle \psi_i$ 称为电流的有效值相量。利用相量表示后，就可把正弦量的运算变为相应的复数运算。用相量关系分析计算的方法称为相量法。需要注意的是，正弦量与相量只是对应关系，并非相等关系；相量不能表示非正弦量。

2. 相量图

相量是复数，可在复平面上用一条有向线段表示。表示相量的图称为相量图。如图7-12a所示为正弦电流 $i = \sqrt{2} I \cos(\omega t + \psi_i)$ 的相量图，相量 $\dot{I}$ 的长度是正弦电流的有效值 I，与正实轴的夹角是正弦电流的初相位 ψ_i。为简化，相量图中可不画出虚轴，而实轴改画为水平的虚线，如图7-12b所示。

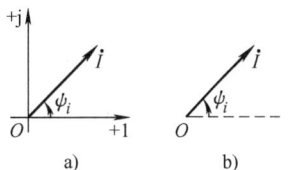

图 7-12 电流的相量图

3. 旋转相量

式(7-12)中 $e^{j\omega t}$ 是一个随时间变化的旋转因子，在复平面上是一个以原点为中心，以角速度 ω 等速旋转并且模为1的复数。将相量乘上旋转因子的 $\dot{I}_m e^{j\omega t}$ 称为旋转相量。一个正弦量在任何时刻的瞬时值，等于所对应的旋转相量于该时刻在实轴上的投影，如图7-13所示。

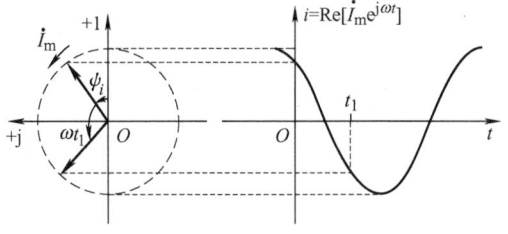

图 7-13 旋转相量与正弦波

7.3.3 同频率正弦量的运算

1. 同频率正弦量的和

设 $i_1 = \sqrt{2} I_1 \cos(\omega t + \psi_{i1})$，$i_2 = \sqrt{2} I_2 \cos(\omega t + \psi_{i2})$，$i = i_1 + i_2$。由式(7-12)得

$$i = i_1 + i_2 = \text{Re}[\sqrt{2} I_1 e^{j\psi_{i1}} e^{j\omega t}] + \text{Re}[\sqrt{2} I_2 e^{j\psi_{i2}} e^{j\omega t}]$$
$$= \text{Re}[\sqrt{2}\, \dot{I}_1 e^{j\omega t}] + \text{Re}[\sqrt{2}\, \dot{I}_2 e^{j\omega t}]$$

思一思：为什么只有同频率的相量才可以画在同一相量图中？

$$= \text{Re}[\sqrt{2}(\dot{I}_1 + \dot{I}_2)e^{j\omega t}] = \text{Re}[\sqrt{2}\dot{I}e^{j\omega t}] \qquad (7\text{-}13)$$

式 (7-13) 中，$\dot{I}_1 = I_1 e^{j\psi_{i1}} = I_1 \angle \psi_{i1}$，$\dot{I}_2 = I_2 e^{j\psi_{i2}} = I_2 \angle \psi_{i2}$，$\dot{I} = I \angle \psi_i$。故

$$\dot{I} = \dot{I}_1 + \dot{I}_2 = I_1 \angle \psi_{i1} + I_2 \angle \psi_{i2}$$

上述表明，同频率正弦量的和仍为一个同频率的正弦量。

2. 正弦量的微分

设 $i = \sqrt{2}I\cos(\omega t + \psi_i)$，由式 (7-12) 可得

$$\frac{di}{dt} = \frac{d}{dt}[\sqrt{2}I\cos(\omega t + \psi_i)] = \frac{d}{dt}\text{Re}[\sqrt{2}Ie^{j\psi_i}e^{j\omega t}] = \frac{d}{dt}\text{Re}[\sqrt{2}\dot{I}e^{j\omega t}]$$

$$= \text{Re}\frac{d}{dt}[\sqrt{2}\dot{I}e^{j\omega t}] = \text{Re}[\sqrt{2}j\omega\dot{I}e^{j\omega t}] = \text{Re}[j\omega(\sqrt{2}\dot{I}e^{j\omega t})] \qquad (7\text{-}14)$$

式 (7-14) 中，$\dot{I} = Ie^{j\psi_i}$。可见，正弦量的一阶导数仍为一个同频率的正弦量，其相量等于原正弦量的相量乘以 $j\omega$。

例 7-4 用相量法求 $i_1 = 10\sqrt{2}\cos(\omega t + 30°)$ A 与 $i_2 = 8\sqrt{2}\cos(\omega t - 60°)$ A 之和，并画出其相量图。

解 按相量法，先将 i_1 和 i_2 用有效值相量表示

$$\dot{I}_1 = 10\angle 30°\,\text{A} = (8.66 + j5)\,\text{A}$$

$$\dot{I}_2 = 8\angle -60°\,\text{A} = (4 - j6.93)\,\text{A}$$

再进行相量运算

$$\dot{I} = \dot{I}_1 + \dot{I}_2 = (8.66 + j5)\,\text{A} + (4 - j6.93)\,\text{A}$$
$$= (12.66 - j1.93)\,\text{A} = 12.81\angle -8.7°\,\text{A}$$

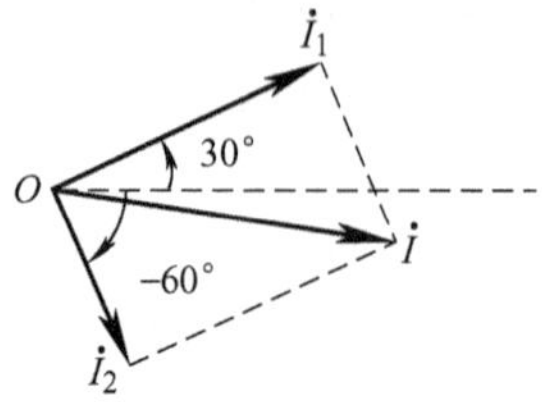

最后写出电流的瞬时值形式

$$i = 12.81\sqrt{2}\cos(\omega t - 8.7°)\,\text{A}$$

图 7-14 例 7-4 的相量图

相量图如图 7-14 所示。$\dot{I}$ 也可以在相量图上应用平行四边形法则求出。

7.4 基尔霍夫定律的相量形式

在同一频率激励作用下的线性正弦稳态电路中，所有的支路电流和电压均为与激励同频率的正弦量。当它们都用相量表示后，电路中正弦时间函数的分析问题就变换为电路中相量的分析问题。本节直接用相量通过复数形式的电路方程描述电路的基本定律 KCL 和 KVL，称为电路定律的相量形式。

7.4.1 KCL 的相量形式

在任一时刻，对任一节点上所关联的所有支路电流的代数和恒为零，即

$$i_1 + i_2 + \cdots + i_k = 0$$

或

$$\sum i = 0 \qquad (7\text{-}15)$$

当式 (7-15) 中的电流全部都是同频率的正弦量时，可得到相量形式为

$$\dot{I}_1 + \dot{I}_2 + \cdots + \dot{I}_k = 0$$

推一推：同频率正弦量的差仍为一个同频率的正弦量。

或
$$\sum \dot{I} = 0$$

7.4.2 KVL 的相量形式

在任一时刻，对电路中任一回路中所关联的所有支路电压的代数和恒为零，即
$$u_1 + u_2 + \cdots + u_k = 0$$
或
$$\sum u = 0 \tag{7-16}$$
当式(7-16)中的电压全部都是同频率的正弦量时，可得到相量形式为
$$\dot{U}_1 + \dot{U}_2 + \cdots + \dot{U}_k = 0$$
或
$$\sum \dot{U} = 0$$

例 7-5 图 7-15 所示为电路中的一个节点，已知
$$i_1 = 3\sqrt{2}\cos(\omega t + 30°)\text{A}, i_2 = 4\sqrt{2}\sin(\omega t + 30°)\text{A}$$
试求 i_3 和 I_3。

解 $i_2 = 4\sqrt{2}\sin(\omega t + 30°)\text{A} = 4\sqrt{2}\cos(\omega t - 60°)\text{A}$

电流 i_1 和 i_2 对应的相量

$$\dot{I}_1 = 3\angle 30°\text{A} \qquad \dot{I}_2 = 4\angle -60°\text{A}$$

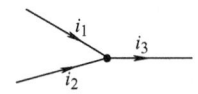

图 7-15 例 7-5 的图

注意，要将 i_1 和 i_2 的瞬时表达式统一为余弦形式后再写出对应的相量。

由 KCL 相量形式，可得 $\dot{I}_1 + \dot{I}_2 - \dot{I}_3 = 0$，即
$$\dot{I}_3 = \dot{I}_1 + \dot{I}_2 = 3\angle 30° + 4\angle -60°$$
$$= 2.6 + \text{j}1.5 + 2 - \text{j}3.464 = 4.6 - \text{j}1.964 = 5\angle -23.12°\text{A}$$
故
$$i_3 = 5\sqrt{2}\cos(\omega t - 23.12°)\text{A}$$
$$I_3 = 5\text{A}$$
显然
$$I_3 \neq I_1 + I_2$$

7.5 正弦电流电路中的三种基本电路元件

7.5.1 正弦电流电路中的电阻元件

1. 电压与电流的关系

在正弦电流电路中，流经电阻元件的电流及其两端的电压，都是随时间变化的，但在任一瞬时，电压与电流的瞬时值之间的关系均服从欧姆定律。因此，在电压与电流关联参考方向下，如图 7-16a 所示，有
$$u_R = Ri_R \tag{7-17}$$
设 $i_R = \sqrt{2}I_R\cos(\omega t + \psi_i)$，由式(7-17)得
$$u_R = Ri_R = \sqrt{2}RI_R\cos(\omega t + \psi_i) = \sqrt{2}U_R\cos(\omega t + \psi_u) \tag{7-18}$$
式(7-18)中，$U_R = RI_R$，或 $U_{Rm} = RI_{Rm}$，$\psi_u = \psi_i$。

辨一辨：KCL 和 KVL 的相量形式是指相量的代数和恒为零，并非是有效值的代数和恒为零。

拓一拓：用相量的复数形式表示正弦量，使正弦量的运算有规律性，且计算简便精确；而相量图形象直观，并提供了几何分析方法。在实际使用中，常把两者结合起来应用。

可见，电阻元件中电压与电流是同频率的正弦量，电压与电流同相，它们的有效值之间或幅值之间也服从欧姆定律。电阻元件中电流与电压的波形如图 7-16b 所示。

若用相量表示，则有

$$\dot{I}_R = I_R \angle \psi_i, \quad \dot{U}_R = U_R \angle \psi_u = RI_R \angle \psi_i = R\dot{I}_R \tag{7-19}$$

式(7-19) 表示了电阻元件中电压与电流之间的有效值关系和相位关系，它与直流电路中的欧姆定律相似，被称为电阻元件上欧姆定律的相量形式，其相量图如图 7-16c 所示。反映电阻元件中电压与电流关系的相量电路图如图 7-16d 所示。

2. 功率

（1）瞬时功率

任一瞬时，电压瞬时值 u 与电流瞬时值 i 的乘积，称为瞬时功率，用小写字母 p 表示。在电压与电流关联参考方向下

$$p = ui$$

电阻元件所吸收的瞬时功率

$$\begin{aligned}
p_R &= \sqrt{2}U_R\cos(\omega t + \psi_u)\sqrt{2}I_R\cos(\omega t + \psi_i) \\
&= U_R I_R 2\cos^2(\omega t + \psi_i) \\
&= U_R I_R [1 + \cos 2(\omega t + \psi_i)] \\
&= U_R I_R + U_R I_R \cos 2(\omega t + \psi_i)
\end{aligned}$$

瞬时功率的波形如图 7-16e 所示，由图可见，瞬时功率随时间而变，除零值外，恒为正，表明电阻元件总是耗能的，故电阻元件被称为耗能元件。

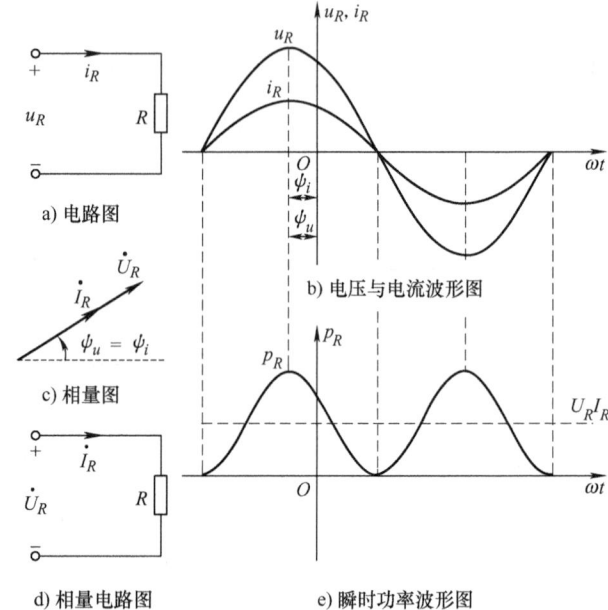

a) 电路图
b) 电压与电流波形图
c) 相量图
d) 相量电路图
e) 瞬时功率波形图

图 7-16 电阻元件的正弦交流电路

（2）有功功率

衡量元件消耗功率的大小用瞬时功率在一个周期内的平均值来表示，称为有功功率(也称平均功率)，用大写字母 P 表示，即

$$P = \frac{1}{T}\int_0^T p\,dt$$

电阻元件的有功功率为

$$P_R = \frac{1}{T}\int_0^T p_R\,dt = \frac{1}{T}\int_0^T [U_R I_R + U_R I_R \cos 2(\omega t + \psi_i)]\,dt = U_R I_R$$

或

$$P_R = U_R I_R = I_R^2 R = \frac{U_R^2}{R}$$

可见电压与电流用有效值表示时，有功功率与直流电路的功率表达式完全一样，单位是瓦(W) 或千瓦(kW)。

（3）电能

经过 t 小时在电阻元件上所消耗的电能

$$W_R = P_R t$$

辨一辨：相量图和相量电路图是两个不同的概念。

电能的单位是千瓦小时(kW·h)或度。

例 7-6 有一加热用的电阻炉，测得其电阻 $R=22\Omega$，额定电压有效值 $U_N=220V$，试求额定电流有效值、有功功率及工作 8h 所消耗的电能。

解 额定电流有效值为

$$I_N = \frac{U_N}{R} = \frac{220V}{22\Omega} = 10A$$

有功功率　　　　　$P_R = I_N^2 R = (10^2 \times 22)W = 2200W = 2.2kW$

电能　　　　　　　$W_R = P_R t = (2.2 \times 8)kW \cdot h = 17.6kW \cdot h$

7.5.2 正弦电流电路中的电感元件

1. 电压与电流的关系

设电感元件 L 上电流 i_L 和电压 u_L 的参考方向如图 7-17a 所示，则

$$u_L = L\frac{di_L}{dt} \tag{7-20}$$

这表明电感元件上电压瞬时值与电流瞬时值的变化率成正比。

设 $i_L = \sqrt{2}I_L\cos(\omega t + \psi_i)$，则由式(7-20) 得

$$\begin{aligned}u_L &= L\frac{di_L}{dt} = L\frac{d}{dt}[\sqrt{2}I_L\cos(\omega t + \psi_i)] = -\sqrt{2}\omega L I_L\sin(\omega t + \psi_i)\\&= \sqrt{2}\omega L I_L\cos(\omega t + \psi_i + 90°) = \sqrt{2}X_L I_L\cos(\omega t + \psi_u)\\&= \sqrt{2}U_L\cos(\omega t + \psi_u)\end{aligned} \tag{7-21}$$

式(7-21) 中，$U_L = \omega L I_L = X_L I_L$，或 $U_{Lm} = \omega L I_{Lm} = X_L I_{Lm}$；$\psi_u = \psi_i + 90°$。

可见，电感元件中电压与电流是同频率的正弦量，但在相位上电压超前电流 90°，或电流滞后电压 90°，它们的有效值之间或幅值之间也服从欧姆定律，其中

$$X_L = \omega L = 2\pi f L$$

起阻碍电流的作用，称为电感电抗，简称感抗，单位为欧姆。

电感元件中电流与电压的波形图如图 7-17b 所示。

若用相量表示，则有

$$\dot{I}_L = I_L \angle \psi_i$$

$$\dot{U}_L = U_L \angle \psi_u = \omega L I_L \angle \psi_i + 90° = j\omega L \dot{I}_L = jX_L \dot{I}_L \tag{7-22}$$

式(7-22) 全面表达了电感元件中电压与电流之间的有效值关系和相位关系，称为电感元件上欧姆定律的相量形式，相量图如图 7-17c 所示，相量电路图如图 7-17d 所示。

2. 功率

(1) 瞬时功率

在电压与电流参考方向关联的条件下，设 $i_L = \sqrt{2}I_L\cos(\omega t + \psi_i)$，由式(7-21) 可得 $u_L = -\sqrt{2}\omega L I_L\sin(\omega t + \psi_i) = -\sqrt{2}U_L\sin(\omega t + \psi_i)$，故电感元件的瞬时功率

$$p_L = u_L i_L = -\sqrt{2}U_L\sin(\omega t + \psi_i)\sqrt{2}I_L\cos(\omega t + \psi_i) = -U_L I_L\sin 2(\omega t + \psi_i) \tag{7-23}$$

由式(7-23) 可知电感元件上瞬时功率是幅值为 $U_L I_L$、并以两倍于电源频率变化的正弦函数。瞬时功率的波形图如图 7-17e 所示，由图可见，在一个周期之内，以 1/4 周期为界，

读一读：在电气测量中，常用功率表(又称瓦特表)来测量平均功率。

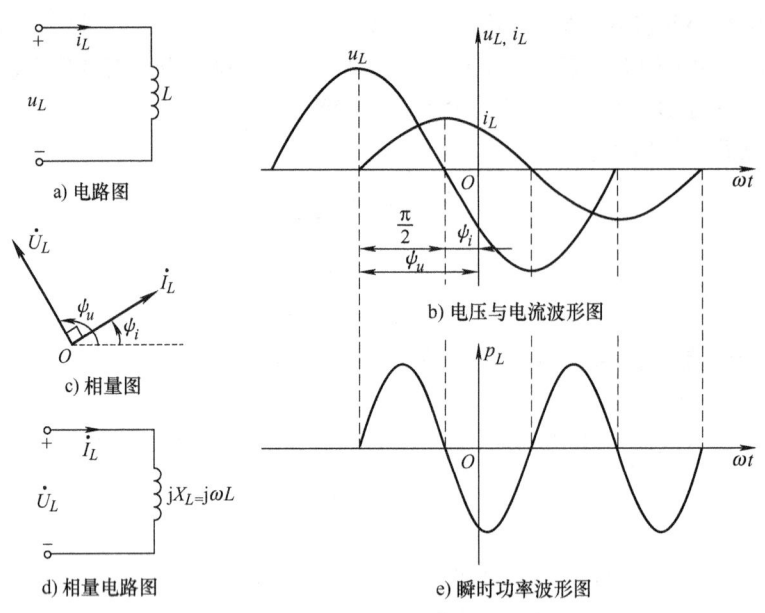

图 7-17 电感元件的正弦交流电路

瞬时功率正负相间。功率为正表示电感元件吸收电能并转换成磁场能量存储起来,为负表示电感元件内磁场能量转换成电能并送还给外部电路(电源或其他电路元件)。电感元件周期性地进行磁场能量的存储和释放,其过程是可逆的,即电感元件从外部电路取用的能量一定等于它归还给外部电路的能量。

(2) 有功功率

电感元件的有功功率为

$$P_L = \frac{1}{T}\int_0^T p_L \mathrm{d}t = \frac{1}{T}\int_0^T [-U_L I_L \sin 2(\omega t + \psi_i)]\mathrm{d}t = 0$$

电感元件不消耗电能,其为储能元件。

7.5.3 正弦电流电路中的电容元件

1. 电压与电流的关系

设电容元件 C 上电流 i_C 和电压 u_C 的参考方向如图 7-18a 所示,则

$$i_C = C\frac{\mathrm{d}u_C}{\mathrm{d}t} \tag{7-24}$$

这表明电容元件上电流瞬时值与电压瞬时值的变化率成正比。

设 $u_C = \sqrt{2}U_C \cos(\omega t + \psi_u)$,则由式(7-24),有

$$\begin{aligned}
i_C &= C\frac{\mathrm{d}u_C}{\mathrm{d}t} = C\frac{\mathrm{d}}{\mathrm{d}t}[\sqrt{2}U_C\cos(\omega t + \psi_u)] \\
&= -\sqrt{2}\omega C U_C \sin(\omega t + \psi_u) = \sqrt{2}\omega C U_C \cos(\omega t + \psi_u + 90°) \\
&= -\sqrt{2}\frac{U_C}{X_C}\cos(\omega t + \psi_u + 90°) = \sqrt{2}I_C\cos(\omega t + \psi_i)
\end{aligned} \tag{7-25}$$

想一想:直流电路中电感元件的感抗是多少?

式(7-25) 中，$U_C = \dfrac{I_C}{\omega C} = -X_C I_C$，或 $U_{Cm} = \dfrac{I_{Cm}}{\omega C} = -X_C I_{Cm}$；$\psi_i = \psi_u + 90°$。

可见，电容元件中电压与电流是同频率的正弦量，但在相位上电流超前电压90°，或电压滞后电流90°，它们的有效值之间或幅值之间也服从欧姆定律，其中

$$X_C = -\dfrac{1}{\omega C} = -\dfrac{1}{2\pi f C}$$

起阻碍电流的作用，称为电容电抗，简称容抗，单位为欧姆。

电容元件中电流与电压的波形图如图7-18b 所示。

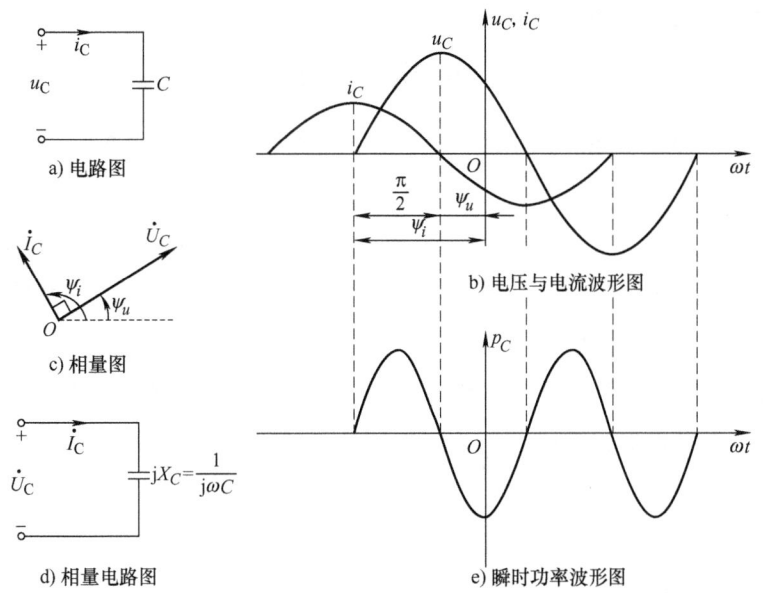

图 7-18　电容元件的正弦交流电路

若用相量表示，则有

$$\dot{I}_C = I_C \angle \psi_i$$
$$\dot{U}_C = U_C \angle \psi_u = \dfrac{1}{\omega C} I_C \angle \psi_i - 90° = -\mathrm{j}\dfrac{1}{\omega C}\dot{I}_C = \mathrm{j}X_C \dot{I}_C \tag{7-26}$$

式(7-26) 表达了电容元件中电压与电流之间的有效值关系和相位关系，称为电容元件上欧姆定律的相量形式，其相量图如图7-18c 所示，相量电路图如图7-18d 所示。

2. 功率

（1）瞬时功率

在电压与电流关联参考方向下，设 $i_C = \sqrt{2} I_C \cos(\omega t + \psi_i)$，由式(7-26) 可得 $u_C = \sqrt{2}\dfrac{1}{\omega C} I_C \cos(\omega t + \psi_i - 90°) = \sqrt{2} U_C \sin(\omega t + \psi_i)$，故电容元件的瞬时功率

$$p_C = u_C i_C = \sqrt{2} U_C \sin(\omega t + \psi_i)\sqrt{2} I_C \cos(\omega t + \psi_i) = U_C I_C \sin 2(\omega t + \psi_i) \tag{7-27}$$

由式(7-27) 可知，电容元件上的瞬时功率是幅值为 $U_C I_C$，并以两倍于电源频率变化的正弦函数。瞬时功率的波形图如图7-18e 所示，由图可见，在一个周期之内，以1/4 周期为

问一问：为什么说电感元件是储能元件？

界，瞬时功率正负相间。功率为正表示电容元件吸收电能并转换成电场能量存储起来，为负表示电容元件内电场能量转换成电能并送还给外部电路（电源或其他电路元件）。电容元件周期性地进行电场能量的存储和释放，其过程是可逆的，即电容元件从外部电路取用的能量一定等于它归还给外部电路的能量。

（2）有功功率

电容元件的有功功率为

$$P_C = \frac{1}{T}\int_0^T p_C \mathrm{d}t = \frac{1}{T}\int_0^T U_C I_C \sin 2(\omega t + \psi_u)\mathrm{d}t = 0$$

电容元件不消耗电能，为储能元件。

本 章 小 结

1. 随时间按正弦规律变化的电压、电流和电动势统称为正弦量，可由三要素有效值、频率和初相位唯一确定。同频率正弦量的相位差等于其初相位之差。正弦量的表示方法有瞬时值表达式、波形图、相量表示和相量图，最常用的为相量表示法。

2. 用复数的模和辐角来表示正弦量的有效值和初相位时，该复数称为所对应正弦量的相量。用相量分析计算正弦电流电路的方法称为相量法。在复平面上用有向线段表示相量的图称为相量图。

3. 基尔霍夫定律的相量形式为 $\sum \dot{I} = 0$ 和 $\sum \dot{U} = 0$。

4. 正弦电流电路中，电压与电流取关联参考方向时，电阻上电压与电流的伏安关系为 $u_R = Ri_R$，相量形式为 $\dot{U}_R = R\dot{I}_R$，电压与电流同相，有功功率 $P_R = U_R I_R = I_R^2 R = \frac{U_R^2}{R}$；电感上电压与电流的伏安关系为 $u_L = L\frac{\mathrm{d}i_L}{\mathrm{d}t}$，相量形式为 $\dot{U}_L = \mathrm{j}\omega L \dot{I}_L = \mathrm{j}X_L \dot{I}_L$，电压超前电流90°，有功功率 $P_L = 0$；电容上电压与电流的伏安关系为 $i_C = C\frac{\mathrm{d}u_C}{\mathrm{d}t}$，相量形式为 $\dot{U}_C = -\mathrm{j}\frac{1}{\omega C}\dot{I}_C = \mathrm{j}X_C \dot{I}_C$，电压滞后电流90°，有功功率 $P_C = 0$。

● 实验链接

1. **交流仪表的使用**：交流电压表、交流电流表、三用表和功率表等的使用。
2. **拓展性实验** 交流仪器的使用：低频信号发生器和示波器等的使用。

※小知识

在民用220V交流电路中，白炽灯、取暖器和电热毯都属于电阻性负载。由额定功率除以额定电压就可求出负载中的电流。

习 题

判一判

1. 耐压值为300V的电容器可直接接在220V的民用电源上。
2. 周期性交流电的最大值总是其有效值的$\sqrt{2}$倍。
3. 两个正弦量的相位差等于其初相位之差，与计时起点的选择无关。
4. 正弦量与相量之间是一一对应的关系，也是相等的关系。
5. 正弦电流电路中，电阻上电压与电流同相。
6. 正弦电流电路中，电感上电压与电流的瞬时值关系、最大值关系、有效值关系和相量关系都服从欧姆定律。

想一想：直流电路中电容元件的容抗是多少？

第7章 正弦电流电路基础

选一选

1. 若 $i = I_m\cos(\omega t + \psi_i)$，则下列各式中正确的是（　　）。
   A. $i = I_m e^{j(\omega t + \psi_i)}$ B. $\dot{I} = I e^{j\omega t}$
   C. $i = \text{Re}[\dot{I} e^{j\omega t}]$ D. $i = \text{Re}[\sqrt{2} \dot{I} e^{j\omega t}]$

2. 设角频率为 ω，相量 $\dot{I} = -j8e^{j30°}$ A 所代表的电流 i 为（　　）A。
   A. $-j8\cos(\omega t + 30°)$ B. $8\sqrt{2}\cos(\omega t + 30°)$
   C. $8\sqrt{2}\cos(\omega t - 60°)$ D. $8\sqrt{2}\cos(\omega t + 60°)$

3. 在纯电阻的正弦电流电路中，下列各式中正确的是（　　）。
   A. $i = \dfrac{U}{R}$ B. $I = \dfrac{U}{R}$ C. $\dot{I} = \dfrac{u}{R}$ D. $i = \dfrac{u}{R}$

4. 正弦电流电路中，当加在纯电感线圈的电压瞬时值为最大值时，通过线圈的瞬时电流值为（　　）。
   A. 最小值   B. 零   C. 不确定   D. 最大值

5. 在纯电容的正弦电流电路中，电压与电流取关联参考方向。当电流 $i_C = \sqrt{2}I\cos(314t + 90°)$ A 时，电容上电压为（　　）V。
   A. $u_C = \sqrt{2}\omega CI\cos(314t + 90°)$ B. $u_C = \sqrt{2}\omega CI\cos 314t$
   C. $u_C = \sqrt{2}\dfrac{1}{\omega C}I\cos 314t$ D. $u_C = \sqrt{2}\dfrac{1}{\omega C}I\cos(314t + 90°)$

填一填

1. 正弦量的三要素为_____、_____和_____。
2. 正弦量的 4 种表示方法为_____、_____、_____和_____。
3. 相量 $\dot{U} = 30 + j40$ V 表示的工频正弦电压的瞬时值表达式为_____。
4. 设同频率正弦电流 $i_1(t)$ 和 $i_2(t)$ 的有效值为 I_1 和 I_2，$i_1(t) + i_2(t)$ 的有效值为 I。当 $i_1(t)$ 和 $i_2(t)$ 关系为_____时，$I = I_1 + I_2$；当 $i_1(t)$ 和 $i_2(t)$ 关系为_____时，$I^2 = I_1^2 + I_2^2$。
5. 在正弦电流电路中，感抗 X_L 与频率 f 成_____关系，在直流电路中，电感元件相当于_____。
6. 在纯电容的正弦电流电路中，电压有效值不变，增加电源频率时，电流_____。

算一算

1. 若电流 $i = 10\cos(314t + 30°)$ A，则电流瞬时值为 -5 A 时的相位可能为_____。
   A. $60°$ B. $-120°$ C. $120°$ D. $-60°$

2. 若 $u_1 = 10\cos(314t + 30°)$ V，$u_2 = 10\sin(314t - 15°)$ V，则 u_1 超前 u_2 相位_____。
   A. $45°$ B. $-45°$ C. $105°$ D. $135°$

3. 设同频率的两电压相量分别为 $\dot{U}_{AB} = (30 + j60)$ V，$\dot{U}_{BC} = (-60 + j20)$ V，则 $t = \dfrac{T}{4}$ 时电压 u_{AC} 的瞬时值为_____ V。
   A. 70.7 B. -35.35 C. -56.57 D. -70.7

4. 已知一个电阻上的电压为 $u = 10\sqrt{2}\cos(314t - 90°)$ V，测得电阻上所消耗的功率为 20 W，则这个电阻的阻值为_____。
   A. 5Ω B. 10Ω C. 40Ω D. 0.2Ω

5. 在纯电感的正弦电流电路中，电压与电流取关联参考方向，已知电感 $L = 2$ mH，电压 $u_L = 20\sqrt{2}\cos 1000t$ V，则电流 $i_L = $ _____ A。
   A. $\sqrt{2}\cos(1000t - 90°)$ B. $40\sqrt{2}\cos(1000t - 90°)$
   C. $10\sqrt{2}\sin 1000t$ D. $4\sqrt{2}\sin 1000t$

6. 在纯电容的正弦电流电路中，$u = 20\sqrt{2}\cos 1000t\,\text{V}$，$I = 10\,\text{A}$，则电容 $C = $ _____ μF。
   A. 2000　　　　　B. 50　　　　　C. 500　　　　　D. 200

练一练

1. 已知正弦电压 $u = 220\cos(\omega t + \dfrac{\pi}{3})\,\text{V}$，$f = 50\,\text{Hz}$。试求 $t = 0.015\,\text{s}$、$\omega t = 0.25\pi$ 与 $t = \dfrac{T}{4}$ 时的瞬时值。

2. 已知 $u_1 = 141\cos(314t + 45°)\,\text{V}$，$u_2 = 311\cos(314t - 45°)\,\text{V}$。(1) 求 u_1 与 u_2 的相位差，指出其超前、滞后关系；(2) 画出 u_1 与 u_2 的波形图；(3) 写出 u_1 与 u_2 所对应的有效值相量，并画出相量图；(4) 确定 u_1 与 u_2 的周期、频率与有效值以及 $u_1 + u_2$ 的有效值。

3. 两个工频正弦电流所对应的相量为 $\dot{I}_1 = (5 - \text{j}5)\,\text{A}$，$\dot{I}_2 = (-5 + \text{j}5)\,\text{A}$。(1) 写出这两个电流的瞬时值表达式；(2) 画出它们的波形图与相量图。

4. 电路如图 7-19 所示，电流表读数为有效值。已知 $i_1 = 7\sqrt{2}\cos(314t - 30°)\,\text{A}$，$i_2 = 10\cos(314t + 60°)\,\text{A}$，求 i_3 与各电流表读数。

5. 一只 110Ω 的电阻元件接到 $U = 220\,\text{V}$ 的正弦电源上。试求电阻元件中的电流有效值及其所消耗的功率。若该元件的功率为 40W，则它所能承受的电压有效值是多少伏？

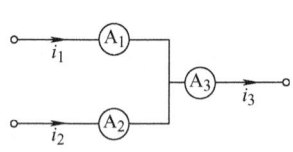

图 7-19

6. 电压 $u = 220\sqrt{2}\cos(314t + 60°)\,\text{V}$ 的电源接于 0.1H 的电感元件上。(1) 试求电感元件中电流有效值 I_L；(2) 写出电流瞬时值表达式；(3) 画出电流、电压的波形图；(4) 当频率上升时，电流有效值如何变化？

7. 一只 100μF 的电容元件接到 $f = 50\,\text{Hz}$，$u = 220\sqrt{2}\cos\omega t\,\text{V}$ 的电源上。试求电路中电流有效值，并写出电流的瞬时值表达式。

8. 串联正弦电流电路如图 7-20 所示，电压表读数为有效值。已知电压表 V_1 读数为 40V，V_2 读数为 60V，V_3 读数为 30V。
   (1) 试求电源电压 u_S 的有效值；
   (2) 若外施电压为 100V 直流电压，各电压表读数为多少？

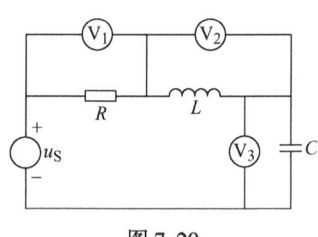

图 7-20

9. 并联正弦电流电路如图 7-21 所示，电流表读数为有效值。已知电流表 A_1 读数为 10A，A_2 读数为 20A，A_3 读数为 30A。(1) 试求电流表 A 的读数；(2) 若维持电流表 A_1 的读数不变，而电路的频率减小一半，其他电流表的读数为多少？

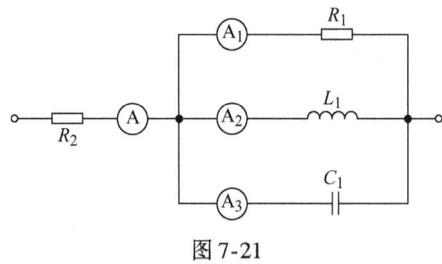

图 7-21

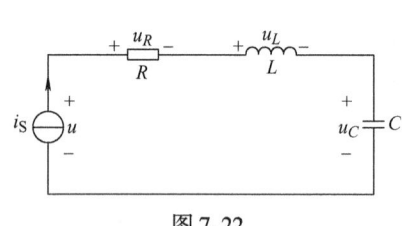

图 7-22

10. 电路如图 7-22 所示，已知 $i_S = 10\cos 100t\,\text{A}$，$R = 10\,\Omega$，$L = 100\,\text{mH}$，$C = 500\,\mu\text{F}$，试求电压 u_R、u_L、u_C 和 u，并画出电路的相量图。

11. 电路如图 7-23 所示，已知 $u_S = 100\cos 100t\,\text{V}$，$R = 10\,\Omega$，$L = 100\,\text{mH}$，$C = 500\,\mu\text{F}$，试求各支路电流 i_R、i_L、i_C 和 i，并画出电路的相量图。

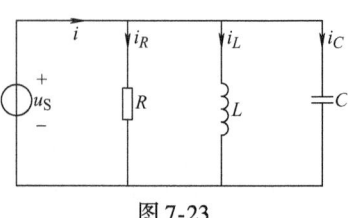

图 7-23

第 8 章 正弦电流电路的分析

导读

正弦量用相量表示后，分析正弦电路的问题就转变为分析相量电路的问题。本章引入阻抗、导纳的概念，讨论将分析线性电阻电路的各种方法和定理推广到相量电路中，从而求解正弦电流电路的电流、电压以及有功功率、无功功率、视在功率和复功率等物理量，最后介绍电路的谐振。

基本要求

- 理解阻抗和导纳的概念，掌握正弦电流电路中各种功率的计算。
- 熟练掌握简单正弦电流电路的相量法和相量图法。
- 掌握电路谐振时的特点。

你知道吗

正弦电流电路的功率不止一种，有有功功率、无功功率、视在功率和复功率。那么无功功率真的就是"无用"的功率吗？不是的，所谓的"无功"并不是"无用"的电功率，只不过它的功率并不转化为机械能、热能而已，它是用于电路内电场与磁场的交换，并在电气设备中建立和维持磁场的电功率，过高和过低都不行。

8.1 阻抗和导纳

8.1.1 阻抗及其求取

1. 阻抗

如图 8-1a 所示为一不含独立源的一端口网络 N_0，在正弦电源激励下，端口电压 $u = \sqrt{2}U\cos(\omega t + \psi_u)$，电流 $i = \sqrt{2}I\cos(\omega t + \psi_i)$，其相量分别为 $\dot{U} = U\angle\psi_u$，$\dot{I} = I\angle\psi_i$。将 N_0 的端口电压 $\dot{U}$ 和端口电流 $\dot{I}$ 的比值 Z 定义为 N_0 的阻抗，即

$$Z = \frac{\dot{U}}{\dot{I}} = \frac{U}{I}\angle\psi_u - \psi_i = |Z|\angle\varphi_Z = R + jX \tag{8-1}$$

式中，Z 是一个复数，其实部 R 称为电阻，虚部 X 称为电抗，其模 $|Z|$ 称为阻抗模，辐角 φ_Z 称为阻抗角。由复数概念

$$R = |Z|\cos\varphi_Z \qquad X = |Z|\sin\varphi_Z$$

$$|Z| = \sqrt{R^2 + X^2} = \frac{U}{I}$$

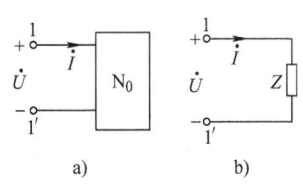

图 8-1 一端口网络的阻抗

思一思：式(8-1) 中，电压是相量，电流是相量，其比值阻抗是相量吗？

$$\varphi_Z = \arctan \frac{X}{R} = \psi_u - \psi_i \tag{8-2}$$

阻抗、电阻、电抗和阻抗模的单位均为欧姆。引入阻抗 Z 后图 8-1a 所示电路可用图 8-1b 来表示。

2. 单一元件的阻抗

设单一元件上电压、电流取关联参考方向，由式(7-19) 得电阻 R 的阻抗

$$Z_R = \frac{\dot{U}_R}{\dot{I}_R} = R$$

由式(7-22) 得电感 L 的阻抗

$$Z_L = \frac{\dot{U}_L}{\dot{I}_L} = j\omega L = jX_L$$

由式(7-26) 得电容 C 的阻抗

$$Z_C = \frac{\dot{U}_C}{\dot{I}_C} = -j\frac{1}{\omega C} = jX_C$$

3. 阻抗三角形

式(8-2) 表明，电阻、电抗和阻抗模可构成一个直角三角形，称其为阻抗三角形，如图 8-2 所示。注意，R、X 和 $|Z|$ 都不是相量，画阻抗三角形时，要用不带箭头的线段表示。

图 8-2 阻抗三角形

4. RLC 串联电路等效阻抗

如图 8-3 所示 RLC 串联电路，其等效阻抗为

$$Z = \frac{\dot{U}}{\dot{I}} = \frac{\dot{U}_R + \dot{U}_L + \dot{U}_C}{\dot{I}} = \frac{\dot{U}_R}{\dot{I}} + \frac{\dot{U}_L}{\dot{I}} + \frac{\dot{U}_C}{\dot{I}} = Z_R + Z_L + Z_C = R + j\omega L - j\frac{1}{\omega C}$$

$$= R + j\left(\omega L - \frac{1}{\omega C}\right) = R + jX = |Z| \angle \varphi_Z \tag{8-3}$$

由式(8-3) 可见，Z 的实部为 R，虚部为 $X = \omega L - \frac{1}{\omega C}$，是角频率 ω 的函数，阻抗模为 $|Z| = \sqrt{R^2 + X^2}$，阻抗角为

$$\varphi_z = \arctan\frac{X}{R} = \arctan\frac{X_L + X_C}{R} = \arctan\frac{\omega L - \frac{1}{\omega C}}{R} \tag{8-4}$$

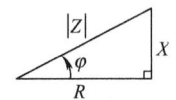

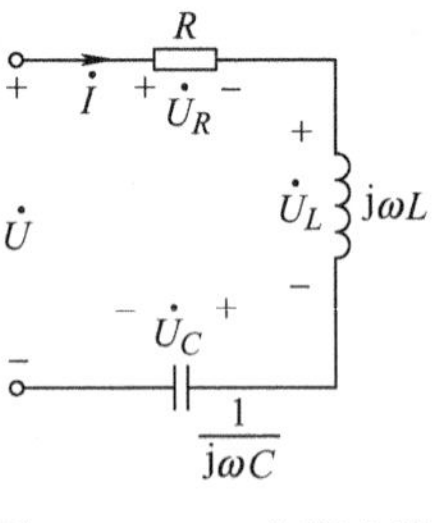

图 8-3 RLC 串联电路

5. 电路的性质

由式(8-4) 可见，φ_z 由电路元件参数和电源频率决定，与电压、电流无关。电源频率一定时，φ_z 取决于电路元件参数。

1) 当 $X > 0$ 时，即 $\omega L > \frac{1}{\omega C}$，$90° \geqslant \varphi_Z > 0°$，表明总电压超前电流 φ_z 角度，称此电路为电感性电路。

记一记：有些教材中定义 $X_C = \frac{1}{\omega C}$，则 $Z_C = -jX_C$。

2) 当 $X<0$ 时,即 $\omega L<\dfrac{1}{\omega C}$, $0°>\varphi_Z \geqslant -90°$,表明总电压滞后电流 $|\varphi_Z|$ 角度,称此电路为电容性电路。

3) 当 $X=0$ 时,即 $\omega L=\dfrac{1}{\omega C}$, $\varphi_Z=0°$,表明总电压和电流同相,称此电路为电阻性电路。

8.1.2 导纳及其求取

1. 导纳

在图 8-1a 所示电路中,将 N_0 的端口电流 $\dot{I}$ 和端口电压 $\dot{U}$ 的比值 Y 定义为 N_0 的导纳,即

$$Y=\dfrac{\dot{I}}{\dot{U}}=\dfrac{I}{U}\angle \psi_i - \psi_u = |Y|\angle \varphi_Y = G+jB \tag{8-5}$$

Y 是一个复数,其实部 G 称为电导,虚部 B 称为电纳,其模 $|Y|$ 称为导纳模,辐角 φ_Y 称为导纳角。由复数概念得

$$G=|Y|\cos\varphi_Y \qquad B=|Y|\sin\varphi_Y$$

$$Y=\sqrt{G^2+B^2}=\dfrac{I}{U} \qquad \varphi_Y=\arctan\dfrac{B}{G}=\psi_i-\psi_u$$

导纳、电导、电纳和导纳模的单位均为 S(西门子)。导纳的电路符号与阻抗相同。

2. 单一元件的导纳

设单一元件上电压、电流取关联参考方向,由式(7-19)得电阻 R 的导纳

$$Y_R=\dfrac{\dot{I}_R}{\dot{U}_R}=\dfrac{1}{R}$$

由式(7-22)得电感 L 的导纳

$$Y_L=\dfrac{\dot{I}_L}{\dot{U}_L}=-j\dfrac{1}{\omega L}=jB_L \tag{8-6}$$

式(8-6)中,$B_L=-\dfrac{1}{\omega L}$ 称为感纳。由式(7-26)得电容 C 的导纳

$$Y_C=\dfrac{\dot{I}_C}{\dot{U}_C}=j\omega C=jB_C \tag{8-7}$$

式(8-7)中,$B_C=\omega C$,称为容纳。

3. RLC 并联电路等效导纳

如图 8-4 所示 RLC 并联电路,其等效导纳为

$$Y=\dfrac{\dot{I}}{\dot{U}}=\dfrac{\dot{I}_R+\dot{I}_L+\dot{I}_C}{\dot{U}}=\dfrac{\dot{I}_R}{\dot{U}}+\dfrac{\dot{I}_L}{\dot{U}}+\dfrac{\dot{I}_C}{\dot{U}}=Y_R+Y_L+Y_C=\dfrac{1}{R}-j\dfrac{1}{\omega L}+j\omega C$$

$$=\dfrac{1}{R}+j\left(\omega C-\dfrac{1}{\omega L}\right)=G+jB=|Y|\angle\varphi_Y \tag{8-8}$$

聊一聊:导纳的单位西门子,是为纪念德国西门子公司创始人维尔纳·冯·西门子而设。

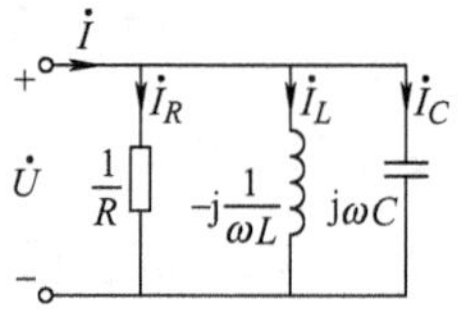

由式(8-8)可见，Y 的实部为 $\frac{1}{R}$，虚部 $B = \omega C - \frac{1}{\omega L}$，是角频率 ω 的函数，导纳模为 $|Y| = \sqrt{G^2 + B^2}$，导纳角为

$$\varphi_Y = \arctan \frac{B}{G} = \arctan \frac{B_C + B_L}{G} = \arctan \frac{\omega C - \frac{1}{\omega L}}{\frac{1}{R}} \quad (8\text{-}9)$$

图 8-4 RLC 并联电路

4. 电路的性质

由式(8-9)可见，φ_Y 由电路元件参数和电源频率决定，与电压、电流无关。电源频率一定时，φ_Y 取决于电路元件参数。

1) 当 $B > 0$ 时，即 $\omega C > \frac{1}{\omega L}$，$90° \geqslant \varphi_Y > 0°$，表明总电流超前电压 φ_Y 角，称此电路为电容性电路。

2) 当 $B < 0$ 时，即 $\omega C < \frac{1}{\omega L}$，$0° > \varphi_Y \geqslant -90°$，表明总电流滞后电压 $|\varphi_Y|$ 角，称此电路为电感性电路。

3) 当 $B = 0$ 时，即 $\omega C = \frac{1}{\omega L}$，$\varphi_Y = 0°$，表明总电流和电压同相，称此电路为电阻性电路。

8.1.3 阻抗和导纳的等效变换

由式(8-1)和式(8-5)得

$$Z = \frac{\dot{U}}{\dot{I}} = R + jX \qquad Y = \frac{\dot{I}}{\dot{U}} = G + jB$$

可得

$$ZY = \frac{\dot{U}}{\dot{I}} \times \frac{\dot{I}}{\dot{U}} = 1$$

即同一个一端口网络的阻抗和导纳之间存在倒数关系，

$$Z = \frac{1}{Y} \qquad Y = \frac{1}{Z} \quad (8\text{-}10)$$

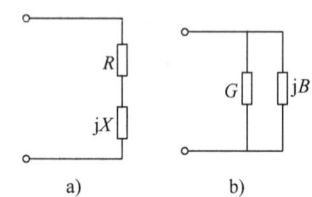

已知一端口网络的阻抗和串联等效电路如图 8-5a 所示，求其导纳和并联等效电路如图 8-5b 所示。由式(8-10)得

图 8-5 阻抗和导纳的等效变换

$$Y = \frac{1}{Z} = \frac{1}{R + jX} = \frac{R - jX}{(R + jX)(R - jX)} = \frac{R - jX}{R^2 + X^2}$$

$$= \frac{R}{R^2 + X^2} + j\frac{-X}{R^2 + X^2} = G + jB \quad (8\text{-}11)$$

由式(8-11)，可得阻抗变成导纳的公式

$$G = \frac{R}{R^2 + X^2} \qquad B = \frac{-X}{R^2 + X^2}$$

想一想：导纳角与阻抗角有什么关系？

问一问：Y 与 Z 互为倒数，但图 8-5 中，G 是 R 的倒数吗？B 是 X 的倒数吗？

8.2 简单正弦电流电路的分析及相量图

8.2.1 阻抗的串联和并联

1. 阻抗的串联

图 8-6a 所示为由 n 个阻抗串联的电路,由基尔霍夫电压定律,在电压与电流关联参考方向下,电路的总电压相量等于各分电压相量之和。

$$\dot{U} = \dot{U}_1 + \dot{U}_2 + \cdots + \dot{U}_n = Z_1\dot{I} + Z_2\dot{I} + \cdots + Z_n\dot{I}$$
$$= (Z_1 + Z_2 + \cdots + Z_n)\dot{I} = Z\dot{I} \quad (8\text{-}12)$$

式(8-12) 中,$Z = Z_1 + Z_2 + \cdots + Z_n$ 为图 8-6a 所示电路的等效阻抗。其等效电路如图 8-6b 所示。有

$$\begin{aligned} Z &= Z_1 + Z_2 + \cdots + Z_n \\ &= (R_1 + jX_1) + (R_2 + jX_2) + \cdots + (R_n + jX_n) \\ &= \sum_{k=1}^{n} R_k + j\sum_{k=1}^{n} X_k = R + jX \end{aligned} \quad (8\text{-}13)$$

式(8-13) 表明串联等效阻抗等于各串联的阻抗之和,即等效阻抗的电阻 R 等于各串联阻抗的电阻之和,电抗 X 等于各串联电抗之和。注意,感抗为正值,容抗为负值。

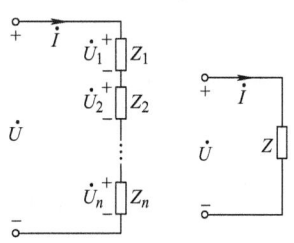

a) 阻抗串联电路　　b) 等效电路

图 8-6　阻抗的串联

2. 阻抗的并联

图 8-7a 所示为由 n 个阻抗并联的电路,由基尔霍夫电流定律,在电压与电流关联参考方向下,电路的总电流相量等于各个分电流相量之和

$$\dot{I} = \dot{I}_1 + \dot{I}_2 + \cdots + \dot{I}_n = \frac{\dot{U}}{Z_1} + \frac{\dot{U}}{Z_2} + \cdots + \frac{\dot{U}}{Z_n} = \left(\frac{1}{Z_1} + \frac{1}{Z_2} + \cdots + \frac{1}{Z_n}\right)\dot{U} = \frac{\dot{U}}{Z} \quad (8\text{-}14)$$

式(8-14) 中,Z 是图 8-7a 所示电路的等效阻抗,其等效电路如图 8-7b 所示。有

$$\frac{1}{Z} = \frac{1}{Z_1} + \frac{1}{Z_2} + \cdots + \frac{1}{Z_n} \quad (8\text{-}15)$$

式(8-15) 表明并联等效阻抗的倒数等于各并联的阻抗倒数之和。

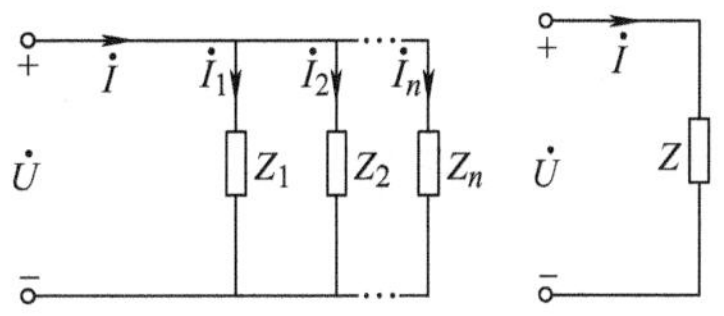

a) 阻抗并联电路　　b) 等效电路

图 8-7　阻抗的并联

若电路只有两个阻抗 Z_1 和 Z_2 并联,如图 8-8a 所示,则其等效阻抗

$$Z = \frac{Z_1 Z_2}{Z_1 + Z_2}$$

等效电路如图 8-8b 所示,这时的分流公式为

$$\dot{I}_1 = \frac{Z_2}{Z_1 + Z_2}\dot{I}, \quad \dot{I}_2 = \frac{Z_1}{Z_1 + Z_2}\dot{I} \quad (8\text{-}16)$$

例 8-1　电路如图 8-9 所示,已知 $R_1 = 10\Omega$,$R_2 = 15\Omega$,$X_L = 15\Omega$,$X_C = -30\Omega$,$\dot{U} =$

辨一辨:串联等效阻抗的模等于各串联阻抗的模之和吗?

$220\angle 0°\text{V}$，试求总阻抗 Z 与电流 $\dot I_1$、$\dot I_2$、$\dot I_3$。

解 $Z_1 = R_1 = 10\Omega$

$$Z_2 = R_2 + jX_L = (15 + j15)\Omega$$
$$= 15\sqrt{2}\angle 45°\Omega$$
$$Z_3 = jX_C = -j30\Omega = 30\angle -90°\Omega$$

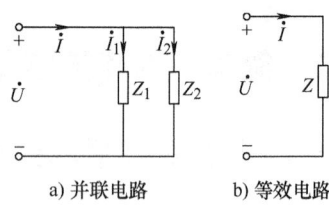

a) 并联电路   b) 等效电路

图 8-8 两个阻抗的并联

总阻抗

$$Z = Z_1 + \frac{Z_2 Z_3}{Z_2 + Z_3} = \left(10 + \frac{15\sqrt{2}\angle 45° \times 30\angle -90°}{15 + j15 - j30}\right)\Omega$$
$$= (10 + 30)\Omega = 40\Omega$$

$$\dot I_1 = \frac{\dot U}{Z} = \frac{220\angle 0°}{40}\text{A} = 5.5\text{A}$$

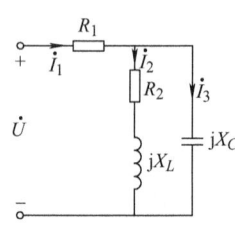

图 8-9 例 8-1 的电路

由式 (8-16) 得

$$\dot I_2 = \dot I_1 \frac{Z_3}{Z_3 + Z_2} = \left(5.5 \times \frac{-j30}{15 + j15 - j30}\right)\text{A} = \left(\frac{165\angle -90°}{15\sqrt{2}\angle -45°}\right)\text{A}$$
$$= 5.5\sqrt{2}\angle -45°\text{A}$$

$$\dot I_3 = \dot I_1 \frac{Z_2}{Z_3 + Z_2} = \left(5.5 \times \frac{15\sqrt{2}\angle 45°}{15\sqrt{2}\angle -45°}\right)\text{A} = 5.5\angle 90°\text{A}$$

8.2.2 导纳的并联

图 8-10a 所示为由 n 个导纳并联的电路，由基尔霍夫电流定律，在电压与电流关联参考方向下，电路的总电流相量等于各个分电流相量之和

$$\dot I = \dot I_1 + \dot I_2 + \cdots + \dot I_n = Y_1 \dot U + Y_2 \dot U + \cdots + Y_n \dot U = (Y_1 + Y_2 + \cdots + Y_n)\dot U = Y\dot U \quad (8\text{-}17)$$

式 (8-17) 中，Y 是图 8-10a 所示电路的等效导纳，其等效电路如图 8-10b 所示。有

$$Y = Y_1 + Y_2 + \cdots + Y_n \quad (8\text{-}18)$$

式 (8-18) 表明并联等效导纳等于各并联的导纳之和。

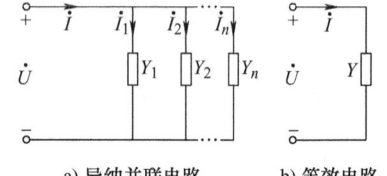

a) 导纳并联电路   b) 等效电路

图 8-10 导纳的并联

8.2.3 相量图

1. 相量图

在正弦稳态电路的分析和计算中，往往需要画出一种能反映电路中电压、电流相量关系的几何图形，这种图形就称为电路的相量图。与反映电路中电压、电流相量关系的电路方程相比较，相量图能直观地显示各相量之间的关系，特别是各相量的相位关系，它是分析和计算正弦稳态电路的重要方法。

2. 参考相量

画相量图时，选择电路中某一相量为参考相量，其他相量就可依据它来确定。参考相量的初相可任意假定，通常选参考相量的初相位为零。

3. RLC 串联的正弦电流电路

如图 8-11a 所示电路，由基尔霍夫电压定律得

比一比：阻抗的串联和导纳的并联有什么特点？

$$\dot U = \dot U_R + \dot U_L + \dot U_C$$

由于

$$\dot U_R = R\dot I \qquad \dot U_L = \mathrm{j}\omega L\ \dot I = \mathrm{j}X_L\ \dot I$$

$$\dot U_C = -\mathrm{j}\frac{1}{\omega C}\dot I = \mathrm{j}X_C\ \dot I \tag{8-19}$$

故

$$\dot U = R\ \dot I + \mathrm{j}X_L\ \dot I + \mathrm{j}X_C\ \dot I = [R + \mathrm{j}(X_L + X_C)]\ \dot I \tag{8-20}$$

a) 相量电路图　　b) 相量图

图 8-11　*RLC* 串联的正弦电流电路

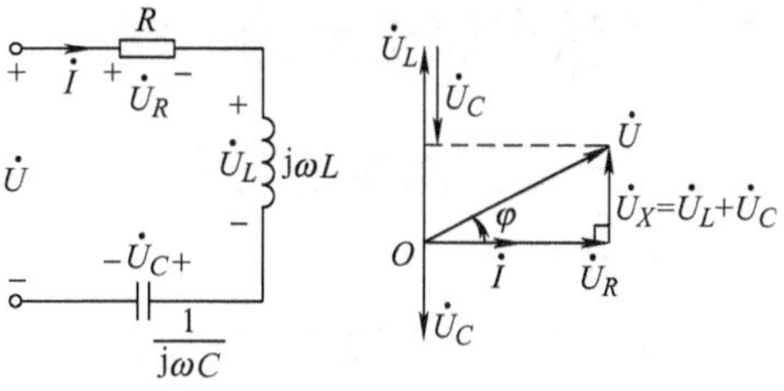

图 8-11b 所示为 *RLC* 串联电路中各电压、电流的相量图。其画法如下：首先设 $\dot I$ 为参考相量（令其初相位为零），画出 $\dot I$；然后依据式（8-19）画出各元件的电压相量：$\dot U_R$ 与 $\dot I$ 同相，$\dot U_L$ 超前 $\dot I$ 90°，$\dot U_C$滞后 $\dot I$ 90°，其长度之比为 U_R∶U_L∶U_C = R∶X_L∶$|X_C|$；最后，根据式（8-20）将各元件的电压相量相加，得到总电压相量 $\dot U$。由相量图可以看出，总电压相量 $\dot U$、电阻电压相量 $\dot U_R$ 与电抗电压相量 $\dot U_X = \dot U_L + \dot U_C$ 构成一个直角三角形，称为电压三角形。利用电压三角形可方便地求出总电压的有效值

$$U = \sqrt{U_R^2 + U_X^2} = \sqrt{U_R^2 + (U_L - U_C)^2}$$
$$= \sqrt{(IR)^2 + (IX_L + IX_C)^2}$$
$$= I\sqrt{R^2 + (X_L + X_C)^2} = I|Z|$$

4. *RLC* 并联的正弦电流电路

如图 8-12a 所示电路，根据基尔霍夫电流定律得

a) 相量电路图　　b) 相量图

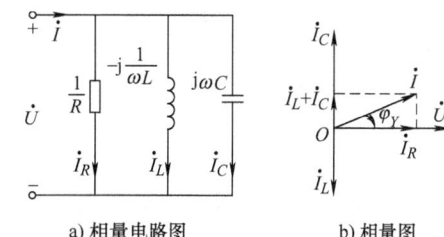

图 8-12　*RLC* 并联的正弦电流电路

$$\dot I = \dot I_R + \dot I_L + \dot I_C$$

由于

$$\dot I_R = \frac{1}{R}\dot U \qquad \dot I_L = -\mathrm{j}\frac{1}{\omega L}\dot U \qquad \dot I_C = \mathrm{j}\omega C\ \dot U \tag{8-21}$$

故

$$\dot I = \frac{1}{R}\dot U - \mathrm{j}\frac{1}{\omega L}\dot U + \mathrm{j}\omega C\ \dot U = \left[\frac{1}{R} + \mathrm{j}\left(\omega C - \frac{1}{\omega L}\right)\right]\dot U \tag{8-22}$$

图 8-12b 所示为 *RLC* 并联电路中各电流、电压的相量图。其画法如下：首先设 $\dot U$ 为参考相量（令其初相位为零）；然后依据式（8-21）画出各元件的电流相量：$\dot I_R$ 与 $\dot U$ 同相，$\dot I_C$ 超前 $\dot U$ 90°，$\dot I_L$ 滞后 $\dot U$ 90°；最后，根据式（8-22）将各元件的电流相量相加，得到总电流相量 $\dot I$。

想一想：为什么串联电路中一般设电流相量为参考相量？

判一判：*RLC* 并联电路中 $I = \sqrt{I_R^2 + (I_L - I_C)^2}$ 成立吗？

8.3 正弦电流电路的功率

8.3.1 一端口网络的功率

1. 瞬时功率

在图 8-13 所示一端口网络中，设 $u = \sqrt{2}U\cos\omega t$，$i = \sqrt{2}I\cos(\omega t - \varphi)$，在 u、i 关联参考方向下，电路的瞬时功率为

$$p = ui = \sqrt{2}U\cos\omega t \cdot \sqrt{2}I\cos(\omega t - \varphi)$$
$$= UI2\cos\omega t\cos(\omega t - \varphi) = UI[\cos\varphi + \cos(2\omega t - \varphi)] \quad (8\text{-}23)$$

由式(8-23)可见，瞬时功率由两部分组成：一部分是常数 $UI\cos\varphi$，另一部分是以 UI 为幅值的二倍频的余弦函数。

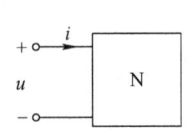

图 8-13 一端口网络

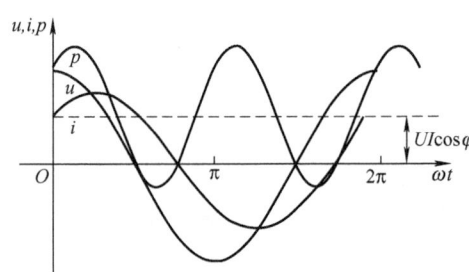

图 8-14 瞬时功率波形图

依据式(8-23)所画的 $\varphi > 0$ 时电压、电流及瞬时功率随时间变化的波形图如图 8-14 所示。由图可见瞬时功率 p 有时为正，有时为负。p 为正表示一端口网络从外部电路吸收功率，p 为负表示一端口网络将功率送还给外部电路。由图 8-14 可见，在一个周期内，功率正、负两部分面积不等，故总体看，电路还是消耗了电源的功率。

2. 有功功率（平均功率）

由有功功率定义得

$$P = \frac{1}{T}\int_0^T p\,\mathrm{d}t = \frac{1}{T}\int_0^T UI\cos\varphi\,\mathrm{d}t + \frac{1}{T}\int_0^T UI\cos(2\omega t - \varphi)\,\mathrm{d}t = UI\cos\varphi \quad (8\text{-}24)$$

由式(8-24)可见，有功功率不仅与电压、电流有效值乘积有关，而且与电压、电流之间的相位差角的余弦 $\cos\varphi$ 有关。$\cos\varphi$ 在无源一端口网络中称为功率因数，φ 称为功率因数角。$I\cos\varphi$、$U\cos\varphi$ 分别称为电流、电压的有功分量。当 $P > 0$ 时，表示该一端口网络吸收有功功率 P；当 $P < 0$ 时，表示该一端口网络发出有功功率 $|P|$。

由式(8-24)，可得到单一无源元件的有功功率：

1) R：$\varphi = 0°$，$P_R = UI\cos\varphi = UI\cos 0° = UI$。
2) L：$\varphi = 90°$，$P_L = UI\cos\varphi = UI\cos 90° = 0$。
3) C：$\varphi = -90°$，$P_C = UI\cos\varphi = UI\cos(-90°) = 0$。

对于仅由 R、L、C 元件组成的一端口正弦电流电路，该一端口电路吸收的总有功功率等于该电路内各电阻所吸收的有功功率之和，即

推一推：正弦电流电路中，有功功率 $P = UI\cos\varphi = UI\dfrac{R}{|Z|} = I^2 R = U_R I$。

$$P = \sum_{k=1}^{n} P_{R_k} \quad (k=1,2,3,\cdots,n, n \text{ 为电阻个数})$$

3. 无功功率

电感、电容元件不消耗电能，但它们与外电路之间有能量交换。为了衡量一端口网络内部同外部进行能量交换的规模，定义其为无功功率 Q，

$$Q = UI\sin\varphi \tag{8-25}$$

Q 的单位为乏（Var）。由式（8-25）可见，无功功率不仅与电压、电流有效值乘积有关，而且与电压、电流之间的相位差角的正弦 $\sin\varphi$ 有关。$I\sin\varphi$、$U\sin\varphi$ 分别称为电流、电压的无功分量。当 $Q>0$ 时，表示该一端口网络吸收无功功率 Q；当 $Q<0$ 时，表示该一端口网络发出无功功率 $|Q|$。

由式（8-25），可得单一无源元件的无功功率：

1）R：$\varphi=0°$，$Q_R = UI\sin\varphi = UI\sin 0° = 0$。
2）L：$\varphi=90°$，$Q_L = UI\sin\varphi = UI\sin 90° = UI$。
3）C：$\varphi=-90°$，$Q_C = UI\sin\varphi = UI\sin(-90°) = -UI$。

对于仅由 R、L、C 元件组成的一端口正弦电流电路，该一端口电路吸收的总无功功率等于该电路内各电感和电容所吸收的无功功率之和

$$Q = Q_L + Q_C = Q_L - |Q_C| \tag{8-26}$$

式（8-26）中

$$Q_L = \sum_{k=1}^{n} Q_{L_k} \quad (k=1,2,3,\cdots,n, n \text{ 为电感个数})$$

$$Q_C = \sum_{k=1}^{m} Q_{C_k} \quad (k=1,2,3,\cdots,m, m \text{ 为电容个数})$$

4. 视在功率

电路中电压和电流的有效值乘积称为视在功率，用 S 表示，即

$$S = UI$$

S 的单位为伏安（VA）或千伏安（kVA），$1\text{kVA} = 10^3 \text{VA}$。在工程上发电机和变压器都是按其额定电压 U_N 和额定电流 I_N 设计的，并提供额定的视在功率 S_N，$S_N = U_N I_N$。S_N 表示供电设备可能供给的最大有功功率，常称为供电设备的容量。

5. 功率三角形

视在功率与有功功率、无功功率之间有如下关系

$$P^2 + Q^2 = (UI\cos\varphi)^2 + (UI\sin\varphi)^2 = S^2$$

故

$$S = \sqrt{P^2 + Q^2} \tag{8-27}$$

式（8-27）表明 P、Q 和 S 之间也构成一个直角三角形，称为功率三角形，如图 8-15 所示。

例 8-2 如图 8-16 所示电路，已知 $\dot{U}_s = 100\angle 0° \text{V}$，$Z_1 = R_1 + jX_1 = (10+j17.3)\Omega$，$Z_2 = R_2 + jX_2 = (17.3-j10)\Omega$，试求电路的有功功率 P，无功功率 Q 和视在功率 S。

问一问：电感的无功功率为正和电容的无功功率为负的物理意义是什么？

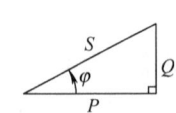

图 8-15 功率三角形   图 8-16 例 8-2 的图

解

$$\dot{I}_1 = \frac{\dot{U}_s}{R_1 + jX_1} = \frac{100\angle 0°}{10 + j17.3}A = \frac{100\angle 0°}{20\angle 60°}A = 5\angle -60°A$$

$$\dot{I}_2 = \frac{\dot{U}_s}{R_2 + jX_2} = \frac{100\angle 0°}{17.3 - j10}A = \frac{100\angle 0°}{20\angle -30°}A = 5\angle 30°A$$

$$\dot{I} = \dot{I}_1 + \dot{I}_2 = 7.07\angle -15°A$$

方法一：由端口电压、电流求总功率。

$$P = UI\cos\varphi = 100 \times 7.07 \times \cos15°W \approx 683W$$
$$Q = UI\sin\phi = 100 \times 7.07 \times \sin15°var \approx 183var$$
$$S = UI = 707VA$$

方法二：由各个元件功率求总功率

$$P = R_1I_1^2 + R_2I_2^2 = (10 \times 5^2 + 17.3 \times 5^2)W \approx 683W$$
$$Q = X_1I_1^2 + X_2I_2^2 = (17.3 \times 5^2 - 10 \times 5^2)var \approx 183var$$
$$S = \sqrt{P^2 + Q^2} = \sqrt{683^2 + 183^2}VA \approx 707VA$$

8.3.2 功率因数的提高

1. 提高负载功率因数的意义

正弦交流电源的额定容量为其额定电压有效值与额定电流有效值乘积，即 $S_N = U_NI_N$，而电源实际所输出的有功功率等于输出电压有效值和输出电流有效值及负载功率因数的乘积，即 $P = UI\cos\varphi$，所以同容量的电源，能输送多少有功功率给负载，与负载的 $\cos\varphi$ 相关。若负载为电阻性，$\cos\varphi = 1$，则 $P = S_N$，电源设备的利用率最高。若负载的 $\cos\varphi = 0.5$，则电源输出的有功功率 $P = 0.5S_N$，意味着仅一半的电源设备得到利用，而另一半要用在电源与负载之间的能量交换上。此外，由 $P = UI\cos\varphi$ 可知，在额定电压下，电源供给负载的有功功率一定时，负载功率因数越低，电源需要供出的电流就越大。电流的增大，将使供电线路上的电能损耗与电压降增加。因此，提高负载的功率因数具有重要的经济意义。

2. 提高负载功率因数的一般方法

在工农业生产及日常生活中的用电设备大多是感性的，而感性负载本身需要一定的无功功率。要使负载正常工作，电源既要供给负载有功功率，又要提供给负载无功功率，这就是电路功率因数低的根本原因。因此，提高功率因数就是设法减少电源所负担的无功功率。

在电路中电感元件和电容元件都具有吸收和放出无功功率的特性，但它们的吸放时间是彼此错开的，之间可以相互交换无功功率。通常对感性负载并联适当的电容元件，用电容元件的无功功率 Q_C 去补偿感性负载所需要的无功功率 Q_L，使电源供出的无功功率为

$$Q = Q_L - |Q_C|$$

考一考：阻抗三角形、电压三角形和功率三角形都是相似三角形吗？

从而减少了电源供给感性负载的无功功率，提高了电源端的负载功率因数，电源就能输出更多的有功功率。

例 8-3 如图 8-17 所示，感性负载的 $U = 220\text{V}$，$f = 50\text{Hz}$，$P = 1\text{kW}$，$\cos\varphi_1 = 0.6$，若并上一电容元件 C 后，电源端的 $\cos\varphi_2 = 0.9$，试求所并电容元件 C 的值。

解 在未并上电容 C 之前，总电流 $\dot{I} = \dot{I}_{RL}$，电压 $\dot{U}$ 和电流 $\dot{I}$ 之间的相位差为 φ_1，并入电容 C 之后，总电流 $\dot{I} = \dot{I}_{RL} + \dot{I}_C$，$\dot{U}$ 和 $\dot{I}$ 之间的相位差为 φ_2。电路相量图如图 8-18 所示，当选择适当的电容 C 使 $0 < \varphi_2 < \varphi_1$，就可得 $\cos\varphi_2 > \cos\varphi_1$。因此，感性负载并联适当的电容元件，既可以不影响负载原有的性能，使负载的端电压、电流和功率保持不变，又可以提高电源端的负载功率因数。

由 $P = UI_{RL}\cos\varphi_1$，可得
$$I_{RL} = \frac{P}{U\cos\varphi_1} = \frac{1000}{220 \times 0.6}\text{A} \approx 7.58\text{A}$$

由 $P = UI\cos\varphi_2$，可得
$$I = \frac{P}{U\cos\varphi_2} = \frac{1000}{220 \times 0.9}\text{A} \approx 5.05\text{A}$$

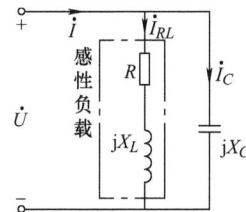

图 8-17 例 8-3 的电路图

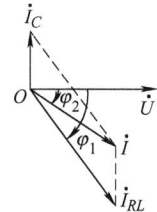

图 8-18 例 8-3 的相量图

当 $\cos\varphi_1 = 0.6$ 时，$\varphi_1 = 53.1°$；当 $\cos\varphi_2 = 0.9$ 时，$\varphi_2 = 25.8°$。由图 8-18 所示相量图得
$$I_C = I_{RL}\sin\varphi_1 - I\sin\varphi_2 = (7.58 \times \sin53.1° - 5.05 \times \sin25.8°)\text{A} \approx 3.86\text{A}$$

从而，电容元件 C 的值为
$$C = \frac{I_C}{\omega U} \approx 55.9\mu\text{F}$$

8.3.3 复功率

若正弦稳态一端口电路的电压相量和电流相量为
$$\dot{U} = U\angle\psi_u \qquad \dot{I} = I\angle\psi_i$$

电流相量 $\dot{I}$ 的共轭相量 $\overset{*}{I} = I\angle -\psi_i$，则
$$\dot{U}\overset{*}{I} = UI\angle\psi_u - \psi_i = UI\angle\varphi = S\angle\varphi$$
$$= UI\cos\varphi + \text{j}UI\sin\varphi = P + \text{j}Q = \bar{S} \tag{8-28}$$

式(8-28) 中，$\bar{S}$ 称为复功率，其实部为有功功率 P，虚部为无功功率 Q，幅角为电压与电流的相位差 φ，模为视在功率 S。复功率的单位与视在功率相同，都是伏安（VA）。

查一查：你身边的日光灯、洗衣机、电冰箱的功率因数是多少？
想一想：与感性负载串联电容也能提高电源端的功率因数，为何要并联电容提高呢？

8.4　正弦电流电路的一般分析方法

8.4.1　正弦电流电路的相量分析

直流电路中分析和计算线性电路的各种方法和电路定理，用相量形式表示后就可推广到正弦电流电路中。即把电阻换成阻抗、电导换成导纳、瞬时电压和电流换成电压相量和电流相量，就可用等效变换法、网孔电流法、回路电流法、节点电压法、叠加定理和戴维南定理等分析相量电路，这时所列出的电路方程为相量形式的复数代数方程。

例 8-4　如图 8-19a 所示电路中，已知 $u_{S1}(t)=3\sqrt{2}\cos\omega t\mathrm{V}$，$u_{S2}(t)=4\sqrt{2}\sin\omega t\mathrm{V}$，$\omega=2\mathrm{rad/s}$，试求电流 $i_1(t)$。

解　先画出相量电路，如图 8-19b 所示，其中

$$\dot{U}_{S1}=3\angle 0°\mathrm{V} \qquad \dot{U}_{S2}=-\mathrm{j}4\mathrm{V}=4\angle -90°\mathrm{V}$$

$$\mathrm{j}\omega L=\mathrm{j}\times 0.5\times 2\Omega=\mathrm{j}1\Omega,\ -\mathrm{j}\frac{1}{\omega C}=-\mathrm{j}\frac{1}{0.5\times 2}\Omega=-\mathrm{j}1\Omega$$

方法一：网孔电流法。设网孔电流为 $\dot{I}_1$、$\dot{I}_2$，标出其参考方向，如图 8-19b 中虚线所示。列写网孔电流方程

$$(1+\mathrm{j}1)\dot{I}_1-\dot{I}_2=3\angle 0°$$

$$-\dot{I}_1+(1-\mathrm{j}1)\dot{I}_2=-4\angle -90°$$

求得

$$\dot{I}_1=3.162\angle 18.43°\mathrm{A}$$

即

$$i_1=3.162\sqrt{2}\cos(2t+18.43°)\mathrm{A}$$

方法二：节点电压法。如图 8-19c 把与电压源负极性端连接的节点设为参考点，由弥尔曼定理得

$$\dot{U}_{n1}=\frac{\dfrac{\dot{U}_{S1}}{\mathrm{j}1\Omega}+\dfrac{\dot{U}_{S2}}{-\mathrm{j}1\Omega}}{\dfrac{1}{\mathrm{j}1\Omega}+\dfrac{1}{1\Omega}+\dfrac{1}{-\mathrm{j}1\Omega}}=-\mathrm{j}1\times 3\mathrm{V}+\mathrm{j}1\times(-\mathrm{j}4)\mathrm{V}=(4-\mathrm{j}3)\mathrm{V}=5\angle -36.9°\mathrm{V}$$

求得电流为

$$\dot{I}_1=\frac{\dot{U}_{S1}-\dot{U}_{n1}}{\mathrm{j}1\Omega}=-\mathrm{j}1\times(3-4+\mathrm{j}3)\mathrm{A}=(3+\mathrm{j}1)\mathrm{A}=3.162\angle 18.43°\mathrm{A}$$

即

$$i_1=3.162\sqrt{2}\cos(2t+18.43°)\mathrm{A}$$

方法三：叠加定理。画出电压源 $\dot{U}_{S1}$ 和 $\dot{U}_{S2}$ 单独作用时的电路，如图 8-19d、e 所示。可求得

思一思：例 8-4 中为什么 $\dot{U}_{S2}=4\angle -90°\mathrm{V}$，而不是 $\dot{U}_{S2}=4\angle 0°\mathrm{V}$？

议一议：如何用电源等效变换法求例 8-4 中电流 i_1？

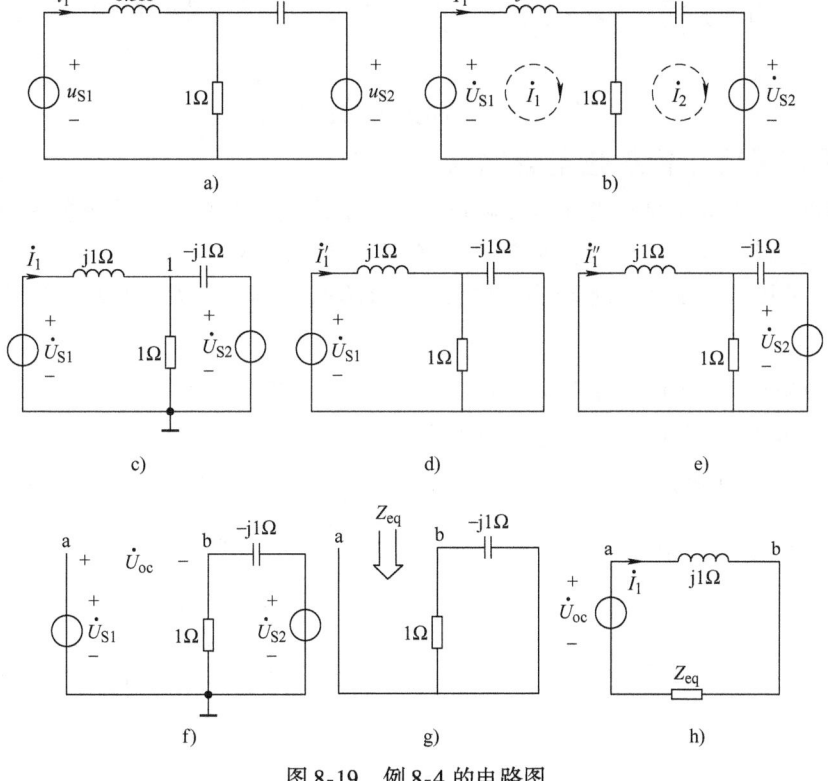

图 8-19 例 8-4 的电路图

$$\dot{I}_1 = \dot{I}_1' + \dot{I}_1'' = \frac{\dot{U}_{S1}}{j1 + \dfrac{1\times(-j1)}{1-j1}} + \frac{-\dot{U}_{S2}}{-j1 + \dfrac{1\times j1}{1+j1}} \times \frac{1}{1+j1}$$

$$= \left(\frac{3}{j1+0.5-j0.5} + \frac{j4}{1+j1-j1}\right)\text{A} = (3+j1)\text{A} = 3.162\angle 18.43°\text{A}$$

即

$$i_1 = 3.162\sqrt{2}\cos(2t+18.43°)\text{A}$$

方法四：戴维南定理。含独立源的一端口网络相量模型可以用一个电压源 $\dot{U}_{oc}$ 和阻抗 Z_{eq} 串联的电路等效。首先断开待求支路，电路如图 8-19f 所示，求开路电压 $\dot{U}_{oc}$。

$$\dot{U}_{oc} = \dot{U}_{S1} - \frac{1}{1-j1}\times\dot{U}_{S2}$$

$$= \left(3 - \frac{-j4}{1-j1}\right)\text{V} = [3-(2-j2)]\text{V} = (1+j2)\text{V}$$

将电压源置零，求等效阻抗 Z_{eq}，如图 8-19g 所示。等效阻抗 Z_{eq} 为

$$Z_{eq} = \frac{1\times(-j1)}{1-j1}\Omega = \frac{-j1\times(1+j1)}{2}\Omega = (0.5-j0.5)\Omega$$

画出戴维南等效电路图，接上待求支路，如图 8-19h 所示，得

判一判：不同频率的相量不能画在同一相量图中。

$$\dot{I}_1 = \frac{\dot{U}_{oc}}{Z_{eq}+j1} = \frac{1+j2}{0.5-j0.5+j1}A = (3+j1)A = 3.162\angle 18.43°A$$

即
$$i_1 = 3.162\sqrt{2}\cos(2t+18.43°)A$$

8.4.2 用相量图分析正弦电流电路

相量图可以清晰地表明电路中各支路电压、电流之间的关系，借助相量图中几何关系，结合简单的复数方程求解，可避免复杂的复数运算，使计算简化。

例 8-5 如图 8-20a 所示电路中，已知 $U = 100V$，$I_1 = I_2 = I_3 = 10A$。求 R、X_L 和 X_C 的值。

解 画电路的相量图，设 $\dot{U} = U\angle 0° = 100\angle 0°V$ 为参考相量，根据支路上电压和电流的相位关系，$\dot{I}_2$ 超前 $\dot{U}$ 90°，$\dot{I}_1$ 滞后 $\dot{U}$ φ_1，$\dot{I}_3 = \dot{I}_1 + \dot{I}_2$，可画出 $\dot{I}_3$，如图 8-20b 所示。由于 $I_1 = I_2 = I_3$，相量图中 △AOB 为等边三角形，因此 $\varphi_1 = 30°$，得

$$|X_C| = \frac{U}{I_2} = 10\Omega$$

即
$$X_C = -10\Omega$$

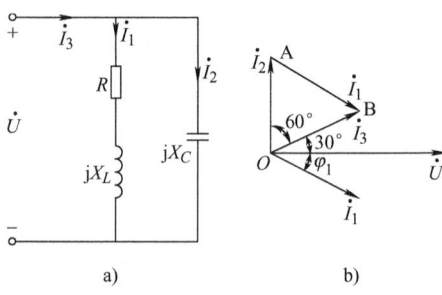

图 8-20 例 8-5 的电路图和相量图

$$|Z_{RL}| = \frac{U}{I_1} = 10\Omega$$

故
$$R = |Z_{RL}|\cos\varphi_1 = 8.66\Omega \qquad X_L = |Z_{RL}|\sin\varphi_1 = 5\Omega$$

8.5 最大平均功率的传输

在直流电路中曾讨论过负载电阻获得最大功率的问题，那么在正弦电流电路中负载在什么条件下能够获得最大平均功率呢？这类问题都可以归结为一个含源一端口网络 N_s 向一个负载阻抗 Z_L 传输功率的问题，如图 8-21a 所示。根据戴维南定理，等效为图 8-21b，图中 $\dot{U}_{oc}$ 为等效电压源的电压相量，即含源一端口网络的端口开路电压，Z_{eq} 为戴维南等效阻抗。

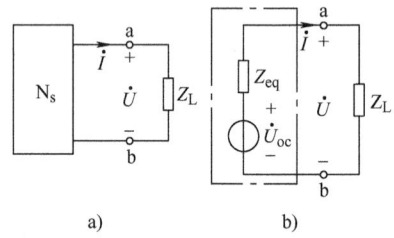

图 8-21 最大平均功率的传输

设 $Z_{eq} = R_{eq} + jX_{eq}$，$Z_L = R_L + jX_L$，则

$$\dot{I} = \frac{\dot{U}_{oc}}{Z_{eq}+Z_L} = \frac{\dot{U}_{oc}}{(R_{eq}+R_L)+j(X_{eq}+X_L)}$$

负载获得的平均功率为

$$P_L = I^2 R_L = \left(\frac{U_{oc}}{\sqrt{(R_{eq}+R_L)^2+(X_{eq}+X_L)^2}}\right)^2 R_L = \frac{U_{oc}^2 R_L}{(R_{eq}+R_L)^2+(X_{eq}+X_L)^2} \qquad (8-29)$$

算一算：例 8-5 中，求出 $\dot{I}_1$ 后，如何用复数方程求解 R、X_L？

一般来说，U_{oc}、R_{eq} 和 X_{eq} 固定不变，负载 Z_L 可调。下面分析 Z_L 变化的两种情况。

(1) R_L 和 X_L 均可变

由式(8-29) 可见，当 R_L 不变，$X_L = -X_{eq}$ 时分母最小。此时，式(8-29) 变为

$$P_L = \frac{U_{oc}^2 R_L}{(R_{eq} + R_L)^2} \tag{8-30}$$

为使 P_L 最大，对式(8-30) 中 R_L 求导，并令其为零，即

$$\frac{dP_L}{dR_L} = U_{oc}^2 \left[\frac{1}{(R_{eq} + R_L)^2} - \frac{2R_L}{(R_{eq} + R_L)^3} \right] = 0$$

可求得 $R_L = R_{eq}$。综上所述，负载获得的条件是 $R_L = R_{eq}$，$X_L = -X_{eq}$，即

$$Z_L = \overset{*}{Z}_{eq} \tag{8-31}$$

称为共轭匹配。此时，负载获得的最大平均功率为

$$P_{Lmax} = \frac{U_{oc}^2}{4R_{eq}}$$

(2) 负载阻抗的阻抗角不变而模可变

设 $Z_L = |Z_L| \angle \varphi_L = |Z_L|\cos\varphi_L + j|Z_L|\sin\varphi_L$，则

$$\dot{I} = \frac{\dot{U}_{oc}}{Z_{eq} + Z_L} = \frac{\dot{U}_{oc}}{(R_{eq} + |Z_L|\cos\varphi_L) + j(X_{eq} + |Z_L|\sin\varphi_L)}$$

负载获得的平均功率为

$$P_L = |Z_L|\cos\varphi_L I^2 = \frac{|Z_L|\cos\varphi_L U_{oc}^2}{(R_{eq} + |Z_L|\cos\varphi_L)^2 + (X_{eq} + |Z_L|\sin\varphi_L)^2}$$

$$= \frac{\cos\varphi_L U_{oc}^2}{\frac{R_{eq}^2 + X_{eq}^2}{|Z_L|} + |Z_L| + 2(R_{eq}\cos\varphi_L + X_{eq}\sin\varphi_L)}$$

令

$$\frac{dP_L}{d|Z_L|} \left[\frac{R_{eq}^2 + X_{eq}^2}{|Z_L|} + |Z_L| \right] = 0$$

得

$$|Z_L| = \sqrt{R_{eq}^2 + X_{eq}^2} = |Z_{eq}|$$

称为模值匹配。此时，负载获得的最大平均功率为

$$P_{Lmax} = \frac{|Z_{eq}|\cos\varphi_L U_{oc}^2}{(R_{eq} + |Z_{eq}|\cos\varphi_L)^2 + (X_{eq} + |Z_{eq}|\sin\varphi_L)^2} \tag{8-32}$$

例8-6 如图 8-22a 所示电路，(1) 负载 $Z_L = R_L + jX_L$，R_L 和 X_L 均可变，求 Z_L 的共轭匹配值和获得的最大平均功率。(2) 负载 $Z_L = R_L$，求 Z_L 获得最大平均功率的 R_L 值和获得的最大平均功率。

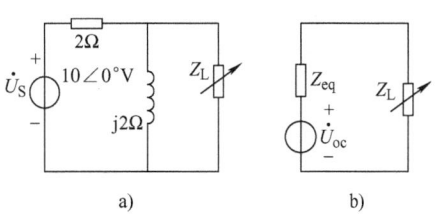

图 8-22 例 8-6 的电路

扩一扩：负载获得最大功率时的传输效率不大于50%，不高。因此，传输电能的电路(如电力系统)不允许工作在这种状态下。

比一比：模值匹配时的 P_{Lmax} 比共轭匹配时的 P_{Lmax} 大还是小？

解 首先把负载 Z_L 左端的电路用戴维南等效电路替代，如图 8-22b 所示，其中

$$\dot{U}_{oc} = \frac{j2\Omega}{(2+j2)\Omega} \times 10\angle 0°\text{V} = 5\sqrt{2}\angle 45°\text{V}$$

$$Z_{eq} = \frac{2\times j2}{2+j2}\Omega = (1+j1)\Omega$$

(1) Z_L 满足共轭匹配时，由式(8-31) 得

$$Z_L = \overset{*}{Z}_{eq} = (1-j1)\Omega$$

此时

$$P_{L\max} = \frac{U_{oc}^2}{4R_{eq}} = \frac{(5\sqrt{2})^2}{4\times 1}\text{W} = 12.5\text{W}$$

(2) $Z_L = R_L$，为纯电阻($\varphi_L = 0$)，满足模值匹配时

$$|Z_L| = R_L = |Z_{eq}| = \sqrt{1^2+1^2}\Omega = \sqrt{2}\Omega$$

由式(8-32) 得

$$P_{L\max} = \frac{\sqrt{2}\times(5\sqrt{2})^2}{(1+\sqrt{2})^2+1^2}\text{W} = 10.36\text{W}$$

8.6 正弦电流电路的谐振

在电压和电流关联参考方向下，含 R、L、C 而不含独立源的一端口正弦电流电路端口电压相量和电流相量同相的现象称为谐振。按发生谐振的电路结构，谐振主要可分为串联谐振和并联谐振。

8.6.1 串联谐振

1. 谐振频率

在图 8-23 所示 RLC 串联电路中，阻抗

$$Z = \frac{\dot{U}}{\dot{I}} = \frac{U}{I}\angle \psi_u - \psi_i = |Z|\angle \varphi = R + jX = R + j\left(\omega L - \frac{1}{\omega C}\right)$$

要使 $\dot{U}$ 和 $\dot{I}$ 同相，则 $\text{Im}[Z] = 0$，即

$$\omega L - \frac{1}{\omega C} = 0 \qquad (8\text{-}33)$$

式(8-33) 为电路发生串联谐振的条件。由式(8-33) 可得谐振角频率 ω_0 和谐振频率 f_0 分别为

$$\omega_0 = \frac{1}{\sqrt{LC}} \qquad (8\text{-}34)$$

$$f_0 = \frac{1}{2\pi\sqrt{LC}}$$

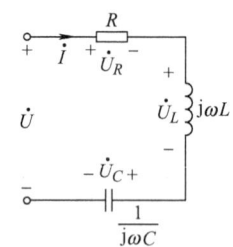

图 8-23 RLC 串联谐振电路

可见，f_0 仅由电感 L 和电容 C 的参数决定，改变 L 或 C 就可使电路发生谐振或消除谐振。f_0 反映了 RLC 串联电路的固有性质，故又称为电路的固有谐振频率。

猜一猜：收音机是改变什么元件参数发生谐振的？

2. 谐振特点

1）阻抗的模 $|Z| = \sqrt{R^2 + (X_L - X_C)^2} = R$，模最小，故电压 U 一定时，电流 I 最大，即 $I = I_0 = \dfrac{U}{R}$。

2）由于 $Z = R$，电路呈电阻性。电路无功功率为 0，电源输出的能量全部被电阻消耗。

3）虽然 $X = 0$，即 $X = X_L + X_C = \omega L - \dfrac{1}{\omega C} = 0$，但感抗 $X_{L0} = \omega L$ 和容抗 $X_{C0} = -\dfrac{1}{\omega C}$ 均不为零。

4）谐振时 $\omega_0 L = \dfrac{1}{\omega_0 C}$，由式（8-34）得

$$\omega_0 L = \dfrac{1}{\omega_0 C} = \sqrt{\dfrac{L}{C}} = \rho$$

ρ 称为串联谐振电路的特性阻抗，单位为 Ω。

5）谐振时的感抗与电阻的比值，即

$$\dfrac{\omega_0 L}{R} = \dfrac{1}{R}\sqrt{\dfrac{L}{C}} = \dfrac{\rho}{R} = Q$$

Q 称为谐振电路的品质因数，Q 值为仅与电路参数 R、L、C 有关的无量纲的参数。

6）谐振时各元件电压

$$\dot{U}_{R0} = R\,\dot{I}_0 = R\dfrac{\dot{U}}{R} = \dot{U}$$

$$\dot{U}_{L0} = j\omega_0 L\,\dot{I}_0 = j\omega_0 L\dfrac{\dot{U}}{R} = jQ\,\dot{U}$$

$$\dot{U}_{C0} = -j\dfrac{1}{\omega_0 C}\dot{I}_0 = -j\dfrac{1}{\omega_0 C}\dfrac{\dot{U}}{R} = -jQ\,\dot{U}$$

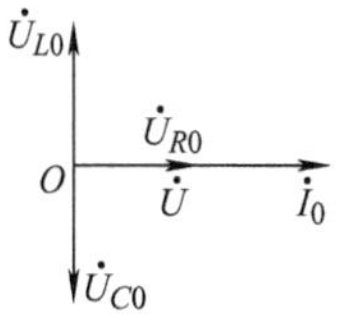

图 8-24 串联谐振时的相量图

可见 $\dot{U}_{L0}$ 和 $\dot{U}_{C0}$ 大小相等，相位相反，可互相抵消，如图 8-24 所示。这意味着谐振时可把 L 和 C 部分用"短路"替代而电流不变。但是 $\dot{U}_{L0}$ 和 $\dot{U}_{C0}$ 的作用不能忽视，因为

$$U_{L0} = \omega_0 LI = X_{L0}\dfrac{U}{R} = QU$$

$$U_{C0} = \dfrac{1}{\omega_0 C}I = \omega_0 LI = X_{L0}\dfrac{U}{R} = QU$$

当 $Q > 1$ 时，U_L 和 U_C 都大于电压源电压 U，故串联谐振又称为电压谐振。

7）功率

谐振时电路吸收的有功功率

$$P = UI\cos\varphi = UI\cos 0° = UI = U_R I$$

谐振时电路吸收的无功功率

$$Q = UI\sin\varphi = UI\sin 0° = 0$$

即

$$Q = Q_L + Q_C = Q_L - |Q_C| = 0$$

讲一讲：交流电路中分电压会大于总电压吗？

可得
$$Q_L = |Q_C|$$
表明谐振时电路与电源之间没有能量交换，电源只供给电阻所消耗的能量，但电感和电容之间却在等量地交换能量。

8）频率特性。电路中的电流有效值、电压有效值和阻抗（或导纳）的模等随频率变化的关系，称为幅频特性。阻抗角（或导纳角）随频率变化的关系，称为相频特性。幅频特性与相频特性统称为频率特性。在直角坐标系中表明频率特性的图形，称为频率特性曲线，也称谐振曲线。

① 阻抗的频率特性。

RLC 串联谐振电路的阻抗和阻抗模分别为

$$Z = R + j(\omega L - \frac{1}{\omega C}) = R + j(X_L + X_C)$$

$$|Z| = \sqrt{R^2 + (\omega L - \frac{1}{\omega C})^2} = \sqrt{R^2 + (X_L + X_C)^2} \tag{8-35}$$

图 8-25a 所示为阻抗的幅频特性，X_L 为过原点的一条直线；$|X_C|$ 为一条与 ω 成反比的曲线。由式(8-35) 可知，当 ω 很小时，$|Z|$ 趋近于 $|X_C|$；当 ω 很大时，$|Z|$ 趋近于 X_L；当 $\omega = \omega_0$ 时，$|Z_0| = R$。由此可画出 Z 的幅频特性曲线。

图 8-25b 所示为阻抗的相频特性，阻抗角

$$\varphi = \arctan \frac{\omega L - \frac{1}{\omega C}}{R}$$

当 ω 很小时，φ 趋近于 $-\frac{\pi}{2}$；当 ω 很大时，φ 趋近于 $\frac{\pi}{2}$；当 $\omega = \omega_0$ 时，$\varphi = 0°$。由此可画出 Z 的相频特性曲线。

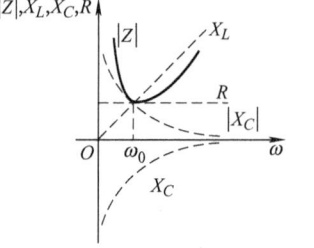
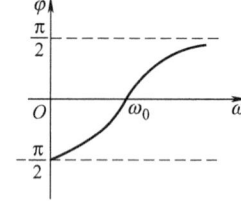

a) 阻抗的幅频特性　　b) 阻抗的相频特性

图 8-25 阻抗的频率特性

② 电流的频率特性

$$\dot{I} = \frac{\dot{U}}{Z} = \frac{\dot{U}}{R + j(\omega L - \frac{1}{\omega C})}$$

$$I = \frac{U}{|Z|} = \frac{U}{\sqrt{R^2 + (\omega L - \frac{1}{\omega C})^2}} \tag{8-36}$$

当 $\omega = 0$ 时，$I = 0$；当 ω 很小时，I 几乎与 ω 成正比；当 $\omega = \omega_0$ 时，$I_0 = \frac{U}{R}$；当 ω 很大时，I 几乎与 ω 成反比；当 $\omega \to \infty$ 时，$I = 0$。由此可画出电流的幅频特性曲线，如图 8-26 所示。

由式(8-36) 得

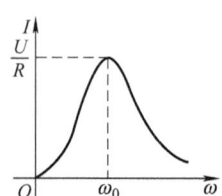

图 8-26 串联谐振时的电流幅频特性

拓一拓：谐振时，若 U_L 和 U_C 过高，可能会击穿线圈和电容器的绝缘，因此，电力工程中应避免发生串联谐振，但通信工程中正是利用这个特性把微弱的信号放大。

$$I = \frac{U}{\sqrt{R^2 + \left(\omega L - \frac{1}{\omega C}\right)^2}} = \frac{U}{R\sqrt{1 + \frac{1}{R^2}\left(\frac{\omega \omega_0 L}{\omega_0} - \frac{\omega_0}{\omega \omega_0 C}\right)^2}} = \frac{\frac{U}{R}}{\sqrt{1 + \left(\frac{\omega_0 L}{R}\right)^2 \left(\frac{\omega}{\omega_0} - \frac{\omega_0}{\omega}\right)^2}}$$

把 $I_0 = \frac{U}{R}$、$Q = \frac{\omega_0 L}{R}$ 代入上式中，再令 $\eta = \frac{\omega}{\omega_0}$，可得

$$\frac{I}{I_0} = \frac{1}{\sqrt{1 + Q^2\left(\eta - \frac{1}{\eta}\right)^2}} \qquad (8\text{-}37)$$

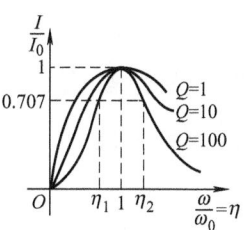

图 8-27 串联谐振电路的通用曲线

图 8-27 画出了不同 Q 值的幅频特性曲线。由图可见 Q 值越大，曲线越尖锐，谐振频率附近电流很大，而远离谐振频率的电流较小，所以串联谐振电路具有选择谐振频率附近的电流的性能，这种性能称为选择性。Q 值越高，电路对非谐振频率电流的抑制能力越强，选择性也就越好；反之，Q 值越小，曲线越平坦，选择性越差。

通常将通用曲线上 $\frac{I}{I_0} \geq \frac{1}{\sqrt{2}} = 0.707$ 所对应的频率范围，视为谐振电路允许通过信号的频率范围。由式(8-37) 得

$$\frac{I}{I_0} = \frac{1}{\sqrt{1 + Q^2\left(\eta - \frac{1}{\eta}\right)^2}} = \frac{1}{\sqrt{2}}$$

可得
$$\eta - \frac{1}{\eta} = \pm \frac{1}{Q}$$

$$\eta_1 = \frac{-1 + \sqrt{1 + 4Q^2}}{2Q}, \quad \eta_2 = \frac{1 + \sqrt{1 + 4Q^2}}{2Q}$$

η_1 与 η_2 之间的宽度为
$$\Delta \eta = \eta_2 - \eta_1 = \frac{1}{Q}$$

由于
$$\Delta \eta = \frac{\omega_2 - \omega_1}{\omega_0} = \frac{f_2 - f_1}{f_0} = \frac{\Delta f}{f_0} = \frac{1}{Q}$$

所以通频带
$$\Delta f = \frac{1}{Q} f_0$$

可见，当电路的谐振频率一定时，通频带和品质因数 Q 成反比，Q 值越高，通频带越窄，反之，Q 值越低，通频带越宽。

8.6.2 并联谐振

1. 谐振频率

图 8-28 所示为 RCL 并联电路，其导纳为

$$Y = \frac{1}{R} + j\omega C - j\frac{1}{\omega L} = \frac{1}{R} + j\left(\omega C - \frac{1}{\omega L}\right) = G + jB$$

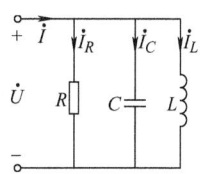

图 8-28 RLC 并联谐振电路

要使 $\dot{U}$ 和 $\dot{I}$ 同相，则

$$\text{Im}[Y] = 0$$

念一念：Q 值相等的串联谐振电路的幅频特性曲线相同，故称其为通用曲线。

即
$$\omega C - \frac{1}{\omega L} = 0 \tag{8-38}$$

式(8-38)为电路发生并联谐振的条件。由式(8-38)可得谐振角频率 ω_0 和谐振频率 f_0 分别为

$$\omega_0 = \frac{1}{\sqrt{LC}} \qquad f_0 = \frac{1}{2\pi\sqrt{LC}}$$

2. 谐振特点

1) 导纳的模 $|Y| = \sqrt{G^2 + B^2} = G$，模最小，故电流 I 一定时，电压 U 最大，即

$$U = U_0 = \frac{I}{G}$$

2) 由于 $Y = G$，电路呈电阻性。电路无功功率为 0，电源输出的能量全部被电阻消耗。

3) 谐振时各电流相量

$$\dot{I}_{R0} = G\dot{U}_0 = G\frac{\dot{I}}{G} = \dot{I}$$

$$\dot{I}_{L0} = -j\frac{1}{\omega_0 L}\dot{U}_0 = -j\frac{1}{\omega_0 L}\frac{\dot{I}}{G} = -jQ\dot{I} \tag{8-39}$$

$$\dot{I}_{C0} = j\omega_0 C\dot{U}_0 = j\omega_0 C\frac{\dot{I}}{G} = jQ\dot{I} \tag{8-40}$$

式(8-39)和式(8-40)中，Q 称为并联谐振电路的品质因数，其定义为谐振时容纳与电导之比，即

$$Q = \frac{\omega_0 C}{G} = \frac{1}{\omega_0 LG}$$

由式(8-39)和式(8-40)可见，$\dot{I}_{L0}$ 和 $\dot{I}_{C0}$ 大小相等，相位相反，可互相抵消。这意味着谐振时可把 L 和 C 部分用"开路"替代而电压不变。但是 $\dot{I}_{L0}$ 和 $\dot{I}_{C0}$ 的作用不能忽视，当 $Q > 1$ 时，I_L 和 I_C 都大于电流源电流 I，故并联谐振又称为电流谐振。

3. 实际的并联谐振电路

实际使用的并联谐振电路为线圈与电容器并联组成，线圈常用电阻和电感元件的串联来表示，如图 8-29 所示。电路的等效导纳为

$$Y = \frac{1}{R + j\omega L} + j\omega C = \frac{R}{R^2 + (\omega L)^2} - j\frac{\omega L}{R^2 + (\omega L)^2} + j\omega C \tag{8-41}$$

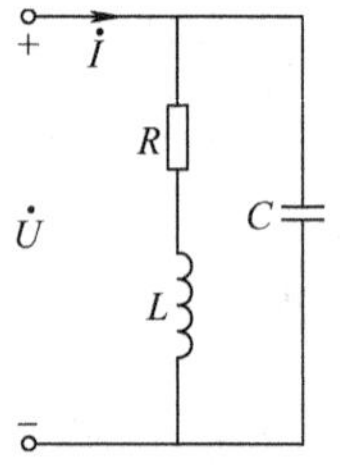

电路发生并联谐振时，$\dot{I}$ 与 $\dot{U}$ 同相，电路呈电阻性，式(8-41)中虚部为 0，有

$$\omega C - \frac{\omega L}{R^2 + (\omega L)^2} = 0 \tag{8-42}$$

图 8-29 实际并联谐振电路

由式(8-42)，得谐振角频率和谐振频率

比一比：观察通用曲线，Q 值越高，电路的通频带越窄，因此，选择性和通频带是两个相互矛盾的指标，在工程应用中需兼顾。

说一说：交流电路中分电流会大于总电流吗？

$$\omega_0 = \sqrt{\frac{1}{LC} - \frac{R^2}{L^2}}$$

$$f_0 = \frac{1}{2\pi}\sqrt{\frac{1}{LC} - \frac{R^2}{L^2}}$$

实际并联谐振电路中,线圈电阻 R 很小时,$\frac{R}{L}$ 可忽略,有

$$\omega_0 \approx \frac{1}{\sqrt{LC}}$$

并联谐振在通信工程中有广泛应用,例如可以利用并联谐振时阻抗模值高的特点来选择信号或消除干扰。

8.7 正弦电流电路的拓展——非正弦周期电流电路分析

8.7.1 非正弦周期电流电路

1. 非正弦周期信号

前几节讨论了正弦信号,但工程实际中经常遇到按非正弦规律周期变化的信号。非正弦信号可分为周期的和非周期的两种,当电路中激励和响应随时间按周期规律变化时,电路为非正弦周期电流电路。图 8-30 所示的是一些常见的非正弦电压、电流的波形,都称为非正弦周期信号。

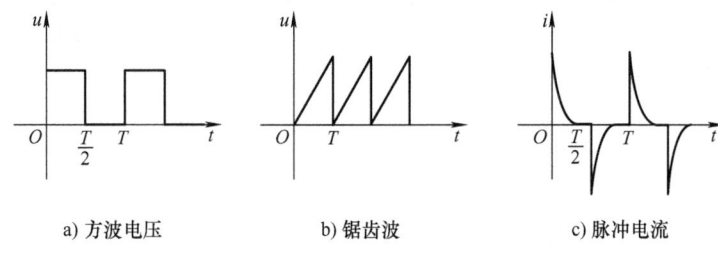

a) 方波电压　　　　b) 锯齿波　　　　c) 脉冲电流

图 8-30　非正弦周期信号

工程中产生非正弦周期信号的原因概括起来有:
1) 发电机由于内部结构的原因产生的电压不是标准的正弦电压。
2) 电路中存在非线性元件,例如由晶体二极管构成的半波或全波整流电路。
3) 在几个不同频率的正弦电源的作用下,电路中的响应是非正弦周期信号。

2. 非正弦周期信号分解为傅里叶级数

设一非正弦周期信号为 $f(t)$,表示为

$$f(t) = f(t + nT)$$

式中,T 为 $f(t)$ 的周期,$n = 0, \pm 1, \pm 2 \cdots$。

从高等数学的理论可知,若 $f(t)$ 满足狄里赫利条件:
1) 在一个周期内连续或只有有限个第一类间断点。
2) 在一个周期内只有有限个极大值和极小值。
3) 在一个周期内,函数绝对值的积分为有限值,即

$$\int_0^T |f(t)| \, dt < \infty$$

想一想:为什么在几个不同频率的正弦电源的作用下,电路中的响应是非正弦周期信号?

则可以展开为

$$f(t) = a_0 + \sum_{k=1}^{\infty}(a_k \cos k\omega t + b_k \sin k\omega t) \tag{8-43}$$

式(8-43)中，$\omega = 2\pi/T$，为非正弦周期信号的基波角频率；$k\omega$ 为 k 次谐波角频率是基波角频率的 k 倍，$k = 1, 2, 3, \cdots$；a_0、a_k、b_k 为傅里叶级数，可按下列公式计算

$$a_0 = \frac{1}{T}\int_0^T f(t)\mathrm{d}t$$

$$a_k = \frac{2}{T}\int_0^T f(t)\cos k\omega t\mathrm{d}t$$

$$b_k = \frac{2}{T}\int_0^T f(t)\sin k\omega t\mathrm{d}t$$

将式(8-43)中频率相同的正弦量和余弦量合并，可得

$$f(t) = A_0 + \sum_{k=1}^{\infty} A_{km}\cos(k\omega t + \varphi_k) \tag{8-44}$$

式(8-44)中，常数项 A_0 为直流分量或恒定分量，是 $f(t)$ 在一个周期内的平均值

$$A_0 = a_0 = \frac{1}{T}\int_0^T f(t)\mathrm{d}t$$

$A_{km}\cos(k\omega t + \varphi_k)$ 为非正弦周期信号的 k 次谐波分量，$A_{1m}\cos(\omega t + \varphi_1)$ 为 $f(t)$ 的基波或 1 次谐波，$A_{2m}\cos(\omega t + \varphi_2)$ 为 $f(t)$ 的 2 次谐波。通常把 k 为奇数的谐波称为奇次谐波；k 为偶数的谐波称为偶次谐波。k 次谐波分量幅值

$$A_{km} = \sqrt{a_k^2 + b_k^2}$$

k 次谐波分量初相位

$$\varphi_k = \arctan\frac{-b_k}{a_k}$$

式(8-43)表明任何一个满足狄里赫利条件的非正弦周期信号，都可以分解为一个直流分量与无穷多个频率为非正弦周期信号频率的整数倍的正弦分量之和。

3. 非正弦周期电流电路的有效值和平均功率

（1）非正弦周期电流电路的有效值

本书 7.2 节中介绍过，周期电压和周期电流的有效值就是其方均根值，因此，非正弦周期电流 $i(t)$ 的有效值为

$$I = \sqrt{\frac{1}{T}\int_0^T i^2(t)\mathrm{d}t} \tag{8-45}$$

若 $i(t)$ 的傅里叶级数的形式为

$$i(t) = I_0 + \sum_{k=1}^{\infty} I_{km}\cos(k\omega t + \varphi_k) \tag{8-46}$$

将式(8-46)代入式(8-45)中，可得

$$I = \sqrt{\frac{1}{T}\int_0^T\left[I_0 + \sum_{k=1}^{\infty} I_{km}\cos(k\omega t + \varphi_k)\right]^2\mathrm{d}t}$$

聊一聊：傅里叶是法国著名的数学家和物理学家，于 1807 年提出了该理论。

上式中 $i(t)$ 的展开式平方后包含以下各项

$$\frac{1}{T}\int_0^T I_0^2(t)\mathrm{d}t = I_0^2$$

$$\frac{1}{T}\int_0^T I_{km}^2 \cos^2(k\omega t + \psi_k)\mathrm{d}t = \frac{I_{km}^2}{2} = I_k^2$$

$$\frac{1}{T}\int_0^T 2I_0 I_{km} \cos^2(k\omega t + \psi_k)\mathrm{d}t = 0$$

$$\frac{1}{T}\int_0^T 2I_{km}I_{qm}\cos(k\omega t + \psi_k)\cos(q\omega t + \psi_q)\mathrm{d}t = 0 \quad (q \neq k)$$

其中，$I_k = \dfrac{I_{km}}{\sqrt{2}}$ 为 k 次谐波的有效值。由此计算出非正弦周期电流 i 的有效值为

$$I = \sqrt{I_0^2 + I_1^2 + I_2^2 + \cdots} = \sqrt{I_0^2 + \sum_{k=1}^{\infty} I_k^2}$$

非正弦周期电压 u 的有效值为

$$U = \sqrt{U_0^2 + U_1^2 + U_2^2 + \cdots} = \sqrt{U_0^2 + \sum_{k=1}^{\infty} U_k^2}$$

以上两式表明，非正弦周期电流或电压的有效值，等于其直流分量和各次谐波分量有效值的二次方和的二次方根。

（2）非正弦周期电流电路的平均功率

如图 8-31 所示，任一线性一端口网络 N，端口电压 $u(t)$ 和电流 $i(t)$ 均为非正弦周期量，傅里叶级数为

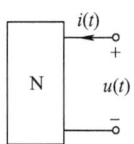

图 8-31 非正弦周期信号激励的一端口网路

$$u(t) = U_0 + \sum_{k=1}^{\infty} U_{km}\cos(k\omega t + \varphi_{uk})$$

$$i(t) = I_0 + \sum_{k=1}^{\infty} I_{km}\cos(k\omega t + \varphi_{ik})$$

在关联参考方向下，一端口网络吸收的功率为

$$p(t) = u(t)i(t) = \left[U_0 + \sum_{k=1}^{\infty} U_{km}\cos(k\omega t + \varphi_{uk})\right]\left[I_0 + \sum_{k=1}^{\infty} I_{km}\cos(k\omega t + \varphi_{ik})\right] \quad (8\text{-}47)$$

由平均功率的定义得

$$P = \frac{1}{T}\int_0^T p\mathrm{d}t \quad (8\text{-}48)$$

将式(8-47) 代入式(8-48)，将乘积展开，由于直流分量和各次谐波分量相乘在一个周期内的积分，及不同次谐波的电压和电流相乘在一个周期内的积分均为零，可得

$$P = \frac{1}{T}\int_0^T U_0 I_0 \mathrm{d}t + \frac{1}{T}\int_0^T \sum_{k=1}^{\infty} U_{km}I_{km}\cos(k\omega t + \psi_{uk})\cos(k\omega t + \psi_{ik})\mathrm{d}t$$

$$= U_0 I_0 + \sum_{k=1}^{\infty} \frac{1}{2} U_{km}I_{km}\cos(\psi_{uk} - \psi_{ik})$$

判一判：非正弦周期信号的最大值和有效值之间存在 $\sqrt{2}$ 的关系吗？

$$= U_0 I_0 + \sum_{k=1}^{\infty} U_k I_k \cos\varphi_k = P_0 + \sum_{k=1}^{\infty} P_k \tag{8-49}$$

上式(8-49)中，P_0 为直流分量产生的功率，P_k 为 k 次谐波电压和电流产生的功率，$\varphi_k = \varphi_{uk} - \varphi_{ik}$ 为 k 次谐波电压和电流的相位差。

可见，非正弦周期电流电路的平均功率等于直流分量和各次谐波分量各自产生的平均功率之和。直流分量与交流分量之间不产生平均功率，不同频率的电压与电流之间也不产生平均功率。

8.7.2 非正弦周期电流电路的计算

计算步骤为：

1) 把给定的非正弦周期电源电压或电流分解为傅里叶级数，高次谐波取多少次取决于精度的要求。

2) 分别求出电源电压或电流的直流分量及各高次谐波分量单独作用时产生的响应。直流分量单独作用时，L 相当于短路，C 相当于开路。各次谐波分量单独作用时，采用相量法进行计算，注意感抗、容抗和频率的关系，最后把各谐波响应分量转换成瞬时值形式。

3) 应用叠加定理，将计算出的各响应分量以瞬时值形式相加。

例 8-7　电路如图 8-32a 所示，已知 $X_{L(1)} = \omega L = 5\Omega$，$X_{C(1)} = -\dfrac{1}{\omega C} = -3\Omega$，$R_1 = 5\Omega$，$R_2 = 4\Omega$，$u(t) = [10 + 100\cos\omega t + 50\sqrt{2}\cos(3\omega t + 30°)]\text{V}$，求各支路电流和功率。

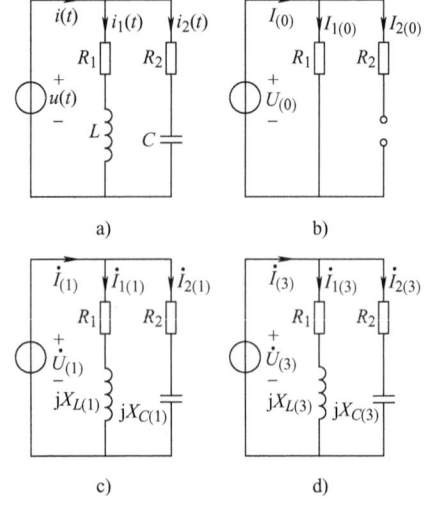

图 8-32　例 8-7 的电路图

解　(1) 当电压 $u(t)$ 的直流分量 $U_{(0)} = 10\text{V}$ 单独作用时，电路如图 8-32b 所示，电感用"短路"替代，电容用"开路"替代，可求出

$$I_{1(0)} = \frac{U_{(0)}}{R_1} = \frac{10\text{V}}{5\Omega} = 2\text{A}$$

$$I_{2(0)} = 0$$

$$I_{(0)} = I_{1(0)} + I_{2(0)} = 2\text{A}$$

(2) 当电压 $u(t)$ 的基波分量 $u_{(1)} = 100\cos\omega t \text{V}$ 单独作用时，画出相量电路图，如图 8-32c 所示，可求出

$$\dot{U}_{(1)} = 50\sqrt{2}\angle 0°\text{V}$$

$$\dot{I}_{1(1)} = \frac{\dot{U}_{(1)}}{R_1 + jX_{L(1)}} = \frac{50\sqrt{2}\angle 0°}{5 + j5}\text{A} = \frac{50\sqrt{2}\angle 0°}{5\sqrt{2}\angle 45°}\text{A} = 10\angle -45°\text{A}$$

$$\dot{I}_{2(1)} = \frac{\dot{U}_{(1)}}{R_2 + jX_{C(1)}} = \frac{50\sqrt{2}\angle 0°}{4 - j3}\text{A} = \frac{50\sqrt{2}\angle 0°}{5\sqrt{2}\angle -37°}\text{A} = 10\angle 37°\text{A}$$

$$\dot{I}_{(1)} = \dot{I}_{1(1)} + \dot{I}_{2(1)} = (10\angle -45° + 10\angle 37°)\text{A} = 15.11\angle 4.06°\text{A}$$

算一算：若电阻 R 中流过的非正弦周期电流的有效值为 I，该电阻吸收的平均功率是多少？

思一思：叠加时为什么各响应分量以瞬时值形式相加，而不能以相量形式相加？

(3) 当电压 $u(t)$ 的三次谐波分量 $u_{(3)} = 50\sqrt{2}\cos(3\omega t + 30°)$ V 单独作用时，画出相量电路图，如图 8-32d 所示，注意这时的角频率是 3ω，求出

$$\dot{U}_{(3)} = 50\angle 30°\text{V}$$
$$X_{L(3)} = 3X_{L(1)} = 15\Omega$$
$$X_{C(3)} = \frac{1}{3}X_{C(1)} = -1\Omega$$

$$\dot{I}_{1(3)} = \frac{\dot{U}_{(3)}}{R_1 + jX_{L(3)}} = \frac{50\angle 30°}{5 + j15}\text{A} = \frac{50\angle 30°}{15.81\angle 71.57°}\text{A} = 3.16\angle -41.57°\text{A}$$

$$\dot{I}_{2(3)} = \frac{\dot{U}_{(3)}}{R_2 + jX_{C(3)}} = \frac{50\angle 30°}{4 - j1}\text{A} = \frac{50\angle 30°}{4.12\angle -14.04°}\text{A} = 12.14\angle 44.04°\text{A}$$

$$\dot{I}_{(3)} = \dot{I}_{1(3)} + \dot{I}_{2(3)} = (3.16\angle -41.57° + 12.14\angle 44.04°)\text{A}$$
$$= (11.11 + j6.41)\text{A} = 12.83\angle 29.99°\text{A}$$

将上述各响应分量转换成瞬时值形式，同一支路电流分量进行相加，可得

$$i_1(t) = [2 + 10\sqrt{2}\cos(\omega t - 45°) + 3.16\sqrt{2}\cos(3\omega t - 41.57°)]\text{A}$$
$$i_2(t) = [10\sqrt{2}\cos(\omega t + 37°) + 12.14\sqrt{2}\cos(3\omega t + 44.04°)]\text{A}$$
$$i(t) = [2 + 15.11\sqrt{2}\cos(\omega t + 4.06°) + 12.83\sqrt{2}\cos(3\omega t + 29.99°)]\text{A}$$

本 章 小 结

1. 在电压、电流关联参考方向下，阻抗 $Z = \dfrac{\dot{U}}{\dot{I}} = R + jX = |Z|\angle\varphi$，$R$ 为电阻，X 为电抗，$|Z|$ 为模，φ 为阻抗角；导纳 $Y = \dfrac{\dot{I}}{\dot{U}} = G + jB = |Y|\angle\varphi_Y$，$G$ 为电导，B 为电纳，$|Y|$ 为模，φ_Y 为导纳角。Z 与 Y 互为倒数。

2. 二端网络的有功功率为 $P = UI\cos\varphi$，无功功率为 $Q = UI\sin\varphi$，视在功率为 $S = UI$，复功率为 $\bar{S} = \dot{U}\dot{I}^* = P + jQ$。

3. 分析计算线性电阻电路的等效变换法、回路法、节点法和网络定理等，用相量形式表示后可推广应用到正弦稳态电路所对应的相量电路中；也可画出电路中电压、电流的相量图，根据相量图中几何关系来求解未知量。

4. 正弦电流电路中，负载获得最大平均功率的条件是，负载阻抗 Z_L 与电源中等效阻抗 Z_{eq} 共轭匹配；此时，所获最大平均功率为 $P_{L\max} = \dfrac{U_{oc}^2}{4R_{eq}}$。

5. 含 RLC 的无源二端网络端口上电压与电流取关联方向时，发生同相的现象称为谐振。RLC 串联谐振时，电路阻抗的模最小，电流最大，谐振频率为 $f_0 = \dfrac{1}{2\pi\sqrt{LC}}$，品质因数 $Q = \dfrac{\omega_0 L}{R} = \dfrac{1}{\omega_0 CR}$，电感或电容上电压有效值为电源电压有效值的 Q 倍。

6. 对非正弦周期电流电路，采用直流电路和正弦稳态电路的分析计算方法，分别求非正弦周期信号的恒定分量和各次谐波分量单独作用时电路中的电压或电流分量，再以各分量的瞬时值形式叠加。

● **实验链接**

1. 交流元件参数的测量：三表法（电压表、电流表和功率表）间接测定元件参数。
2. 日光灯线路及其功率因数的提高：感性负载并联电容后，测定电容改变时电路中的电流和功率。
3. 正弦电流电路中阻抗频率特性的研究：测定 R、L、C 元件的阻抗与频率之间的关系。
4. 正弦稳态电路谐振的研究：RLC 串联谐振和并联谐振曲线的测量。
5. 非正弦周期信号的研究：用示波器观察非正弦周期信号的波形。
6. **拓展性实验**　RC、RL 串联电路的相量轨迹的测量。
7. **拓展性实验**　RC 选频网络及应用。

※**小知识**

收音机的天线输入回路含由可变电容器和线圈组成的串联谐振电路，当调节电容器容量时，就可得到不同的谐振频率，收听到不同电台的播音。

习　题

判一判

1. 正弦电流电路中的阻抗随电源频率的升高而增大，随频率的下降而减小。
2. 日光灯线路实验，已知电源电压为 220V，现测得灯管两端电压为 100V，则可知镇流器两端电压为 120V。
3. 在 RLC 串联的正弦电流电路中，各元件上电压都不会大于总电压。
4. 在 RLC 串联的正弦电流电路中，阻抗三角形、电压三角形和功率三角形是相似三角形。
5. 在正弦电流电路中，只要电路处于谐振状态，电路的总无功功率为零，与电路是串联还是并联结构无关。
6. 在感性负载两端并联电容器，可以提高感性负载的功率因素，而不影响感性负载的正常工作。
7. 在非正弦周期电流电路的计算中，最后的结果应该是各次谐波的相量叠加。

选一选

1. 已知某支路上，电压与电流取关联参考方向时，若 $u = 100\sin(\omega t + 90°)$ V，$i = 5\cos(\omega t - 30°)$ A，则该支路可等效为（　　）。
   A. 电阻、电容　　B. 电阻、电感　　C. 电容　　D. 电感
2. 在 LC 串联的正弦电流电路中，各电压与电流取关联参考方向，下列表达式正确的是（　　）。
   A. $\dot{U} = \dot{U}_L - \dot{U}_C$　　B. $U = U_L - U_C$　　C. $U = \sqrt{U_L^2 + U_C^2}$　　D. $U = |U_C - U_L|$
3. 在 RLC 串联的正弦电流电路中，各电压与电流取关联参考方向，下列表达式错误的是（　　）。
   A. $\dot{I} = \dfrac{\dot{U}}{R + j\omega L - j\dfrac{1}{\omega C}}$　　B. $I = \dfrac{U}{Z}$
   C. $u = u_R + u_L + u_C$　　D. $Z = R + j\omega L + \dfrac{1}{j\omega C}$
4. 在 RLC 串联的正弦电流电路中，调节电容 C 时，电路性质变化的趋势为（　　）。
   A. 调大电容，电路的负载容性增强　　B. 调大电容，电路的负载感性增强
   C. 调小电容，电路的负载感性增强　　D. 调小电容，电路的负载性质不变
5. 在 RLC 串联的正弦电流电路中，下列表达式正确的是（　　）。
   A. $P = \dfrac{U_R^2}{R}$　　B. $S = I^2(R + jX)$
   C. $Q = I^2\left(\omega L + \dfrac{1}{\omega C}\right)$　　D. $\bar{S} = UI$

6. 下列各电压中( )属于非正弦波形。
A. $u=(10\cos\omega t+4\cos\omega t)$V
B. $u=(10\sin\omega t+4\cos\omega t)$V
C. $u=(10\cos\omega t+4\cos3\omega t)$V
D. $u=(10\cos\omega t-4\cos\omega t)$V

填一填

1. 在 RL 串联的正弦电流电路中，阻抗三角形由_____、_____和_____组成。
2. 在 RC 串联的正弦电流电路中，电压三角形由_____、_____和_____电压组成。
3. 在 RLC 串联的正弦电流电路中，ωL 大于 $\frac{1}{\omega C}$ 时，电路呈_____性；$\omega L=\frac{1}{\omega C}$ 时，电路呈_____性；ωL 小于 $\frac{1}{\omega C}$ 时，电路呈_____性。
4. 在正弦电流电路中，有功功率指_____；无功功率是指电路中_____；视在功率是指_____；功率因数表示_____。
5. 提高功率因数的目的是_____和_____。
6. 非正弦周期电压有效值与其直流分量和各次谐波分量的关系为_____。

算一算

1. 电路如图 8-33 所示，已知 $u=50\cos(100t+30°)$V，$i=5\cos(100t+60°)$A，则阻抗 Z 的等效元件为( )。
A. 电阻和电感   B. 电感   C. 电容   D. 电阻和电容

2. 正弦电流电路如图 8-34 所示，已知 $X_L=20\Omega$，开关 S 闭合前后电流表读数都为 4A，则容抗 X_C 为( )。
A. -20Ω B. -10Ω C. -8Ω D. -40Ω

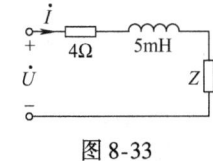

图 8-33

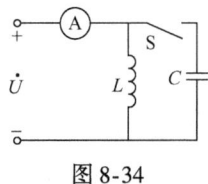

图 8-34

3. 某负载的等效阻抗为 $(8+j6)\Omega$，等效导纳为( )。
A. $Y=(0.8-j0.6)$S
B. $Y=\left(\frac{1}{8}-j\frac{1}{6}\right)$S
C. $Y=(0.8+j0.6)$S
D. $Y=\left(\frac{1}{8}+j\frac{1}{6}\right)$S

4. 电路如图 8-35 所示，已知 $u=10\sqrt{2}\cos(\omega t-30°)$V，$i=\sqrt{2}\cos(\omega t+30°)$A，则电路的有功功率和无功功率分别为( )。
A. 8.66W，5var
B. 8.66W，5var
C. 5W，-8.66var
D. 5W，8.66var

5. 电路如图 8-36 所示，开关 S 打开时，电路处于谐振状态，谐振频率为 f_0，那么当 S 闭合时，电路的谐振频率为( )。
A. $\frac{1}{2}f_0$ B. $2f_0$ C. $\frac{3}{4}f_0$ D. $4f_0$

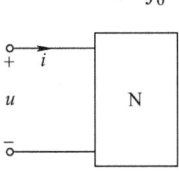

图 8-35

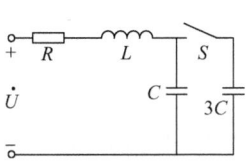

图 8-36

6. 感抗 $\omega L = 3\Omega$ 与容抗 $-\dfrac{1}{\omega C} = -27\Omega$ 串联后接到 $i = (3\sin\omega t - 2\cos 3\omega t)$ A 的电流源上，选取关联参考方向时，感抗与容抗串联部分的端电压 $u = (\quad)$ V。

A. $72\sin\omega t - 48\cos 3\omega t$ B. $-72\sin\omega t$

C. $-72\cos\omega t$ D. $-72\sin\omega t - 48\sin 3\omega t$

练一练

1. 两个单一参数元件串联的电路中，已知总电压 $u = 220\sqrt{2}\cos(314t + 45°)$ V，电流 $i = 5\sqrt{2}\cos(314t - 15°)$ A，电压与电流都取关联参考方向，试求两元件的参数值，并写出两个元件上电压的瞬时值表达式。

2. 一个 RC 串联电路接到 $u = 311.1\cos 100\pi t$ V 的电源上，若 $R = 10\text{k}\Omega$，在电压、电流参考方向关联的条件下，u_R 超前 $u\ 45°$，试求电容 C 的值，并写出电路中电流和电容元件上电压的瞬时值表达式。

3. 正弦电流电路如图 8-37 所示，已知 $\dot{U}_L = 10\angle 45°$ V，$R = 4\Omega$，$\omega L = 2\Omega$，$1/\omega C = 6\Omega$。求各元件的电压和电流，并画出电路的相量图。

4. 正弦电流电路如图 8-38 所示，已知 $R_1 = R_2 = 1\Omega$，$L = 1\text{H}$，$C = 1\text{F}$，$u_C(t) = 2\cos(t + 30°)$ V，求电流源电流 $i_S(t)$ 和各元件吸收的复功率。

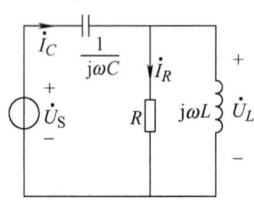

图 8-37

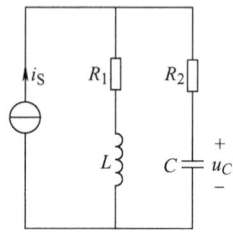

图 8-38

5. 如图 8-39 所示电路为测量线圈参数常用的实验电路，已知电源频率为 50Hz，电压表读数为 100V，电流表读数为 5A，功率表读数为 400W，试求线圈的电阻和电感。

6. 三个负载 Z_1、Z_2 和 Z_3 并联接在 $U = 100$V 的交流电源上，已知 Z_1 的电流为 1A，功率因数为 0.8（滞后）；Z_2 的电流为 5A，功率因数为 0.7（超前），Z_3 的电流为 2A，功率因数为 1。试求整个电路的有功功率、无功功率、视在功率及电路的总电流。

7. 电路如图 8-40 所示，已知交流电源电压 $U = 220$V，$\omega = 314$rad/s。两个并联负载电流和功率因数分别为 $I_1 = 20$A，$\cos\varphi_1 = 0.5$（$\varphi_1 > 0$）；$I_2 = 10$A，$\cos\varphi_2 = 0.8$（$\varphi_2 < 0$）。

（1）试求图 8-40 中电流表和功率表的读数以及电路的功率因数。

（2）如果电源的额定电流为 30A，那么还能并联多大电阻？试求并联上该电阻后，功率表的读数和电路的功率因数；并分析这是不是提高功率因数的有效方法。

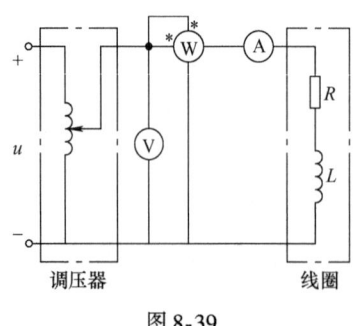

图 8-39

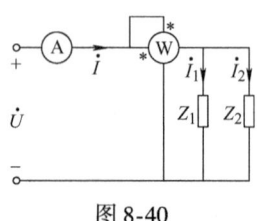

图 8-40

（3）如果要使原电路的功率因数提高到 0.9，需要并联多大的电容？

8. 求图 8-41 所示两个一端口网络的戴维南（或诺顿）等效电路。

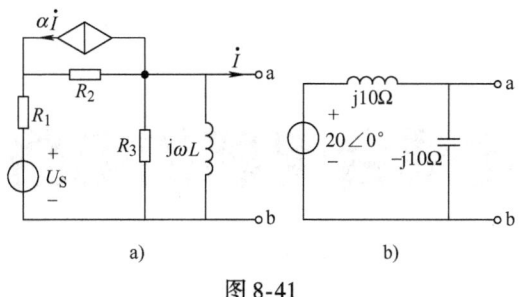

图 8-41

9. 电路如图 8-42 所示，若负载阻抗 Z 可调，问 Z 为何值时能获得最大的功率？最大功率为多少？

10. 如图 8-43 所示，$U=1\text{V}$，谐振频率为 $f_0=1\times 10^5\text{Hz}$，谐振时电流 $I_0=1\text{mA}$，电容两端电压为 100V。试求电路参数 R、L、C 和品质因数 Q。

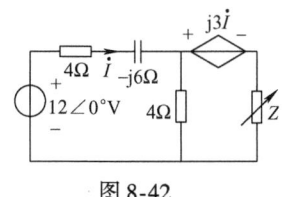

图 8-42

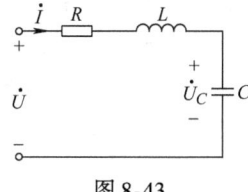

图 8-43

11. 已知 $R=20\Omega$ 的电阻与 $L=0.5\text{H}$ 的电感和电容 C 串联后，接到电压有效值 $U=100\text{V}$，角频率 $\omega=100\text{rad/s}$ 的正弦电压源时，电路中的电流 $I=5\text{A}$。如果将 R、L、C 改成并联仍然接到同一个电压源上，求并联的各支路电流。

12. 电路如图 8-44 所示，试求出各电路的谐振角频率。

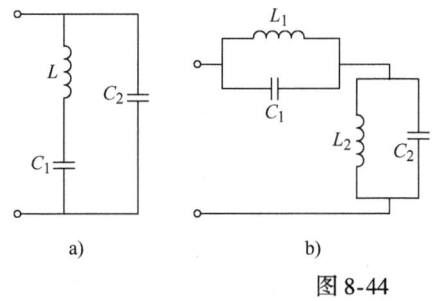

图 8-44

13. 电路如图 8-45 所示，已知 $u(t)=[60+60\sqrt{2}\cos\omega t+60\sqrt{2}\cos 2\omega t]\text{V}$，$R=60\Omega$，$\omega L_1=100\Omega$，$\omega L_2=100\Omega$，$1/\omega C_1=400\Omega$，$1/\omega C_2=100\Omega$，求电流 $i_1(t)$、$i_2(t)$ 与电压 $u_C(t)$ 的有效值。

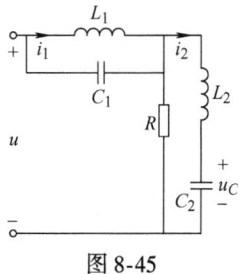

图 8-45

第 9 章　含耦合电感的电路

导读

含耦合电感的电路也是一种正弦交流电路，本章主要讨论耦合电感，含耦合电感电路的特点与分析方法，含空心变压器电路的分析方法，最后介绍理想变压器。

基本要求

- 了解耦合电感的特点和同名端的判断。
- 熟练掌握等效变换消去互感的方法。
- 了解含空心变压器电路的分析方法。
- 掌握理想变压器变压、变流和变阻抗的作用。

你知道吗

发电厂是如何将电能送到用户的？先将电能经变压器转换成高压，由电力网输送后，再由变压器转换成低压供用户使用。日常生活中要用到变压器吗？手机充电器、电脑、彩电中都有稳压电源，先将220V交流电经变压器转换成低电压交流电，再经整流滤波稳压成所需的直流工作电压。

9.1　耦合电感及其伏安关系

9.1.1　耦合电感

1. 磁耦合

若两个线圈的磁场存在相互作用，则称这两个线圈磁耦合。如图9-1所示为具有磁耦合的两个线圈，线圈1和2的匝数分别为N_1和N_2，电感为L_1和L_2。在图9-1a中，当施感电流i_1流入线圈1时，在线圈1中产生自感磁通Φ_{11}，自感磁链$\Psi_{11} = N_1\Phi_{11}$。Φ_{11}的一部分或全部交链线圈2时，在线圈2中产生互感磁通Φ_{21}，互感磁链$\Psi_{21} = N_2\Phi_{21}$。在图9-1b中，当施感电流i_2流入线圈2时，在线圈2中产生自感磁通Φ_{22}，自感磁链$\Psi_{22} = N_2\Phi_{22}$。Φ_{22}的一部分或全部交链线圈1时，在线圈1中产生互感磁通Φ_{12}，互感磁链$\Psi_{12} = N_1\Phi_{12}$。

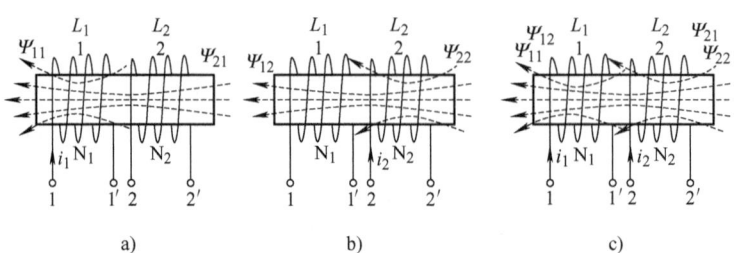

图 9-1　具有磁耦合的两个线圈

问一问：有电一定有磁吗？反之呢？

2. 互感

如果线圈周围的媒质为非铁磁物质时，自感磁链

$$\Psi_{11} = L_1 i_1 \qquad \Psi_{22} = L_2 i_2 \tag{9-1}$$

互感磁链

$$\Psi_{21} = M_{21} i_1 \qquad \Psi_{12} = M_{12} i_2 \tag{9-2}$$

式(9-2)中，M_{21} 和 M_{12} 为互感系数，简称互感，单位为 H（亨）。可以证明，$M_{21} = M_{12}$，略去 M 的下标，常用 M 表示两个耦合线圈的互感。当 i_1 和 i_2 同时流入线圈 1 和 2，如图 9-1c 所示，则线圈 1 和 2 的磁链取自感磁链方向时，分别为

$$\Psi_1 = \Psi_{11} + \Psi_{12} = N_1 \Phi_{11} + N_1 \Phi_{12} = L_1 i_1 + M i_2$$
$$\Psi_2 = \Psi_{21} + \Psi_{22} = N_2 \Phi_{21} + N_2 \Phi_{22} = M i_1 + L_2 i_2$$

3. 磁链的方向

一个线圈上互感磁链和自感磁链的方向不一定是相同的。如图 9-2a 所示，i_2 流出线圈 2 的端子 2 时，互感磁链 Ψ_{12} 与自感磁链 Ψ_{11} 方向相反；如图 9-2b 所示，线圈 2 的绕向与线圈 1 的绕向相反时，互感磁链 Ψ_{12} 与自感磁链 Ψ_{11} 方向相反。此时

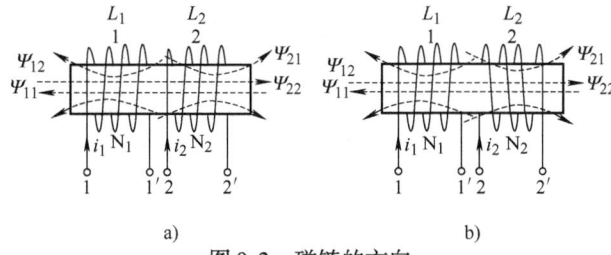

图 9-2 磁链的方向

$$\Psi_1 = \Psi_{11} - \Psi_{12} = N_1 \Phi_{11} - N_1 \Phi_{12} = L_1 i_1 - M i_2$$
$$\Psi_2 = -\Psi_{21} + \Psi_{22} = -N_2 \Phi_{21} + N_2 \Phi_{22} = -M i_1 + L_2 i_2 \tag{9-3}$$

9.1.2 耦合电感的伏安关系

1. 时域形式

设线圈上 u_1 与 i_1、u_2 与 i_2 取关联参考方向，i_1 与 Ψ_{11}、Ψ_{21} 和 i_2 与 Ψ_{22}、Ψ_{12} 符合右手螺旋定则。由电磁感应定律得

$$\left.\begin{aligned} u_1 &= \frac{d\Psi_1}{dt} = u_{11} \pm u_{12} = L_1 \frac{di_1}{dt} \pm M \frac{di_2}{dt} \\ u_2 &= \frac{d\Psi_2}{dt} = \pm u_{21} + u_{22} = \pm M \frac{di_1}{dt} + L_2 \frac{di_2}{dt} \end{aligned}\right\} \tag{9-4}$$

式(9-4)中，u_{11}、u_{22} 为自感电压，u_{12}、u_{21} 为互感电压。由式(9-3)和式(9-4)得，一个线圈上互感磁链与自感磁链方向相同时，互感电压前取正号；相反时取负号。

2. 频域形式

在正弦稳态电路中，式(9-4)可写为

$$\left.\begin{aligned} \dot{U}_1 &= j\omega L_1 \dot{I}_1 \pm j\omega M \dot{I}_2 \\ \dot{U}_2 &= \pm j\omega M \dot{I}_1 + j\omega L_2 \dot{I}_2 \end{aligned}\right\} \tag{9-5}$$

想一想：互感磁链与自感磁链方向的异同取决于哪些因数？

式(9-5) 中,ωM 为互感抗,记为 X_M。

9.1.3 耦合电感的同名端

1. 同名端

式(9-4) 中,互感电压前的正负号取决于一个线圈上互感磁链与自感磁链的方向,其不仅与电流的参考方向有关,还与两线圈的绕向有关。由于实际线圈是密封的,难以知其绕向;即使知其绕向,在电路图中画出线圈绕向也不方便。为此引入同名端的概念,把通入两电流时能使一个线圈上互感磁链与自感磁链同向的两个端子称为同名端,并用"·"或"*"等表示。如图9-1c 中,i_1流入线圈 1 的端子 1,产生 Ψ_{11} 和 Ψ_{21};i_2 流入线圈 2 的端子 2,产生 Ψ_{22} 和 Ψ_{12},Ψ_{12} 与 Ψ_{11}(或 Ψ_{21} 与 Ψ_{22})同方向,故通入两电流的端子 1 和 2 为同名端。

2. 同名端的判断

由于 Ψ_{11} 和 Ψ_{21} 同方向,Ψ_{22} 和 Ψ_{12} 同方向,故通入两电流时各自产生的磁通同向时,通入电流的两个端子就是同名端,反之为异名端。如图9-2b,i_1 流入线圈 1 的端子 1,i_2 流入线圈 2 的端子 2,各自所产生的磁通反向,故端子 1 和 2 为异名端,即 1 和 2′为同名端。图 9-1c 和图 9-2b 所示线圈分别可用图 9-3a 和图 9-3b 所示电路表示。

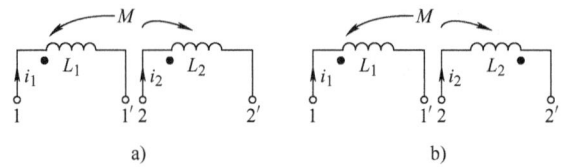

图 9-3 用同名端表示的电路

3. 用同名端确定互感电压的极性

标定同名端后就可方便地确定互感电压的极性。由同名端定义,两电流流入同名端,一个线圈上互感磁链与自感磁链同向,式(9-4) 中互感电压前取正号,因此,电流流进同名端,则在具有磁耦合的另一线圈的同名端上互感电压为正极性。如图 9-4 所示,i_1 流入同名端 1,则互感电压 u_{21} 在同名端 2 上为正极性

$$u_{21} = M \frac{di_1}{dt}$$

当 u_1 与 i_1、u_2 与 i_2 取关联参考方向,u_1 和 u_2 取同名端为正极性时,自感电压和互感电压在同名端上都是正极性,式(9-4) 中互感电压取正号。

例 9-1 试求图 9-5a 所示电路的电压 u_1 和 u_2。

解 由同名端确定互感电压极性的方法,图 9-5a 所示电路可画为图9-5b 所示电路。此时

$$u_1 = u_{11} + u_{12} = L_1 \frac{di_1}{dt} + M \frac{di_2}{dt}$$

$$u_2 = u_{21} + u_{22} = M \frac{di_1}{dt} + L_2 \frac{di_2}{dt}$$

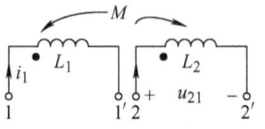

图 9-4 用同名端确定互感电压的极性

议一议:为什么同名端确定后就可以不考虑线圈的绕向了?

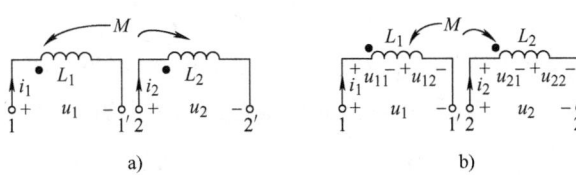

图9-5 例9-1的图

9.1.4 耦合系数

为定量描述两个耦合线圈耦合紧密程度，工程上引入耦合系数的概念，定义为

$$k = \sqrt{\frac{\Psi_{12}}{\Psi_{11}} \cdot \frac{\Psi_{21}}{\Psi_{22}}}$$

由式(9-1)和式(9-2)得

$$k = \sqrt{\frac{Mi_2}{L_1 i_1} \cdot \frac{Mi_1}{L_2 i_2}} = \frac{M}{\sqrt{L_1 L_2}}$$

$0 \leq k \leq 1$，k值越大耦合越紧密。$k=1$时，为全耦合；$k=0$时，无耦合。

耦合系数k的大小与两线圈的结构、相互位置和周围磁介质有关。在电子电路与电力系统中，为更有效地传输信号或功率，常将两线圈密绕在一起，如图9-6a所示，k值可能接近1。在实际电路中，有时需尽量减少互感作用，以避免线圈之间相互干扰，常采用线圈轴线互相垂直放置的方式，如图9-6b所示，k值很小，甚至可能接近零。

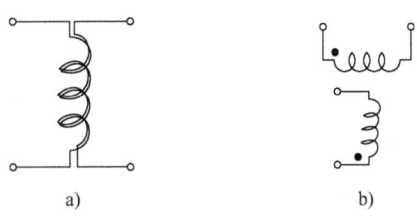

图9-6 耦合系数与线圈的结构、相互位置的关系

9.2 含耦合电感电路的计算

含耦合电感的正弦稳态电路的计算，仍可采用相量法，KCL方程形式不变，但KVL方程中应计入由互感作用所引起的互感电压。

9.2.1 耦合电感的串联

1. 顺接串联

电流从同名端流入的两个耦合线圈的串联为顺接串联。如图9-7a所示电路，由KVL得

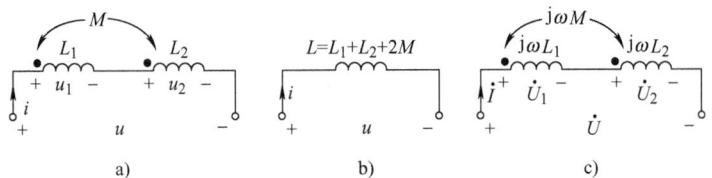

图9-7 两个耦合线圈的顺接串联

$$u_1 = L_1 \frac{di}{dt} + M \frac{di}{dt} \qquad u_2 = M \frac{di}{dt} + L_2 \frac{di}{dt}$$

思一思：有些电器的电路板上为什么有用小铁皮盒盖起来的元件和线路？

$$u = u_1 + u_2 = (L_1 + L_2 + 2M)\frac{di}{dt} = L\frac{di}{dt} \qquad (9\text{-}6)$$

式(9-6) 中，$L = L_1 + L_2 + 2M$，等效电感变大。由式(9-6) 可得，图 9-7a 所示电路的去耦等效电路如图 9-7b 所示。图 9-7a 所示电路的相量电路如图 9-7c 所示，由 KVL 可得

$$\dot{U}_1 = j\omega(L_1 + M)\dot{I} \qquad \dot{U}_2 = j\omega(L_2 + M)\dot{I}$$

$$\dot{U} = j\omega(L_1 + L_2 + 2M)\dot{I}$$

2. 反接串联

电流从异名端流入的两个耦合线圈的串联为反接串联。如图 9-8a 所示电路，由 KVL 得

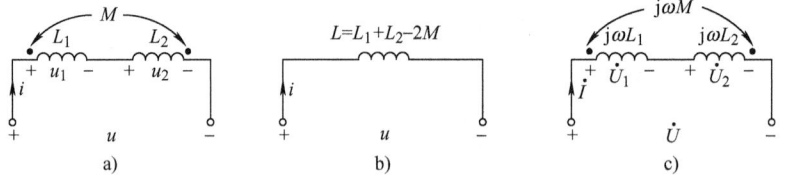

图 9-8 两个耦合线圈的反接串联

$$u_1 = L_1 \frac{di}{dt} - M\frac{di}{dt} \qquad u_2 = -M\frac{di}{dt} + L_2\frac{di}{dt}$$

$$u = u_1 + u_2 = (L_1 + L_2 - 2M)\frac{di}{dt} = L\frac{di}{dt} \qquad (9\text{-}7)$$

式(9-6) 中，$L = L_1 + L_2 - 2M$，等效电感变小。由式(9-7) 可得，图 9-8a 所示电路的去耦等效电路如图 9-8b 所示。图 9-8a 所示电路的相量模型如图 9-8c 所示。由 KVL 得

$$\dot{U}_1 = j\omega(L_1 - M)\dot{I} \qquad \dot{U}_2 = j\omega(L_2 - M)\dot{I} \qquad \dot{U} = j\omega(L_1 + L_2 - 2M)\dot{I}$$

9.2.2 耦合电感的并联

1. 同侧并联

两个耦合线圈并联，其同名端相连，称为同侧并联。如图 9-9a 所示电路，列出电路方程

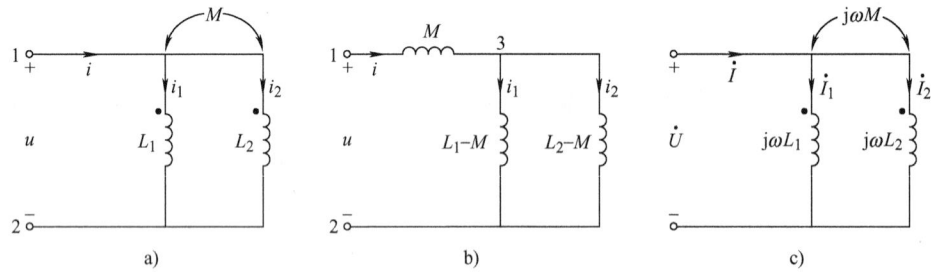

图 9-9 两个耦合线圈的同侧并联

$$\left.\begin{array}{l} u = L_1\dfrac{di_1}{dt} + M\dfrac{di_2}{dt} = L_1\dfrac{di_1}{dt} + M\dfrac{d(i-i_1)}{dt} = M\dfrac{di}{dt} + (L_1 - M)\dfrac{di_1}{dt} \\ u = M\dfrac{di_1}{dt} + L_2\dfrac{di_2}{dt} = M\dfrac{d(i-i_2)}{dt} + L_2\dfrac{di_2}{dt} = M\dfrac{di}{dt} + (L_2 - M)\dfrac{di_2}{dt} \end{array}\right\} \qquad (9\text{-}8)$$

判一判：两个耦合线圈顺接串联时所产生的磁通量比反接串联时的大。

由式(9-8)可得图9-9a所示电路的去耦等效电路,如图9-9b所示。注意,同原电路比较,等效电路新增了节点3。若要求原电路支路电压,必须将等效电路中节点与原电路中节点一一对应,不可混淆。图9-9a所示电路的相量电路如图9-9c所示,列出电路方程

$$\left.\begin{aligned}\dot{U} &= j\omega L_1 \dot{I}_1 + j\omega M \dot{I}_2 = j\omega M \dot{I} + j\omega(L_1 - M)\dot{I}_1 \\ \dot{U} &= j\omega M \dot{I}_1 + j\omega L_2 \dot{I}_2 = j\omega M \dot{I} + j\omega(L_2 - M)\dot{I}_2\end{aligned}\right\} \quad (9\text{-}9)$$

式(9-9)所对应的时域电路如图9-9b所示。对该等效电路

$$u = \left[M + \frac{(L_1 - M)(L_2 - M)}{L_1 - M + L_2 - M}\right]\frac{\mathrm{d}i}{\mathrm{d}t} = \frac{L_1 L_2 - M^2}{L_1 + L_2 - 2M}\frac{\mathrm{d}i}{\mathrm{d}t} = L\frac{\mathrm{d}i}{\mathrm{d}t} \quad (9\text{-}10)$$

式(9-10)中,$L = \frac{L_1 L_2 - M^2}{L_1 + L_2 - 2M}$为同侧并联时等效电感。

2. 异侧并联

两个耦合线圈并联,其异名端相连,称为异侧并联。如图9-10a所示电路,列出电路方程

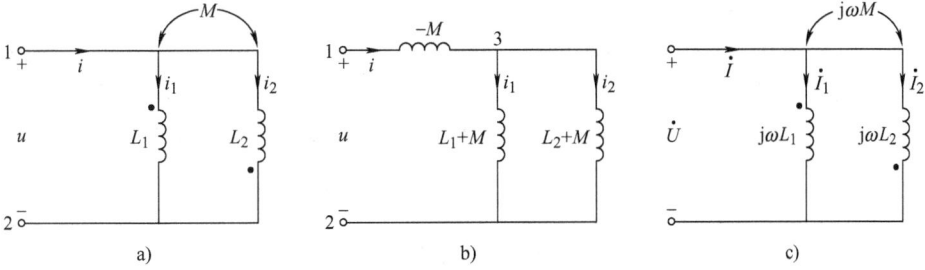

图9-10 两个耦合线圈的异侧并联

$$\left.\begin{aligned}u &= L_1\frac{\mathrm{d}i_1}{\mathrm{d}t} - M\frac{\mathrm{d}i_2}{\mathrm{d}t} = L_1\frac{\mathrm{d}i_1}{\mathrm{d}t} - M\frac{\mathrm{d}(i - i_1)}{\mathrm{d}t} = -M\frac{\mathrm{d}i}{\mathrm{d}t} + (L_1 + M)\frac{\mathrm{d}i_1}{\mathrm{d}t} \\ u &= -M\frac{\mathrm{d}i_1}{\mathrm{d}t} + L_2\frac{\mathrm{d}i_2}{\mathrm{d}t} = -M\frac{\mathrm{d}(i - i_2)}{\mathrm{d}t} + L_2\frac{\mathrm{d}i_2}{\mathrm{d}t} = -M\frac{\mathrm{d}i}{\mathrm{d}t} + (L_2 + M)\frac{\mathrm{d}i_2}{\mathrm{d}t}\end{aligned}\right\} \quad (9\text{-}11)$$

由式(9-11)可得图9-10a所示电路的去耦等效电路,如图9-10b所示。注意,等效电路同原电路比较,新增了节点3。图9-10a所示电路的相量电路如图9-10c所示,列出电路方程

$$\left.\begin{aligned}\dot{U} &= j\omega L_1 \dot{I}_1 - j\omega M \dot{I}_2 = -j\omega M \dot{I} + j\omega(L_1 + M)\dot{I}_1 \\ \dot{U} &= -j\omega M \dot{I}_1 + j\omega L_2 \dot{I}_2 = -j\omega M \dot{I} + j\omega(L_2 + M)\dot{I}_2\end{aligned}\right\} \quad (9\text{-}12)$$

式(9-12)所对应的时域电路如图9-10b所示。对该等效电路,则有

$$u = \left[-M + \frac{(L_1 + M)(L_2 + M)}{L_1 + M + L_2 + M}\right]\frac{\mathrm{d}i}{\mathrm{d}t} = \frac{L_1 L_2 - M^2}{L_1 + L_2 + 2M}\frac{\mathrm{d}i}{\mathrm{d}t} = L\frac{\mathrm{d}i}{\mathrm{d}t} \quad (9\text{-}13)$$

式(9-13)中,$L = \frac{L_1 L_2 - M^2}{L_1 + L_2 + 2M}$为异侧并联时等效电感。

记一记:式(9-6)适用于两个耦合线圈顺接串联,若反接串联,只需用 $-M$ 代入即可。

辨一辨:同侧并联时等效电感与异侧并联时等效电感有什么联系?

9.2.3 耦合电感的 Y 联结

1. 同侧相连

两个耦合线圈的同名端与另一支路连接于一个节点，称为 Y 联结的同侧相连。如图 9-11a 所示电路

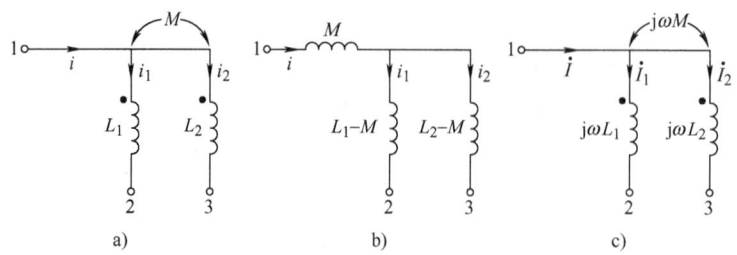

图 9-11 两个耦合线圈同侧相连的 Y 联结

$$\left.\begin{aligned} u_{12} &= L_1 \frac{di_1}{dt} + M \frac{di_2}{dt} = L_1 \frac{di_1}{dt} + M \frac{d(i-i_1)}{dt} = M \frac{di}{dt} + (L_1 - M) \frac{di_1}{dt} \\ u_{13} &= M \frac{di_1}{dt} + L_2 \frac{di_2}{dt} = M \frac{d(i-i_2)}{dt} + L_2 \frac{di_2}{dt} = M \frac{di}{dt} + (L_2 - M) \frac{di_2}{dt} \end{aligned}\right\} \quad (9\text{-}14)$$

由式(9-14)可得图 9-11a 所示电路的去耦等效电路，如图 9-11b 所示。注意，同原电路比较，等效电路新增一个节点。若要求原电路支路电压，必须将等效电路中节点与原电路中节点一一对应，不可混淆。图 9-11a 所示电路的相量电路如图 9-11c 所示列出电路方程

$$\left.\begin{aligned} \dot{U}_{12} &= j\omega L_1 \dot{I}_1 + j\omega M \dot{I}_2 = j\omega M \dot{I} + j\omega (L_1 - M) \dot{I}_1 \\ \dot{U}_{13} &= j\omega M \dot{I}_1 + j\omega L_2 \dot{I}_2 = j\omega M \dot{I} + j\omega (L_2 - M) \dot{I}_2 \end{aligned}\right\} \quad (9\text{-}15)$$

2. 异侧相连

两个耦合线圈的异名端与另一支路连接于一个节点，称为 Y 联结的异侧相连。如图 9-12a 所示电路

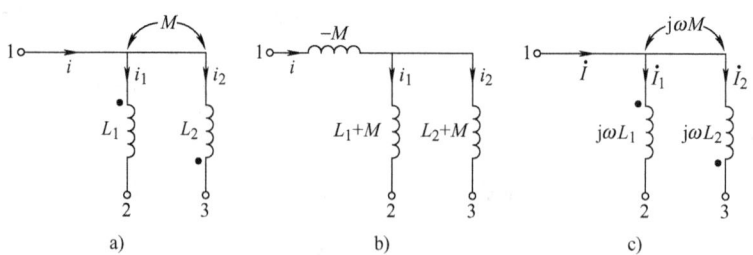

图 9-12 两个耦合线圈异侧相连的 Y 联结

$$\left.\begin{aligned} u_{12} &= L_1 \frac{di_1}{dt} - M \frac{di_2}{dt} = L_1 \frac{di_1}{dt} - M \frac{d(i-i_1)}{dt} = -M \frac{di}{dt} + (L_1 + M) \frac{di_1}{dt} \\ u_{13} &= -M \frac{di_1}{dt} + L_2 \frac{di_2}{dt} = -M \frac{d(i-i_2)}{dt} + L_2 \frac{di_2}{dt} = -M \frac{di}{dt} + (L_2 + M) \frac{di_2}{dt} \end{aligned}\right\} \quad (9\text{-}16)$$

由式(9-15)可得图 9-12a 所示电路的去耦等效电路，如图 9-12b 所示。注意，同原电路比较，等效电路新增一个节点。图 9-12a 所示电路的相量电路如图 9-12c 所示，列出电路方程

推一推：能否用同侧相连的等效方法推得同侧并联的等效结果？

$$\left.\begin{aligned}\dot{U}_{12} &= j\omega L_1 \dot{I}_1 - j\omega M \dot{I}_2 = -j\omega M \dot{I} + j\omega(L_1+M)\dot{I}_1 \\ \dot{U}_{13} &= -j\omega M \dot{I}_1 + j\omega L_2 \dot{I}_2 = -j\omega M \dot{I} + j\omega(L_2+M)\dot{I}_2\end{aligned}\right\} \tag{9-17}$$

需要指出的是，求去耦等效电路仅与同名端位置有关，而与电压、电流参考方向无关。

9.3 空心变压器

变压器是电力系统和电子技术中常用的器件。变压器利用磁耦合的作用，实现从一个电路向另一个电路传输电能或电信号。空心变压器由两个具有磁耦合的线圈绕在非铁磁材料制成的心子上构成。

9.3.1 反映阻抗

空心变压器的电路模型如图 9-13 所示。与电源相连的线圈称为一次线圈，R_1、L_1 分别为一次线圈的电阻、电感；与负载相连的线圈称为二次线圈，R_2、L_2 分别为二次线圈的电阻、电感；R_L、X_L 为负载的电阻、电抗，M 为两线圈互感。

对图 9-13 所示电路，由 KVL 得

$$\left.\begin{aligned}(R_1+j\omega L_1)\dot{I}_1 - j\omega M \dot{I}_2 &= \dot{U}_1 \\ -j\omega M \dot{I}_1 + (R_2+R_L+j\omega L_2+jX_L)\dot{I}_2 &= 0\end{aligned}\right\} \tag{9-18}$$

令 $Z_{11}=R_1+j\omega L_1$，Z_{11} 为一次回路阻抗，$Z_{22}=R_2+R_L+j\omega L_2+jX_L$，$Z_{22}$ 为二次回路阻抗，$Z_M=j\omega M$，Z_M 为互感阻抗，式(9-17) 可简写为

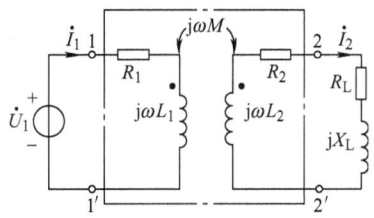

图 9-13 空心变压器的电路模型

$$\left.\begin{aligned}Z_{11}\dot{I}_1 - Z_M \dot{I}_2 &= \dot{U}_1 \\ -Z_M \dot{I}_1 + Z_{22} \dot{I}_2 &= 0\end{aligned}\right\} \tag{9-19}$$

由式(9-19) 可得一次电流 $\dot{I}_1$ 和二次电流 $\dot{I}_2$ 为

$$\left.\begin{aligned}\dot{I}_1 &= \frac{\dot{U}_1}{Z_{11}-\dfrac{Z_M^2}{Z_{22}}} = \frac{\dot{U}_1}{Z_{11}+\dfrac{(\omega M)^2}{Z_{22}}} \\ \dot{I}_2 &= \frac{Z_M \dot{U}_1}{Z_{11}Z_{22}-Z_M^2} = \frac{\dfrac{Z_M}{Z_{11}}\dot{U}_1}{Z_{22}+\dfrac{(\omega M)^2}{Z_{11}}}\end{aligned}\right\} \tag{9-20}$$

1. 二次回路对一次侧的反映阻抗

由式(9-20)，可得一次侧的输入阻抗

$$Z_i = \frac{\dot{U}_1}{\dot{I}_1} = Z_{11} + \frac{(\omega M)^2}{Z_{22}} = Z_{11} + Z_{1f} \tag{9-21}$$

式(9-21) 中，$Z_{1f}=\dfrac{(\omega M)^2}{Z_{22}}$，由互感及二次回路阻抗确定，反映了二次回路通过互感对一次

聊一聊：用等效变换消去互感后的电路同原电路在结构上相同吗？

回路的影响，称为二次回路对一次侧的反映阻抗。反映阻抗 $Z_{1f} = \dfrac{(\omega M)^2}{Z_{22}}$ 的性质与 Z_{22} 相反，Z_{22} 为感性时 Z_{1f} 为容性，Z_{22} 为容性时 Z_{1f} 为感性。

2. 一次回路对二次侧的反映阻抗

由式(9-20)，可得一次回路对二次侧的反映阻抗 Z_{2f}

$$\frac{\dfrac{Z_M}{Z_{11}}\dot{U}_1}{\dot{I}_2} = Z_{22} + \frac{(\omega M)^2}{Z_{11}} = Z_{22} + Z_{2f} \tag{9-22}$$

式(9-22) 中，$Z_{2f} = \dfrac{(\omega M)^2}{Z_{11}}$，由互感及一次侧回路阻抗确定，反映了一次回路通过互感对二次回路的影响。

9.3.2 含空心变压器电路的分析方法

1. 直接法

对图 9-13 所示空心变压器电路模型，按式(9-17) 直接可列出回路电压方程进行求解。

2. 等效电路法

由式(9-21) 和式 (9-22)，利用反映阻抗可将空心变压器变换成一次等效电路和二次等效电路，如图 9-14a、图 9-14b 所示，然后在等效电路中列电路方程进行求解。

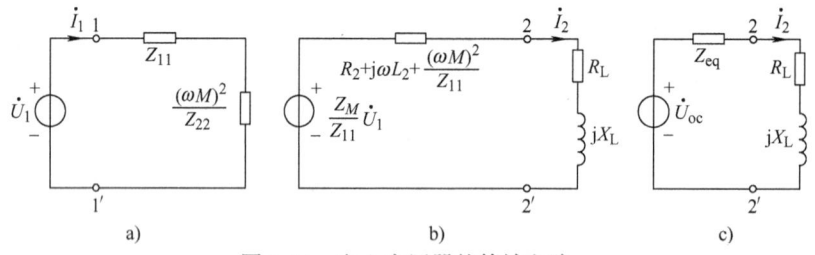

图 9-14　空心变压器的等效电路

二次回路开路时，一次电流为 $\dfrac{\dot{U}_1}{Z_{11}}$，得输出端的开路电压为 $\dfrac{\dot{U}_1}{Z_{11}} Z_M$，一次侧输出端的等效阻抗为 $R_2 + j\omega L_2 + \dfrac{(\omega M)^2}{Z_{11}}$，图 9-14b 所示电路与在负载端应用戴维南定理求得的如图 9-14c 所示的戴维南等效电路是一致的，其中 $\dot{U}_{oc} = \dfrac{Z_M}{Z_{11}} \dot{U}_1$，$Z_{eq} = R_2 + j\omega L_2 + \dfrac{(\omega M)^2}{Z_{11}}$。

3. 去耦等效法

将图 9-13 中 1′和 2′两点相连接，如图 9-15a 所示，由于该连线中无电流流过，相对原电路无影响。利用 Y 形互感消去法，可得如图 9-15b 所示的空心变压器的去耦等效电路，然后在无互感等效电路中列电路方程进行求解。

9.4　理想变压器

理想变压器是一种磁耦合元件，是从实际铁心变压器中抽象出来的理想化模型，是一种

念一念：当阻抗角 $\varphi > 0$ 时，负载呈感性；$\varphi < 0$ 时，负载呈容性。
评一评：直接法、等效电路法和去耦等效法，你最喜欢哪一种？

特殊的无损耗全耦合变压器。

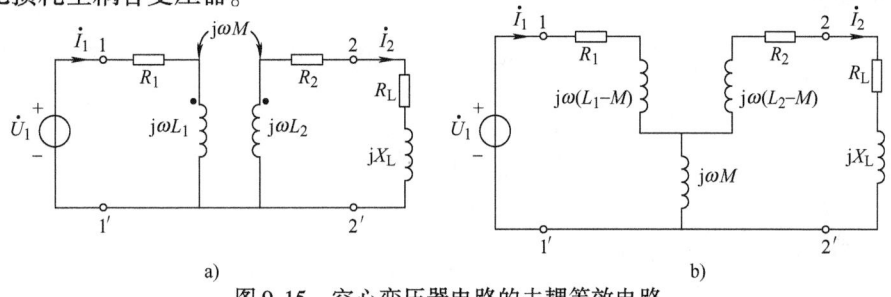

图9-15 空心变压器电路的去耦等效电路

理想变压器的伏安关系。理想变压器可视为耦合电感的极限情况，它需要同时满足以下三个条件：

1) 变压器本身无损耗，即电阻效应为零。

2) 耦合系数 $k = \dfrac{M}{\sqrt{L_1 L_2}} = 1$，即全耦合。

3) L_1、L_2 和 M 均为无限大，但保持 $\sqrt{\dfrac{L_1}{L_2}} = \dfrac{N_1}{N_2}$ 不变，其中 N_1、N_2 为一次、二次线圈的匝数。

1. 电压关系

图9-16所示为无损耗全耦合变压器。由条件(2)，$k=1$，故流过变压器一次线圈的电流 i_1 所产生的磁通 $\varPhi_{11}$ 将全部与一次线圈相交链，即 $\varPhi_{21} = \varPhi_{11}$；同理，$i_2$ 所产生的磁通 $\varPhi_{22}$ 将全部与一次线圈相交链，即 $\varPhi_{12} = \varPhi_{22}$。这时穿过两线圈的主磁通相等，为

$$\varPhi = \varPhi_{11} + \varPhi_{12} = \varPhi_{22} + \varPhi_{21}$$

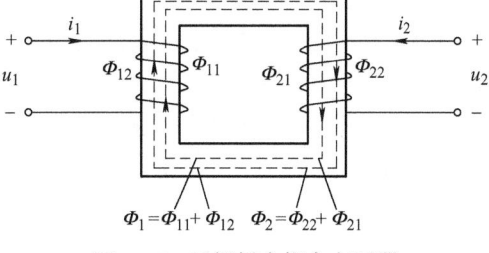

图9-16 无损耗全耦合变压器

主磁通的变化在一次、二次线圈分别产生感应电压 u_1 和 u_2，由条件(1)得

$$u_1 = \frac{\mathrm{d}\varPsi_1}{\mathrm{d}t} = N_1 \frac{\mathrm{d}\varPhi}{\mathrm{d}t} \qquad u_2 = \frac{\mathrm{d}\varPsi_2}{\mathrm{d}t} = N_2 \frac{\mathrm{d}\varPhi}{\mathrm{d}t}$$

得

$$\frac{u_1}{u_2} = \frac{N_1}{N_2} = n \tag{9-23}$$

式(9-23)中，$n = \dfrac{N_1}{N_2}$ 为一次、二次线圈匝数比，称为电压比，是理想变压器的唯一参数。正弦电流电路中，有

$$\frac{\dot{U}_1}{\dot{U}_2} = n \quad \text{或} \quad \dot{U}_1 = n\dot{U}_2 \tag{9-24}$$

2. 电流关系

在图9-16所示无损耗全耦合变压器中

$$u_1 = L_1 \frac{\mathrm{d}i_1}{\mathrm{d}t} + M \frac{\mathrm{d}i_2}{\mathrm{d}t}$$

联一联：如何从空心变压器模型得到理想变压器？

写成相量形式为

$$\dot{U}_1 = j\omega L_1 \dot{I}_1 + j\omega M \dot{I}_2$$

可得

$$\dot{I}_1 = \frac{\dot{U}_1}{j\omega L_1} - \frac{M}{L_1}\dot{I}_2$$

由条件（2）得 $k = \frac{M}{\sqrt{L_1 L_2}} = 1$，有

$$\dot{I}_1 = \frac{\dot{U}_1}{j\omega L_1} - \sqrt{\frac{L_2}{L_1}}\dot{I}_2 \tag{9-25}$$

由条件（3）得 $L_1 \to \infty$，但 $\sqrt{\frac{L_1}{L_2}} = \frac{N_1}{N_2} = n$，代入式（9-25），得

$$\dot{I}_1 = -\frac{N_2}{N_1}\dot{I}_2 = -\frac{1}{n}\dot{I}_2 \tag{9-26}$$

其时域形式为

$$\frac{i_1}{i_2} = -\frac{1}{n} \tag{9-27}$$

式（9-23）、式（9-24）和式（9-26）、式（9-27）为理想变压器的特性方程。此时，理想变压器的电路符号如图 9-17 所示，电流同时流入同名端，电压参考极性的标定对同名端一致。图 9-17 所示理想变压器用受控源表示的电路模型如图 9-18 所示。

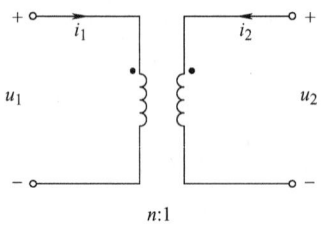

图 9-17　理想变压器的电路

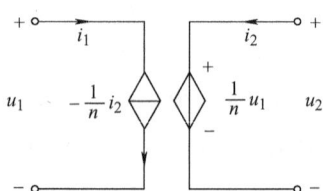

图 9-18　理想变压器模型

3. 功率

在图 9-17 所示电压和电流参考方向下，理想变压器的瞬时功率

$$p = u_1 i_1 + u_2 i_2 = nu_2\left(-\frac{1}{n}i_2\right) + u_2 i_2 = 0$$

表明理想变压器是一个既不耗能也不储能的多端元件，在电路中仅起传递能量的桥梁作用。

在实际工程中，为使实际变压器的性能接近理想变压器的性能，一是尽量采用具有高磁导率的铁磁性材料作心子，二是尽量紧密耦合，使 k 接近于 1，并在保持电压比 n 不变的前提下，尽量增加一次、二次线圈的匝数。在实际工程计算中，当误差在允许范围内时，可将实际变压器看做理想变压器，从而简化分析与计算。

4. 阻抗变换

理想变压器除具有变换电压和电流的作用外，还具有变换阻抗的作用。在图 9-19a 所示

考一考：理想变压器为什么能变压、变流和变阻抗？

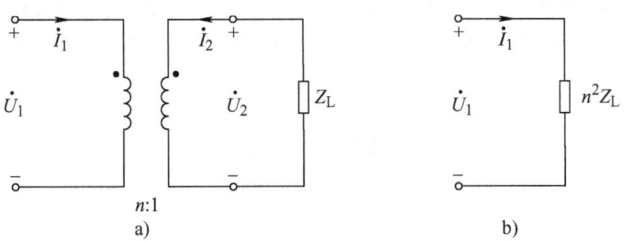

图 9-19 理想变压器变换阻抗的作用

电路中,当理想变压器二次侧接上负载阻抗 Z_L 时,从一次侧看进去的输入阻抗

$$Z_{in} = \frac{\dot{U}_1}{\dot{I}_1} = \frac{n\dot{U}_2}{-\frac{1}{n}\dot{I}_2} = n^2\left(\frac{\dot{U}_2}{-\dot{I}_2}\right) = n^2 Z_L$$

即二次侧接阻抗 Z_L,对一次侧而言,相当于接一个 $n^2 Z_L$ 的阻抗,如图 9-19b 所示。当 $Z_L = R_L$ 时,$Z_{in} = n^2 R_L$,这一特性在电子线路中常用来实现电路匹配,使负载电阻 R_L 获得最大功率。

本章小结

1. 两个线圈的磁场存在相互作用,称其为磁耦合。当有施感电流流入其中一个线圈,就会在另一线圈产生感应电压,称为互感电压。耦合线圈中施感电流流入端和另一线圈上产生的互感电压的正极性端称为同名端。从而,电流流进同名端,另一线圈上互感电压在同名端为正极性。

2. 含耦合电感的正弦电流电路仍采用相量法,KCL 方程形式不变,但 KVL 方程中应计入互感电压。含耦合电感的电路常采用等效变换消去互感的方法。

两个耦合线圈的串联分两种:电流从同名端流入的称为顺接串联,等效电感为 $L_1 + L_2 + 2M$。电流从异名端流入的,称为反接串联,等效电感为 $L_1 + L_2 - 2M$。

两个耦合线圈并联分两种:同名端相连的称为同侧并联,等效电感为 $L = \frac{L_1 L_2 - M^2}{L_1 + L_2 - 2M}$。异名端相连的称为异侧并联,等效电感为 $L = \frac{L_1 L_2 - M^2}{L_1 + L_2 + 2M}$。

两个耦合线圈 Y 联结分两种:同名端与另一支路连接于一个节点的称为同侧相连,其等效电路为 $L_1 - M$、$L_2 - M$ 和 M 三条支路相连。异名端与另一支路连接于一个节点的称为异侧相连,其等效电路为 $L_1 + M$、$L_2 + M$ 和 $-M$ 三条支路相连。

3. 空心变压器是利用磁耦合来实现传输能量或信号的器件,通常也采用等效变换消去互感的方法来分析含空心变压器的电路。

4. 理想变压器具有变电压、变电流和变阻抗的作用。变电压公式为 $\frac{U_1}{U_2} = n$;变电流公式为 $\frac{I_1}{I_2} = \frac{1}{n}$;变阻抗公式为 $Z_{in} = n^2 Z_L$。

- 实验链接

1. 判断耦合线圈的同名端:(1) 直流判别法;(2) 交流判别法。
2. 测量耦合线圈的互感系数:(1) 开路法测定 M;(2) 耦合线圈顺串和反串时各参数的测量。
3. 拓展性实验 变压器及其参数的测量。

※小知识

变压器种类很多。按相数分:单相变压器和三相变压器。按冷却方式分:干式变压器和油浸式变压器。按用途分:电力变压器、仪用变压器(电压互感器、电流互感器)、试验变压器、特种变压器(电炉变压器、整流变压器、调整变压器、电容式变压器和移相变压器)。按绕组形式分：双绕组变压器、三绕组变压器、自耦变压器。按铁心形式分：心式变压器、非晶合金变压器和壳式变压器(电炉变压器、电焊变压器和电源变压器)。

习　　题

判一判
1. 互感线圈中的施感电流为直流电流时，两线圈之间的互感作用就不存在。
2. 有耦合电感的线圈的同名端与电压和电流参考方向的选取有关。
3. 有互感的两线圈中，线圈电压仅由流过该线圈的电流决定。
4. 空心变压器的二次侧负载阻抗呈容性，反映到一次侧一定呈感性。
5. 理想变压器的瞬时功率在任何时刻为零。
6. 有耦合电感的两个线圈反接串联时，由于等效电感 $L = L_1 + L_2 - 2M$，所以可能出现电路呈容性。

选一选
1. 有耦合电感的两个线圈中自感磁通要_____互感磁通。
　A. 大于　　　　　　B. 等于　　　　　　C. 小于　　　　　　D. 大于等于
2. 如图 9-20 所示三个线圈，线圈 1 和线圈 2 的同名端是_____，线圈 2 和线圈 3 的同名端是_____。
　A. 1 和 2　　　　　B. 1 和 2′　　　　　C. 2 和 3　　　　　D. 2 和 3′
3. 如图 9-21 所示电路，在变阻器滑头移动过程中，下列说法正确的是_____。
　A. L_2 上无自感电压，无互感电流　　　B. L_2 上有互感电压，无互感电流
　C. L_2 上有自感电压，有互感电流　　　D. L_2 上有自感电压，无互感电流
4. 有耦合电感的两个线圈，电流从一线圈的同名端流入，若假设互感电压参考方向由另一线圈的非同名端指向同名端，则互感电压的计算式为_____。
　A. $u = M\dfrac{di}{dt}$　　B. $u = L\dfrac{di}{dt}$　　C. $u = -M\dfrac{di}{dt}$　　D. $u = -j\omega M i$
5. 理想变压器一次、二次线圈匝数比等于_____。
　A. $\sqrt{\dfrac{L_2}{L_1}}$　　B. $-\sqrt{\dfrac{L_2}{L_1}}$　　C. $\sqrt{\dfrac{L_1}{L_2}}$　　D. $-\sqrt{\dfrac{L_1}{L_2}}$
6. 如图 9-22 所示理想变压器，一次、二次线圈电流之比为_____。
　A. $-n$　　B. $-\dfrac{1}{n}$　　C. n　　D. $\dfrac{1}{n}$

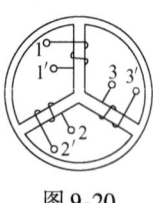
图 9-20

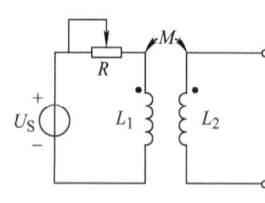
图 9-21

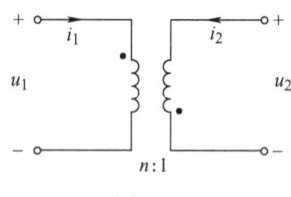
图 9-22

填一填
1. 具有互感的两个线圈，在线圈 1 上施加电流后，在线圈 1 上产生_____电压，在线圈 2 上产生_____电压。
2. 两个耦合线圈有_____种串联方式，一种称为_____，可增加等效电感，其值为_____；另一种称为_____，可减小等效电感，其值为_____。
3. 用_____来表示两个耦合线圈耦合的紧密程度，其表达式为_____。

4. 两个耦合线圈同时通以电流时，每个线圈上电压都包含自感电压和_____电压。

5. 空心变压器的二次侧的_____反映到一次侧的等效阻抗称为_____，当二次回路阻抗呈容性时，反映到一次侧的阻抗呈_____性。

6. 理想变压器具有_____、_____、_____的作用。

算一算

1. 已知两个耦合线圈中 $L_1 = 0.8\text{H}$，$L_2 = 0.7\text{H}$，$M = 0.5\text{H}$，电阻不计，正弦电压源电压有效值不变，则两者反接串联时的电流为顺接串联时电流的_____倍。

  A. 0.5　　　　　B. 2　　　　　C. 0.2　　　　　D. 5

2. 如图 9-23 所示电路中，已知 $L_1 = 6\text{H}$，$L_2 = 4\text{H}$，L_1 与 L_2 反接串联时谐振频率为顺接串联时谐振频率的 2 倍，则互感 $M =$ _____ H。

  A. 3　　　　　B. 4　　　　　C. 6　　　　　D. 2

3. 如图 9-24 所示电路的谐振角频率为 $\omega_0 = 10^4 \text{rad/s}$，又知 $L_1 = M = 20\text{mH}$，$L_2 = 40\text{mH}$，则 C = _____ μF。

  A. 1　　　　　B. 10　　　　　C. 100　　　　　D. 0.1

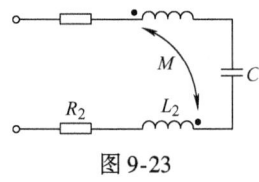

图 9-23

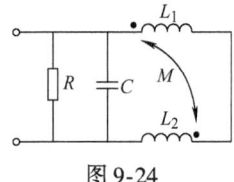

图 9-24

4. 如图 9-25 所示电路中，已知 $L_1 = 2\text{H}$，$L_2 = 8\text{H}$，$M_{12} = 3\text{H}$，$L_3 = 5\text{H}$，$L_4 = 10\text{H}$，$M_{34} = 6\text{H}$，则等效电感 $L_{ab} =$ _____ H。

  A. 6.5　　　　　B. 6　　　　　C. 5　　　　　D. 7

5. 如图 9-26 所示电路中，等效阻抗 $Z_{ab} =$ _____ Ω。

  A. j15　　　　　B. j5　　　　　C. j1.25　　　　　D. j11.25

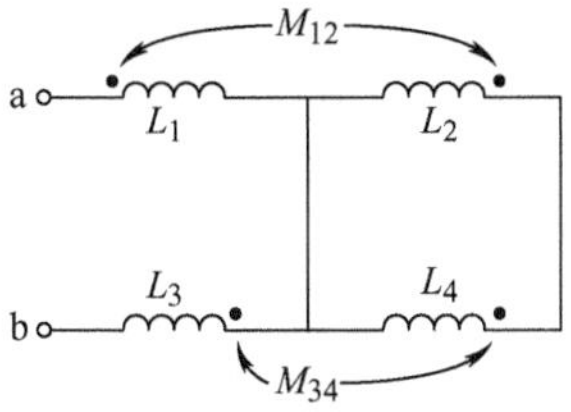

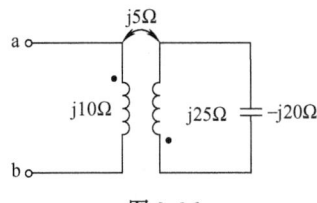

图 9-25

图 9-26

6. 如图 9-27 所示电路中，已知 $u_s = \sqrt{2}U_S \cos \dfrac{1}{\sqrt{MC}} t$，则 ab 端开路电压 u_{OC} 的有效值为_____。

  A. U_S　　　　　B. $0.5U_S$　　　　　C. 0　　　　　D. $2U_S$

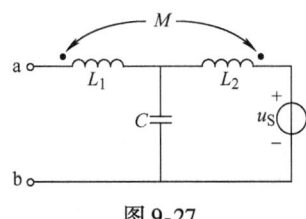

图 9-27

练一练

1. 把两个耦合线圈串联后接到 $U = 220\text{V}$，$f = 50\text{Hz}$ 的正弦电源上，反接时电流为 5A，有功功率为

500W，顺接时电流为 3.2A，试求互感系数 M。

2. 电路如图 9-28 所示，已知电源 u_S 是频率为 50Hz 的正弦交流电压源，电流 i_1 的有效值为 1.5A，开路电压 u 的有效值为 94.2V，求互感系数 M。

3. 电路如图 9-29 所示，已知电源 $u_S = 220\sqrt{2}\cos 10t$ V，两个耦合线圈的参数 $R_1 = R_2 = 50\Omega$，$L_1 = 4$H，$L_2 = 6$H，$M = 3$H，试求（1）电压 U_{ab} 和 U_{bc}；（2）串联多大电容值时电路发生谐振。

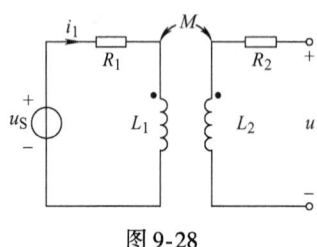

图 9-28

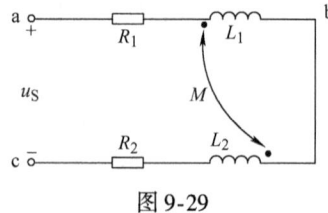

图 9-29

4. 电路如图 9-30 所示，已知 $R_1 = 50\Omega$，$L_1 = 70$mH，$L_2 = 20$mH，$M = 20$mH，$C = 25\mu$F，正弦交流电压源电压 $\dot{U}_S = 100\angle 0°$V，$\omega = 10^3$rad/s，试求 $\dot{I}_1$、$\dot{I}_2$、$\dot{I}_3$ 及 $\dot{U}_{L1}$。

5. 电路如图 9-31 所示，已知 $R = 10\Omega$，$\omega L_1 = \omega L_2 = 15\Omega$，$\dfrac{1}{\omega C} = 10\Omega$，耦合系数 $k = \dfrac{2}{3}$，$\dot{I}_S = 0.5\angle 0°$A，$\dot{U}_S = 5\angle 0°$V，试求电压 $\dot{U}$。

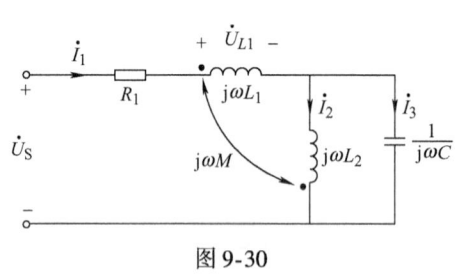

图 9-30

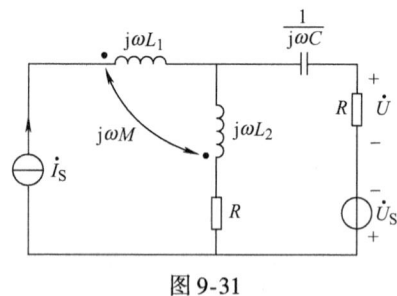

图 9-31

6. 求如图 9-32 所示各电路的输入阻抗 Z_{ab}（不必化简）。

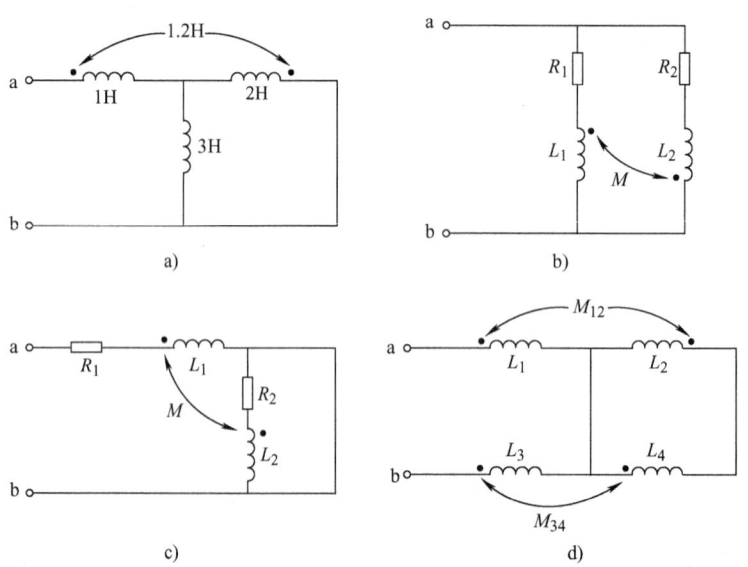

图 9-32

7. 空心变压器电路如图 9-33 所示，已知 $L_1 = L_2 = 100\text{mH}$，$M = 50\text{mH}$，$R_1 = 100\Omega$，$C_1 = C_2 = 10\mu\text{F}$，$u_S = 50\sqrt{2}\cos 10^3 t\text{V}$，试求 R_2 为何值时可获最大功率，并求此最大功率。

8. 空心变压器电路如图 9-34 所示，已知 $R_1 = 5\Omega$，$\omega L_1 = 25\Omega$，$R_2 = 8\Omega$，$\omega L_2 = 40\Omega$，$\omega M = 30\Omega$，一次线圈所加正弦交流电压源电压有效值 $U_S = 100\text{V}$，二次线圈接负载电阻 $R_L = 12\Omega$，试求一次、二次线圈电流与变压器的传输效率。

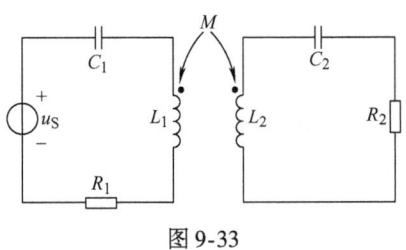

图 9-33

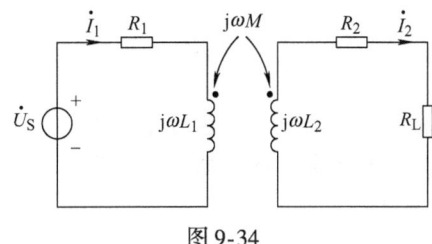

图 9-34

9. 含理想变压器的电路如图 9-35 所示，已知 $R_1 = 2\Omega$，$R_2 = 3\Omega$，$j\omega L = j4\Omega$，$-j\dfrac{1}{\omega C} = -j1\Omega$，$\dot{I}_S = 4\angle 0°\text{A}$，试求电压 $\dot{U}_2$。

10. 含理想变压器的电路如图 9-36 所示，已知 $\dot{I}_S = 2\angle 0°\text{A}$，欲使 8Ω 电阻获得最大功率，求理想变压器的电压比 n，并求最大功率。

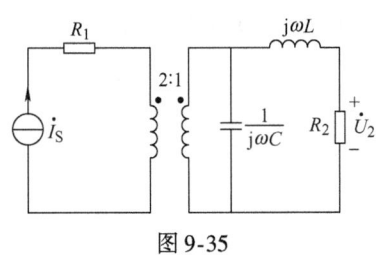

图 9-35

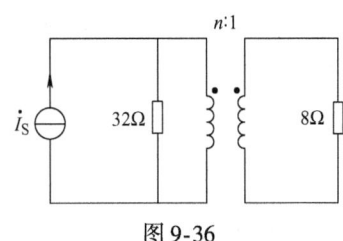

图 9-36

11. 含理想变压器的电路如图 9-37 所示，已知 $R_1 = 60\Omega$，$\omega L = 30\Omega$，$\dfrac{1}{\omega C} = 8\Omega$，$R_L = 5\Omega$，$\dot{U}_S = 10\angle 0°\text{V}$。试求负载电阻 R_L 获得最大功率时理想变压器的电压比 n，并求此最大功率。

12. 含理想变压器的电路如图 9-38 所示，已知 $\dot{U}_S = 16\angle 0°\text{V}$，$Z_1 = 8 - j4\Omega$，$Z_2 = j4\Omega$，负载电阻 $R_L = 2\Omega$。试求负载电阻 R_L 获得最大功率时理想变压器的电压比 n 和 Z_C 值，并求最大功率。

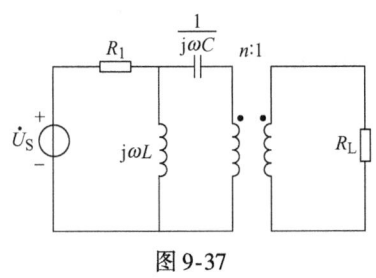

图 9-37

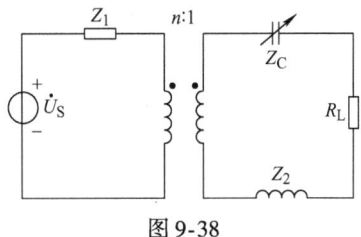

图 9-38

第 10 章 三相电路

导读

三相电路是一种结构特殊的正弦交流电路，本章主要讨论三相电路的特点与分析方法，确定三相电路中电压、电流的关系及功率等，最后介绍三相功率测量。

基本要求

- 了解三相对称电源的特点。
- 熟练掌握对称三相电路的分析计算方法。
- 了解三相四线制中的中线作用。
- 了解三相功率测量。

你知道吗

为什么电力系统中电能的产生、输电和配电几乎都是三相交流电路？为什么工厂使用的电动机大都是三相电动机？这是因为三相交流电路比单相交流电路有更多的优越性：

※ 同容量的三相发电机比单相发电机体积小。
※ 输送相同的功率，三相输电比单相输电节省材料。
※ 三相电动机结构简单，工作可靠，价格便宜，维护和使用方便。

10.1 三相电源

10.1.1 三相交流电的产生

三相交流电由如图 10-1 所示三相发电机产生。三相发电机的定子上分布着三个结构相同的定子绕组 AX、BY、CZ，其中 A、B、C 称为绕组的始端，X、Y、Z 称为绕组的末端，它们在空间互差 120°。当发电机的转子通上直流电，则产生在空间按正弦规律分布的磁场，当转子由原动机（如水轮机或汽轮机）带动并以角速度 ω 等速地顺时针方向旋转时，三个定子绕组中产生频率相同、幅值相等、相位上互差 120° 的三个正弦电压，称为对称三相电压。这样的电源称为对称三相电源（简称为三相电源），如图 10-2 所示。

10.1.2 对称三相电压的表达式

若以 A 相电压为参考正弦量，则三相电压瞬时值表达式为

$$\left.\begin{aligned} u_A &= U_m\cos\omega t \\ u_B &= U_m\cos(\omega t - 120°) \\ u_C &= U_m\cos(\omega t + 120°) \end{aligned}\right\} \qquad (10\text{-}1)$$

式 (10-1) 中，U_m 为相电压幅值，ω 为正弦电压变化的角频率。有效值相量表示为

记一记：对称三相电压是大小相同、频率相同、相位互差 120° 的 3 个电压。

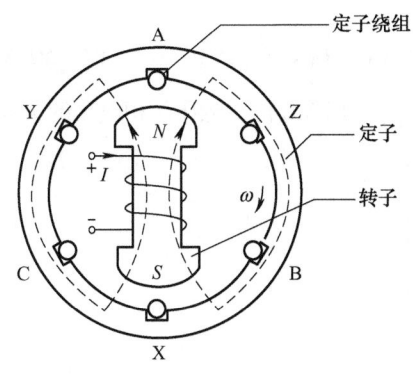

图 10-1 三相发电机

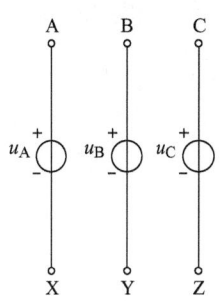

图 10-2 对称三相电源

$$\left.\begin{aligned}\dot{U}_A &= U\angle 0° = U \\ \dot{U}_B &= U\angle -120° = \left(-\frac{1}{2}-j\frac{\sqrt{3}}{2}\right)U \\ \dot{U}_C &= U\angle 120° = \left(-\frac{1}{2}+j\frac{\sqrt{3}}{2}\right)U\end{aligned}\right\} \qquad (10-2)$$

式(10-2)中，U 为相电压有效值。对称三相电压的波形图和相量图如图 10-3 所示。

10.1.3 对称三相电压的特点

从式(10-1)、式(10-2)和图 10-3，都能得到

$$u_A + u_B + u_C = 0$$

或

$$\dot{U}_A + \dot{U}_B + \dot{U}_C = 0$$

这是对称三相电压最显著的特点。

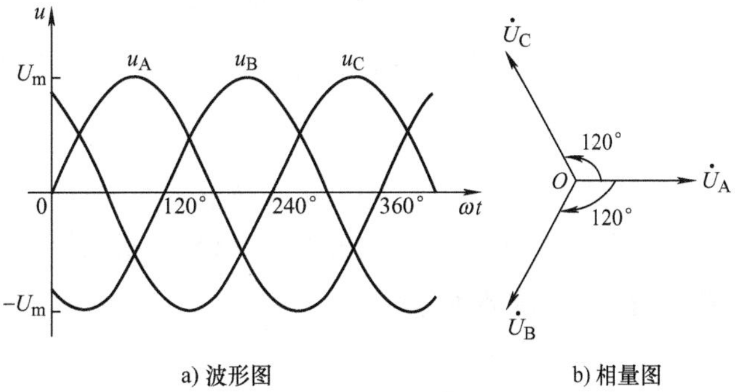

a) 波形图　　　　　b) 相量图

图 10-3 对称三相电压的图形

10.1.4 对称三相电压的相序

对称三相电压按其到达正最大值的次序称为相序。图 10-3 所示的三相电压的相序为 A→B→C，为正序或顺序。若相序为 A→C→B，则为负序或逆序。如无特别说明，三相电压的相序均指正序。

10.1.5 三相电源的星形联结

1. 星形联结

三相电源的星形联结如图 10-4 所示。把三相发电机 3 个定子绕组的末端连在一起形成一个节点，为电源的中点或零点。从中点引出的线为中性线或零线，用字母 N 表示。由三相绕组的始端引出的 3 根线为端线或相线，俗称火线，分别用字母 A、B、C 表示。有中线引出的为三相四线制，无中线引出的为三相三线制。

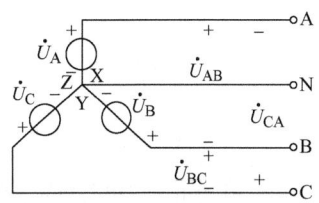

图 10-4 三相电源的星形联结

想一想：连接三相电动机的黄绿红三根线是为了养眼吗？是表示 A 相、B 相、C 相。

2. 线电压与相电压的关系

图 10-4 所示三相电源中，相线与中性线之间的电压 $\dot{U}_A$、$\dot{U}_B$、$\dot{U}_C$ 为相电压，有效值为 U_p；相线之间的电压 $\dot{U}_{AB}$、$\dot{U}_{BC}$、$\dot{U}_{CA}$ 为线电压，有效值为 U_L。由 KVL 得线电压与相电压的关系为

$$\left.\begin{array}{l}\dot{U}_{AB} = \dot{U}_A - \dot{U}_B \\ \dot{U}_{BC} = \dot{U}_B - \dot{U}_C \\ \dot{U}_{CA} = \dot{U}_C - \dot{U}_A\end{array}\right\} \quad (10\text{-}3)$$

若以 $\dot{U}_A$ 为参考相量，可得与式（10-3）相应的三相电源星形连接时线电压与相电压的相量图，如图 10-5 所示。由图 10-5 可见，相电压对称，线电压也对称。在有效值上，线电压是相电压的 $\sqrt{3}$ 倍，即

$$U_L = \sqrt{3}\, U_p$$

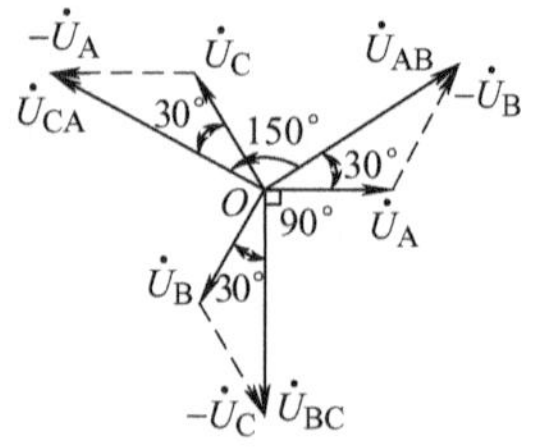

相位上，$\dot{U}_{AB}$、$\dot{U}_{BC}$、$\dot{U}_{CA}$ 分别超前 $\dot{U}_A$、$\dot{U}_B$、$\dot{U}_C$ 30°，线电压超前相应的相电压 30°，关系可写为

$$\left.\begin{array}{l}\dot{U}_{AB} = \sqrt{3}\,\dot{U}_A \angle 30° \\ \dot{U}_{BC} = \sqrt{3}\,\dot{U}_B \angle 30° \\ \dot{U}_{CA} = \sqrt{3}\,\dot{U}_C \angle 30°\end{array}\right\} \quad (10\text{-}4)$$

图 10-5 三相电源星形联结时线电压与相电压的相量图

低压三相四线制中，相电压有效值为 220V，线电压有效值为 $220\sqrt{3}$ V（380V）。通常三相电压指三相线电压，如输电电压 10kV 是指三相线电压有效值为 10kV。

10.1.6 三角形联结

1. 三角形联结

三相电源的三角形联结如图 10-6 所示。把三相发电机 3 个定子绕组的始、末端依次相连，再从各连接点引出 3 根端线。三角形连接无中线，为三相三线制。

2. 线电压与相电压的关系

图 10-6 所示三相电源中，线电压等于相应相电压，即

$$\dot{U}_{AB} = \dot{U}_A \qquad \dot{U}_{BC} = \dot{U}_B \qquad \dot{U}_{CA} = \dot{U}_C \quad (10\text{-}5)$$

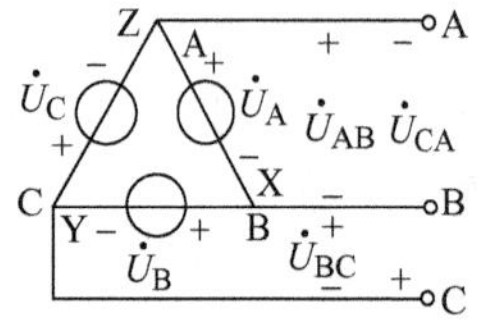

图 10-6 三相电源的三角形联结

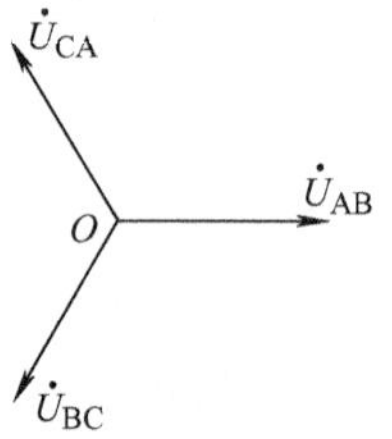

图 10-7 三相电源三角形联结时电压相量图

若以 $\dot{U}_A$ 为参考相量，可得与式（10-5）相应的三相电源三角形联结时电压相量图，如图 10-7

问一问：三相电动机的额定电压是指相电压还是线电压？是指线电压。

所示。在有效值上，线电压等于相电压，即
$$U_L = U_p$$

10.2 三相负载的星形联结

由三相电源供电的负载为三相负载，其可分为两类：一是如三相电动机、三相电阻炉等，必须接在三相电源上；二是单相电动机、电灯和电视等，按大致均匀分配的方式接在三相电源上。三相负载有星形（Y）和三角形（△）两种联结方式。当每相负载额定电压等于电源线电压的 $1/\sqrt{3}$ 时，负载应接成星形；当每相负载额定电压等于电源线电压时，负载应接成三角形。

10.2.1 三相四线制星形联结

三相负载 Z_A、Z_B、Z_C 作星形联结时，三相负载的一端接在一起为 N′ 点，另一端分别接在电源 A、B、C 的三根相线上，N′ 与 N 相连，构成了如图 10-8 所示的三相四线制负载星形联结。

1. 线电流、相电流与中性线电流的关系

图 10-8 所示电路中标出了各电压、电流的参考方向，其中 $\dot{U}'_A$、$\dot{U}'_B$、$\dot{U}'_C$ 为各相负载上电压，为相电压；$\dot{I}'_A$、$\dot{I}'_B$、$\dot{I}'_C$ 为各相负载上电流，为相电流，其有效值用 I_p 表示；$\dot{I}_A$、$\dot{I}_B$、$\dot{I}_C$ 为各相线上电流，为线电流，其有效值用 I_L 表示。显然，三相负载星形联结时，线电流等于相应相电流，其有效值关系为

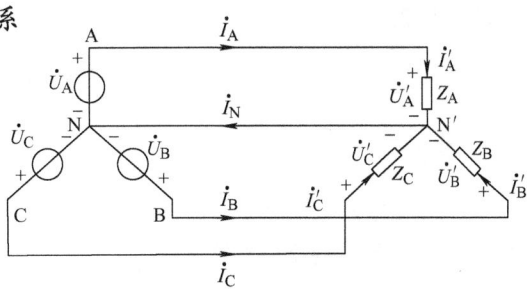

图 10-8 三相四线制负载星形联结

$$I_L = I_p$$

$\dot{I}_N$ 为中性线 N′N 上的电流，为中性线电流。由 KCL 得

$$\dot{I}_N = \dot{I}_A + \dot{I}_B + \dot{I}_C \tag{10-6}$$

2. 电流的计算

在三相四线制电路中，负载相电压等于相应电源相电压，则

$$\left.\begin{aligned}
\dot{I}_A &= \dot{I}'_A = \frac{\dot{U}'_A}{Z_A} = \frac{\dot{U}_A}{Z_A} = \frac{U_P}{|Z_A|\angle\varphi_A} = I_A\angle-\varphi_A \\
\dot{I}_B &= \dot{I}'_B = \frac{\dot{U}'_B}{Z_B} = \frac{\dot{U}_B}{Z_B} = \frac{U_P\angle-120°}{|Z_B|\angle\varphi_B} = I_B\angle(-120°-\varphi_B) \\
\dot{I}_C &= \dot{I}'_C = \frac{\dot{U}'_C}{Z_C} = \frac{\dot{U}_C}{Z_C} = \frac{U_P\angle 120°}{|Z_C|\angle\varphi_C} = I_C\angle(120°-\varphi_C)
\end{aligned}\right\} \tag{10-7}$$

3. 对称三相负载时电路分析

若三个阻抗 Z_A、Z_B、Z_C 相等，即阻抗模和阻抗角分别满足

考一考：实际电源中为什么三角形连接用得比较少？

判一判：三相负载星形联结时，$\dot{I}_p = \dot{I}_L$ 成立吗？不成立。

$$|Z_A| = |Z_B| = |Z_C| \qquad \varphi_A = \varphi_B = \varphi_C \qquad (10\text{-}8)$$

则此三相负载为对称三相负载。将式(10-8)代入式(10-7)，得到 $\dot{I}_A$、$\dot{I}_B$、$\dot{I}_C$ 大小相等，相位上互差120°，三相相(线)电流对称。因此，只需计算一相，其余两相可根据对称关系得出。由式(10-6)，得到 $\dot{I}_N = 0$，可省去中性线，成为三相三线制。对于三相异步电动机、三相电炉等对称三相负载，都可不接中性线。

例 10-1 有一台星形联结的三相异步电动机，每相阻抗 $Z = 22\angle 60°\Omega$，接到线电压 $\dot{U}_{AB} = 380\angle 30°\text{V}$ 的对称三相电源上，试求各相电压与相电流。

解 三相异步电动机为对称三相负载，故只需计算一相。由式(10-4)得

$$\dot{U}_A = \frac{\dot{U}_{AB}}{\sqrt{3}} \angle -30° = \frac{380\angle 30°}{\sqrt{3}} \angle -30°\text{V} = 220\angle 0°\text{V}$$

由式(10-7)得

$$\dot{I}_A = \frac{\dot{U}_A}{Z} = \frac{220\angle 0°}{22\angle 60°}\text{A} = 10\angle -60°\text{A}$$

由对称关系得

$$\dot{U}_B = 220\angle -120°\text{V} \quad \dot{U}_C = 220\angle 120°\text{V} \quad \dot{I}_B = 10\angle -180°\text{A} \quad \dot{I}_C = 10\angle 60°\text{A}$$

10.2.2 三相三线制星形联结

图10-8所示三相四线制星形联结电路中，当中性线断开时，如图10-9所示电路，称为三相三线制负载星形联结。

1. 电流的计算

对图10-9所示电路，设 N 为参考点，由节点电压法得

$$\dot{U}_{N'N} = \frac{\dfrac{\dot{U}_A}{Z_A} + \dfrac{\dot{U}_B}{Z_B} + \dfrac{\dot{U}_C}{Z_C}}{\dfrac{1}{Z_A} + \dfrac{1}{Z_B} + \dfrac{1}{Z_C}} \qquad (10\text{-}9)$$

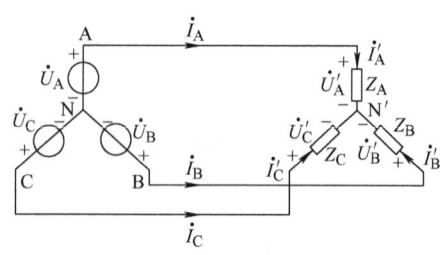

图 10-9 三相三线制负载星形联结

则

$$\dot{I}_A = \frac{\dot{U}_A - \dot{U}_{N'N}}{Z_A} \qquad \dot{I}_B = \frac{\dot{U}_B - \dot{U}_{N'N}}{Z_B}$$

$$\dot{I}_C = \frac{\dot{U}_C - \dot{U}_{N'N}}{Z_C} \qquad (10\text{-}10)$$

2. 对称三相负载时电路分析

当三相负载对称时，$Z_A = Z_B = Z_C$，由式(10-9)得 $\dot{U}_{N'N} = 0$。由式(10-10)，可知 $\dot{I}_A$、$\dot{I}_B$、$\dot{I}_C$ 大小相等，相位上互差120°。因此，只需计算一相，其余两相可根据对称关系得出，同三相四线制分析一致。

读一读： 对称三相负载，不仅阻抗模都相等，而且阻抗角也都相等。

例 10-2 三相照明电路如图 10-10 所示，额定电压 U_N 为 220V 的灯泡星形接于线电压 $\dot{U}_{AB} = 380\angle 30°\text{V}$ 的对称三相电源上，设 A 相灯泡额定功率为 200W，B 相灯泡额定功率为 500W，C 相灯泡额定功率为 1000W，试求：(1) 有中性线时各相电流和中线电流。(2) 中性线断开时各相电流和相电压。

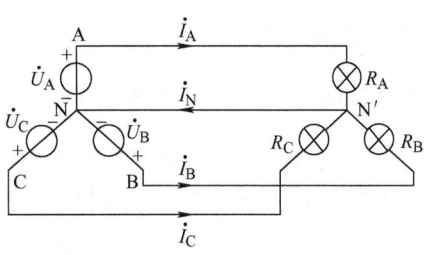

图 10-10 例 10-2 有中性线的电路

解 (1) 因有中性线，故可按三个单相电路计算。灯泡为电阻性负载，各相电阻为

$$R_A = \frac{U_N^2}{P_A} = \frac{220^2}{200}\Omega = 242\Omega \quad R_B = \frac{U_N^2}{P_B} = \frac{220^2}{500}\Omega = 96.8\Omega \quad R_C = \frac{U_N^2}{P_C} = \frac{220^2}{1000}\Omega = 48.4\Omega$$

各相电流为

$$\dot{I}_A = \frac{\dot{U}_A}{R_A} = \frac{220\angle 0°}{242}\text{A} \approx 0.91\angle 0°\text{A}$$

$$\dot{I}_B = \frac{\dot{U}_B}{R_B} = \frac{220\angle -120°}{96.8}\text{A} \approx 2.27\angle -120°\text{A}$$

$$\dot{I}_C = \frac{\dot{U}_C}{R_C} = \frac{220\angle 120°}{48.4}\text{A} \approx 4.55\angle 120°\text{A}$$

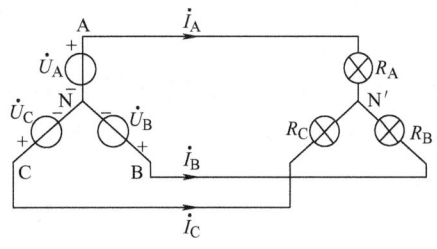

图 10-11 例 10-2 无中性线的电路

中性线电流为

$$\dot{I}_N = \dot{I}_A + \dot{I}_B + \dot{I}_C = 0.91\angle 0°\text{A} + 2.27\angle -120°\text{A} + 4.55\angle 120°\text{A} = 3.18\angle 141.8°\text{A}$$

(2) 中性线断开时的电路如图 10-11 所示。由式(10-9) 和式(10-10) 得

$$\dot{U}_{N'N} = \frac{\frac{\dot{U}_A}{R_A} + \frac{\dot{U}_B}{R_B} + \frac{\dot{U}_C}{R_C}}{\frac{1}{R_A} + \frac{1}{R_B} + \frac{1}{R_C}} = \frac{\frac{220}{242} + \frac{220\angle -120°}{96.8} + \frac{220\angle 120°}{48.4}}{\frac{1}{242} + \frac{1}{96.8} + \frac{1}{48.4}}\text{V} \approx 90.82\angle 141.87°\text{V}$$

$$\dot{U}'_A = \dot{U}_A - \dot{U}_{N'N} = 220\text{V} - 90.82\angle 141.87°\text{V} = 296.79\angle -10.89°\text{V}$$

$$\dot{U}'_B = \dot{U}_B - \dot{U}_{N'N} = 220\angle -120°\text{V} - 90.82\angle 141.87°\text{V} = 249.61\angle -98.89°\text{V}$$

$$\dot{U}'_C = \dot{U}_C - \dot{U}_{N'N} = 220\angle 120°\text{V} - 90.82\angle 141.87°\text{V} = 139.87\angle 106.00°\text{V}$$

$$\dot{I}_A = \frac{\dot{U}'_A}{R_A} = \frac{296.79\angle -10.89°\text{V}}{242\Omega} \approx 1.23\angle -10.89°\text{A}$$

$$\dot{I}_B = \frac{\dot{U}'_B}{R_B} = \frac{249.61\angle -98.89°\text{V}}{96.8\Omega} \approx 2.58\angle -98.89°\text{A}$$

$$\dot{I}_C = \frac{\dot{U}'_C}{R_C} = \frac{139.87\angle 106.00°\text{V}}{48.4\Omega} \approx 2.89\angle 106.00°\text{A}$$

想一想：三相负载对称时，三相三线制为什么等同于三相四线制？

冲一冲：中性线断开而 A 相灯泡短路时，B 相灯泡、C 相灯泡会如何？烧坏。

A、B相灯泡电压大于其额定电压，C相灯泡电压小于其额定电压，灯泡不能正常工作。

友情提醒 由例10-2可知，在照明、动力混合供电的三相四线制电路中，三相负载不对称，可按式(10-7)分别计算各相电流，此时中性线电流 $\dot{I}_N \neq 0$。注意，负载不对称时，中性线不可断开，否则将造成某相电压高于该相负载的额定电压而使该相负载被损坏。因此，中性线上不允许安装熔断器和开关，中性线要安装牢靠。

10.3 三相负载的三角形联结

10.3.1 三角形联结

三相负载 Z_{AB}、Z_{BC}、Z_{CA} 依次相连，然后将三个端点分别接在电源A、B、C的三根相线上，构成了如图10-12所示的三相三线制负载三角形联结。

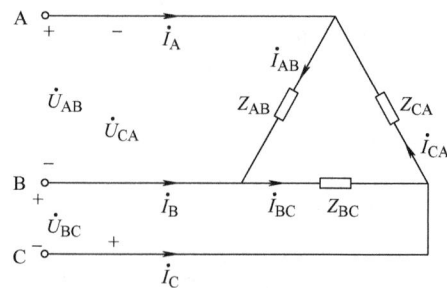

图10-12 三相三线制负载三角形联结

10.3.2 线电压与相电压的关系

图10-12所示电路中标出了电压、电流的参考方向。三相负载三角形联结时，负载相电压等于相应的电源线电压，有效值关系为

$$U_p = U_L$$

10.3.3 电流的计算

负载相电流为

$$\dot{I}_{AB} = \frac{\dot{U}_{AB}}{Z_{AB}} \qquad \dot{I}_{BC} = \frac{\dot{U}_{BC}}{Z_{BC}} \qquad \dot{I}_{CA} = \frac{\dot{U}_{CA}}{Z_{CA}} \qquad (10\text{-}11)$$

由KCL得线电流

$$\dot{I}_A = \dot{I}_{AB} - \dot{I}_{CA} \qquad \dot{I}_B = \dot{I}_{BC} - \dot{I}_{AB} \qquad \dot{I}_C = \dot{I}_{CA} - \dot{I}_{BC} \qquad (10\text{-}12)$$

10.3.4 对称三相负载时电路分析

对称三相负载时，三个阻抗 Z_{AB}、Z_{BC}、Z_{CA} 相等，即阻抗模和阻抗角分别满足

$$|Z_{AB}| = |Z_{BC}| = |Z_{CA}| = |Z| \qquad \varphi_{AB} = \varphi_{BC} = \varphi_{CA} = \varphi \qquad (10\text{-}13)$$

将式(10-13)代入式(10-11)，得到 $\dot{I}_{AB}$、$\dot{I}_{BC}$、$\dot{I}_{CA}$ 大小相等，相位互差120°，三相相电流对称，即

$$\dot{I}_{AB} = \frac{\dot{U}_{AB}}{Z} \qquad \dot{I}_{BC} = \dot{I}_{AB} \angle -120° \qquad \dot{I}_{CA} = \dot{I}_{AB} \angle 120° \qquad (10\text{-}14)$$

结合式(10-12)，画出如图10-13所示的对称三相负载三角形联结时的相电压、相电流和线电流的相量图。可见，三相相电流对称，三相线电流也对称。线电流与相电流的有效值关系为

$$I_L = \sqrt{3} I_p$$

在相位上，线电流滞后相应相电流30°，即

$$\dot{I}_A = \sqrt{3}\,\dot{I}_{AB} \angle -30° \qquad \dot{I}_B = \sqrt{3}\,\dot{I}_{BC} \angle -30°$$

$$\dot{I}_C = \sqrt{3}\,\dot{I}_{CA} \angle -30° \qquad (10\text{-}15)$$

思一思：在居民用电的三相四线制电路中，能否省去中性线？否。

因此，只需计算一相，其余两相可根据对称关系得出。

例 10-3 有一个三角形联结的对称三相负载，每相阻抗 $Z=(6+\text{j}8)\,\Omega$，接到线电压 $\dot{U}_{AB}=380\angle30°\text{V}$ 的对称三相电源上，试求各相电流与线电流。

解 因负载对称，故只需计算一相。由式（10-14）得

$$\dot{I}_{AB}=\frac{\dot{U}_{AB}}{Z}=\frac{380\angle30°\text{V}}{(6+\text{j}8)\,\Omega}=38\angle-23.1°\text{A}$$

$$\dot{I}_{BC}=38\angle-143.1°\text{A} \quad \dot{I}_{CA}=38\angle96.9°\text{A}$$

由式（10-15）得

$$\dot{I}_A=\sqrt{3}\,\dot{I}_{AB}\angle-30°=65.8\angle-53.1°\text{A}$$

$$\dot{I}_B=65.8\angle-173.1°\text{A} \quad \dot{I}_C=65.8\angle66.9°\text{A}$$

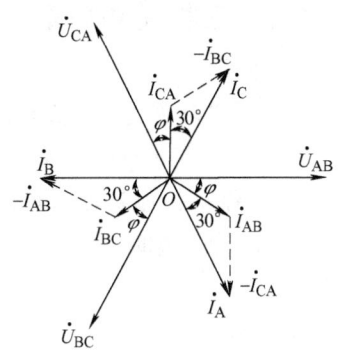

图10-13 对称三相负载三角形联结时电压、电流相量图

10.4 三相负载的功率

10.4.1 三相有功功率

1. 公式

三相有功功率为各相有功功率之和，即

$$P=P_A+P_B+P_C=U_AI_A\cos\varphi_A+U_BI_B\cos\varphi_B+U_CI_C\cos\varphi_C \tag{10-16}$$

式(10-16)中，U_A、U_B、U_C 为各相负载相电压有效值，I_A、I_B、I_C 为各相负载相电流有效值，φ_A、φ_B、φ_C 为各相负载阻抗角。

2. 对称三相负载时三相有功功率

三相负载对称时

$$P_A=P_B=P_C=U_pI_p\cos\varphi$$

故三相有功功率

$$P=3U_pI_p\cos\varphi \tag{10-17}$$

式(10-17)中，U_p、I_p 分别为相电压、相电流有效值，φ 为一相负载阻抗角。在三相电路中，测量线电压、线电流比较方便，故三相有功功率常用线电压、线电流表示。若对称三相负载为星形联结，则有

$$U_p=\frac{U_L}{\sqrt{3}} \qquad I_p=I_L \tag{10-18}$$

若对称三相负载为三角形联结，则有

$$U_p=U_L \qquad I_p=\frac{I_L}{\sqrt{3}} \tag{10-19}$$

将式(10-18)或式(10-19)代入式(10-17)，则有

$$P=\sqrt{3}\,U_LI_L\cos\varphi \tag{10-20}$$

式(10-20)中，U_L、I_L 分别为线电压、线电流有效值。

问一问：同一三相电源下，负载为何要三角形连接？功率大。

10.4.2 三相无功功率

1. 公式

三相无功功率为各相无功功率之和，即

$$Q = Q_A + Q_B + Q_C = U_A I_A \sin\varphi_A + U_B I_B \sin\varphi_B + U_C I_C \sin\varphi_C$$

2. 对称三相负载时三相无功功率

三相负载对称时

$$Q_A = Q_B = Q_C = U_p I_p \sin\varphi$$

故三相无功功率

$$Q = 3 U_p I_p \sin\varphi \tag{10-21}$$

用线电压、线电流表示时

$$Q = \sqrt{3} U_L I_L \sin\varphi \tag{10-22}$$

10.4.3 三相视在功率

1. 公式

三相视在功率为

$$S = \sqrt{P^2 + Q^2} \tag{10-23}$$

2. 对称三相负载时三相视在功率

对称三相负载时，将式(10-17)、式(10-21)或式(10-20)、式(10-22)代入式(10-23)，得

$$S = 3 U_p I_p = \sqrt{3} U_L I_L$$

注意，一般 $S \neq S_A + S_B + S_C$。

例 10-4 有一台三相异步电动机，输出功率为 $P_2 = 20\text{kW}$，额定相电压 $U_p = 220\text{V}$，$\cos\varphi = 0.8$，效率 $\eta = 0.85$，现接到线电压为 380V 的三相电源上，求 I_L、I_p 和电源供给的 P_1、Q_1、S_1。

解 因为效率 $\eta = \dfrac{P_2}{P_1}$，式中，P_1、P_2 分别为三相异步电动机的输入有功功率和输出的机械功率，故

$$I_L = \frac{P_1}{\sqrt{3} U_L \cos\varphi} = \frac{P_2}{\sqrt{3} U_L \eta \cos\varphi} = \frac{20000}{\sqrt{3} \times 380 \times 0.85 \times 0.8}\text{A} \approx 44.7\text{A}$$

由于三相异步电动机的额定相电压为电源线电压的 $\dfrac{1}{\sqrt{3}}$，所以电动机为星形联结，得

$$I_p = I_L = 44.7\text{A}$$

电源供给的有功功率、无功功率和视在功率为

$$P_1 = \sqrt{3} U_L I_L \cos\varphi = \sqrt{3} \times 380 \times 44.7 \times 0.8\text{W} \approx 23.54\text{kW}$$

$$Q_1 = \sqrt{3} U_L I_L \sin\varphi = \sqrt{3} \times 380 \times 44.7 \times 0.6\text{var} \approx 17.65\text{kvar}$$

$$S_1 = \sqrt{3} U_L I_L = \sqrt{3} \times 380 \times 44.7\text{VA} \approx 29.42\text{kVA}$$

推一推：单相电路中除 $P = UI\cos\varphi$ 外，P 还可写为什么？$I^2 R$、$U_R I$ 及 U_R^2 / R。

辨一辨：对称三相负载 $P = \sqrt{3} U_L I_L \cos\varphi$，同负载接法有关吗？无关。

10.5 三相功率的测量

在三相三线制电路中，不论负载对称与否，也不论何种接法，可用两个功率表来测量三相功率。

10.5.1 三相有功功率的测量

1. 接线图

两个功率表的连接方式如图10-14所示。两个功率表的电流线圈分别串接在两根端线中（如图10-14所示为A、B线），电压线圈的*端分别与各自电流线圈的*端相连，非*端都接在未串联电流线圈的端线上（如图10-14所示为C线）。这种方法习惯上称为二瓦计法。

2. 原理

不管负载何种接法，总可转化为星形连接，因此三相瞬时功率

$$p = p_A + p_A + p_C = u_A i_A + u_B i_B + u_C i_C$$

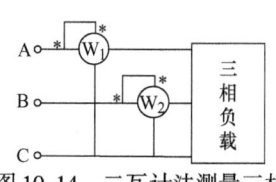

图10-14 二瓦计法测量三相有功功率

由于

$$i_A + i_B + i_C = 0$$

所以

$$p = u_A i_A + u_B i_B + u_C(-i_A - i_B) = (u_A - u_C)i_A + (u_B - u_C)i_B = u_{AC}i_A + u_{BC}i_B = p_1 + p_2$$

则三相有功功率为

$$P = \frac{1}{T}\int_0^T p\,dt = \frac{1}{T}\int_0^T p_1\,dt + \frac{1}{T}\int_0^T p_2\,dt = U_{AC}I_A\cos\varphi_1 + U_{BC}I_B\cos\varphi_2 \quad (10\text{-}24)$$

式(10-24)中，φ_1为$\dot{U}_{AC}$与$\dot{I}_A$之间的相位差，φ_2为$\dot{U}_{BC}$与$\dot{I}_B$之间的相位差。式(10-24)中第一项是图10-14中功率表W_1的读数P_1，第二项是W_2的读数P_2。两个功率表读数的代数和是三相有功功率，即

$$P = P_1 + P_2$$

10.5.2 三相无功功率的测量

1. 接线图

两个功率表还可测量对称三相负载的三相无功功率，其连接方式如图10-15a所示。

2. 原理

设对称三相负载呈感性，$\dot{U}_A$为参考相量，可画出电压、电流相量图如图10-15b所示。由图10-15b所示相量图，可知两个功率表的读数分别为

$$P_1' = U_{BC}I_A\cos(90° - \varphi)$$
$$P_2' = U_{AB}I_C\cos(90° - \varphi)$$

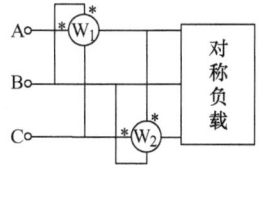
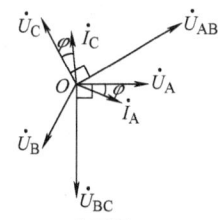

a) 接线图　　b) 相量图

图10-15 二瓦计法测量对称三相电路的无功功率

则

$$P' = P_1' + P_2' = U_L I_L\cos(90° - \varphi) + U_L I_L\cos(90° - \varphi) = 2U_L I_L\cos(90° - \varphi) = 2U_L I_L\sin\varphi$$

说一说：三相四线制中能否用单瓦计法测量三相有功功率？能。

从而
$$Q = \sqrt{3}\,U_L I_L \sin\varphi = \frac{\sqrt{3}}{2} \times 2U_L I_L \sin\varphi = \frac{\sqrt{3}}{2} P'$$

将读数之和 P' 再乘以 $\frac{\sqrt{3}}{2}$ 就是三相无功功率。

例 10-5 图 10-14 所示电路中三相负载为三相异步电动机,所吸收的有功功率为 2.5kW,功率因数 $\cos\varphi = 0.866$,对称三相电源的线电压为 380V,试求两个功率表的读数。

解 因为三相负载对称,则
$$I_L = \frac{P}{\sqrt{3}\,U_L \cos\varphi} = \frac{2500}{\sqrt{3} \times 380 \times 0.866}\,\text{A} \approx 4.39\,\text{A}$$
$$\varphi = \arccos 0.866 = 30°$$

设 $\dot{U}_A = 220\angle 0°\,\text{V}$,得

$$\dot{U}_{AC} = 380\angle -30°\,\text{V} \qquad \dot{I}_A = 4.39\angle -30°\,\text{A}$$
$$\dot{U}_{BC} = 380\angle -90°\,\text{V} \qquad \dot{I}_B = 4.39\angle -150°\,\text{A}$$

功率表读数分别为
$$P_1 = U_{AC} I_A \cos\varphi_1 = 380 \times 4.39 \cos 0°\,\text{W} = 1668.2\,\text{W}$$
$$P_2 = U_{BC} I_B \cos\varphi_2 = 380 \times 4.39 \cos 60°\,\text{W} = 834.1\,\text{W}$$

实际上,只要求出一个功率表的读数,另一个就可获得,如求得 P_1,则 $P_2 = P - P_1$。

本 章 小 结

1. 对称三相电源是由 3 个幅值相同、频率相同、相位互差 120°的正弦电源按一定方式连接构成的。
2. 对称三相电路中电压、电流线值和相值之间关系:负载星形联结时 $U_L = \sqrt{3}\,U_p$,$I_L = I_p$;负载三角形联结时,$U_L = U_p$,$I_L = \sqrt{3}\,I_p$。
3. 对称三相电路化归为一相电路的计算方法:当一相计算出后,其余两相可根据对称性求出。
4. 三相四线制电路中,中性线的作用是保证各相负载得到额定相电压。
5. 对称三相电路的功率计算为

$$P = \sqrt{3}\,U_L I_L \cos\varphi \qquad Q = \sqrt{3}\,U_L I_L \sin\varphi \qquad S = \sqrt{3}\,U_L I_L$$

6. 三相三线制电路常采用二瓦计法来测量三相有功功率。

● **实验链接**

1. 三相负载的星形联结:负载(对称与不对称情况下)星形联结时的相电压、线电压和相电流、线电流的测量。
2. 三相负载的三角形联结:负载(对称与不对称情况下)三角形联结时的相电压、线电压和相电流、线电流的测量。
3. **拓展性实验** 三相电路的功率测量:有功功率和无功功率测量的二瓦计法。

※**小知识**

特高压是指交流 1000kV 及以上、直流 ±800kV 及以上的电压等级,传统的 500kV 电压输送技术,输送距离只能达到 600km,而特高压输送距离可以超过 2000km。

聊一聊:为什么三相异步电动机是对称三相负载?

习 题

判一判

1. 三相负载为星形联结时，线电流必等于相电流。
2. 三相负载为三角形联结时，线电流大小是相电流的 $\sqrt{3}$ 倍。
3. 三相三线制电路中三个线电流之和等于零。
4. 三相电源的线电压与三相负载的连接方式无关，所以线电流与三相负载的联结方式也无关。
5. 在三相四线制电路中，无论三相负载是否对称，负载线电压都等于相电压的 $\sqrt{3}$ 倍。
6. 三相负载为三角形联结时，测得 3 个相电流值相等，则三相负载为对称负载。

选一选

1. 对称三相电路是指(   )。
   A. 三相电源对称
   B. 三相负载对称
   C. 三相电源和三相负载均对称
   D. 三相电源不对称、三相负载对称
2. 在三相四线制电路的中性线上，不准安装开关或熔断器的原因是(   )。
   A. 中性线上无电流
   B. 开关通断对电路无影响
   C. 安装开关或熔断器会降低中性线的机械强度
   D. 开关断开或熔断器断路后，三相不对称负载的相电压不对称，影响正常工作。
3. 日常生活中，照明电路的接法是(   )。
   A. 星形连接三相三线制
   B. 星形连接三相四线制
   C. 三角形连接三相三线制
   D. 星形连接和三角形连接均可
4. 某台三相异步电动机，每相绕组额定电压为 220V，对称三相电源的线电压为 380V，则电动机的接法应为(   )。
   A. 三角形联结
   B. 星形联结有中性线
   C. 星形联结无中性线
   D. B、C 均可
5. 测量三相电路功率的二瓦计法适用于(   )。
   A. 对称三相三线制电路
   B. 不对称三相三线制电路
   C. 对称三相四线制电路
   D. 不对称三相四线制电路

填一填

1. 对称三相电源，设 B 相电压 $\dot{U}_B = 220\angle-90°$ V，则 A 相电压 $\dot{U}_A = $ _____ V，C 相电压 $\dot{U}_C = $ _____ V。
2. 三相四线制供电系统可提供两种电压，即 _____ 和 _____，它们之间的有效值关系为 _____。
3. 当对称三相负载的额定电压等于电源线电压时，三相负载应采用 _____ 联结，此时线电流为相电流的 _____ 倍。
4. 对称三相电源线电压为 380V，对称三相负载的每相阻抗 $Z = 10\Omega$，若接成 Y 形，则线电流为 _____ A；若接成 △ 形，则线电流为 _____ A。
5. 对称三相电路，负载为星形联结，若线电流为 10A，则中性线电流为 _____ A；若其中一相负载断开，则中性线电流为 _____ A。
6. 三相异步电动机的每相阻抗 $Z = (60 + j80)\Omega$，三角形联结在线电压为 220V 的三相电源上，则从电源吸收的三相有功功率为 _____ W，电路的功率因数为 _____。

算一算

1. 对称三相电路，负载三角形联结，线电流 $\dot{I}_B = 22\angle-37°$ A，则负载相电流 $\dot{I}_{BC}$ 为(   )A。

A. 12.7∠-7° B. 38.1∠-67° C. 38.1∠-7° D. 12.7∠-67°

2. 对称三相电路，负载三角形联结，电源线电压为380V，若每相负载阻抗 $Z=(6+j8)\Omega$，则线电流为（　　）A。

A. 38 B. 22 C. 54 D. 66

3. 某台三相异步电动机采用星形联结，接到线电压为380V的三相电源上，测得线电流为10A时，电动机每相绕组的阻抗模为（　　）Ω。

A. 38 B. 22 C. 66 D. 11

4. 对称三相电路，负载星形联结，已知电源线电压 $u_{AB}=380\sqrt{2}\sin\omega t\,\text{V}$，B相线电流 $i_B=2\sqrt{2}\sin(\omega t-90°)\,\text{A}$，则三相有功功率 P 为（　　）W。

A. $660\sqrt{3}$ B. $220\sqrt{3}$ C. 660 D. 127

5. 对称三相电路，负载三角形联结，已知电源线电压为380V，线电流为10A，负载阻抗角为30°，则三相无功功率 Q 为（　　）var。

A. 1900 B. 2687 C. 3300 D. 5700

6. 某台三相异步电动机，其输出功率为4kW，效率为0.8，则电源供给的三相有功功率 P 为（　　）W

A. 3.2 B. 4 C. 5 D. 不能确定

练一练

1. 对称三相电路中，负载星形联结，已知电源线电压 $\dot{U}_{AB}=380\angle 30°\text{V}$，各相负载阻抗 $Z=(4+j3)\Omega$，试求各相电压和相电流。

2. 三相四线制电路如图10-16所示，三相电源对称，电源线电压 $\dot{U}_{AB}=380\angle 30°\text{V}$，各相负载阻抗，$Z_A=(3+j4)\Omega$，$Z_B=8\Omega$，$Z_C=2\Omega$，试求各相电流、线电流和中线电流。

3. 某3层办公楼，其照明采用三相四线制供电。一楼100盏灯接A相，二楼150盏灯接B相，三楼300盏灯接C相，所有灯都为白炽灯，额定值均为220V、40W。（1）试求各线电流和中性线电流。（2）一楼灯关闭，中性线断开时会发生什么现象？

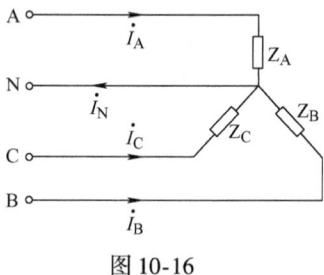

图10-16

4. 对称三相电路中，负载三角形联结，已知电源线电压 $\dot{U}_{AB}=380\angle 0°\text{V}$，各相负载阻抗 $Z=(12+j9)\Omega$，试求各相电流和线电流。

5. 对称三相负载，每相负载阻抗 $Z=(3+j4)\Omega$，接到线电压 U_L 为380V的三相电源上。试求：（1）负载星形联结时的线电流和三相负载所消耗的有功功率 P。（2）负载三角形联结时的线电流和三相负载所消耗的有功功率 P。

6. 某住宅楼有30户居民，设计每户最大用电功率为2.4kW，功率因数为0.8，额定电压为220V，采用三相电源供电，线电压 U_L 为380V，试将用户均匀分配组成对称三相负载，画出供电线路，并计算该线路线电流 I_L 和三相变压器总容量 S。

7. 有一台三相异步电动机，其绕组的额定电压为380V，三相电源线电压为380V，试选择电动机绕组的联结方式。若电动机从电源所取用的有功功率为12kW，功率因数为0.866，求电动机的相电流和线电流。

8. 如图10-17所示对称三相电路中，三相电源线电压 $\dot{U}_{AB}=380\angle 30°\text{V}$，三角形联结的对称三相感性负载的有功功率为5.5kW，功率因数为0.866；星形联结的负载，每相阻抗 $Z_1=10\angle 30°\Omega$，试求：（1）线电流 $\dot{I}_A$、$\dot{I}_B$、$\dot{I}_C$。（2）电路总有功功率。

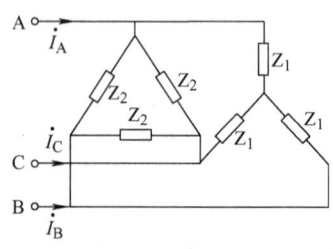

图10-17

第 11 章 二端口网络

导读

二端口网络是一端口网络的拓展。本章主要讨论二端口网络的特点与分析方法，确定二端口网络的 Z、Y、A、H 参数及其等效电路和连接，最后介绍实际应用电路。

基本要求

- 熟练掌握二端口网络的方程和参数。
- 掌握二端口网络的等效电路与特性阻抗。
- 了解二端口网络的连接。
- 了解回转器的特性。

你知道吗

任何一个复杂的二端口网络，其内部电路可能非常复杂，分析计算都较困难，但可将其视为由若干个简单的二端口网络构成，则只要每个部分的二端口网络输入输出关系确定，就可由各部分连接方式求出整个二端口网络输入输出关系。

11.1 二端口网络概述

11.1.1 一端口网络

对外电路而言，无源二端网络可用等效阻抗等效，有源二端网络可用等效电源等效。这类网络对外引出二个端钮，形成一个端口。具有电流流进一个端钮再从另一个端钮流出的特征的二端网络称为一端口网络。

11.1.2 二端口网络

如果网络具有二个端口，在每个端口上都满足电流流进一个端钮再从另一个端钮流出的端口条件，则这样的四端网络称为二端口网络。如图 11-1 所示的变压器、受控源都是二端口网络。

二端口网络可用图 11-2 所示的符号表示，通常 11′接电源，称为输入端口，22′接负载，称为输出端口；N 为线性无源网络，仅由线性电阻、电感、电容、互感和线性受控源构成。

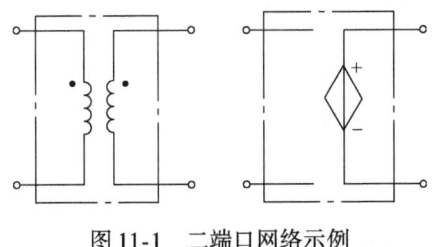

图 11-1 二端口网络示例

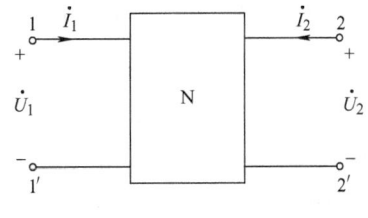

图 11-2 二端口网络

判一判：四端网络一定是二端口网络吗？

对于二端口网络,主要研究端口处 $\dot{U}_1$、$\dot{I}_1$、$\dot{U}_2$、$\dot{I}_2$ 之间的关系。若任取其中两个为自变量,另两个为因变量,则共有六种描述这种二端口网络变量之间关系的方程。由于每种方程都用自己的一种参数表征,故有六种参数。常用的四种参数为 Z、Y、H、T 参数。

11.2 二端口网络 Z 参数和 Y 参数

11.2.1 阻抗方程和 Z 参数

1. 阻抗方程和 Z 参数

对图 11-2 所示的二端口网络,在两个端口上各施加一个电流源,如图 11-3a 所示。由叠加定理,图 11-3a 所示电路可视为图 13-3b 和图 13-3c 所示电路的叠加。对后两者电路,分别有 $\dot{U}_1' = Z_{11}\dot{I}_1$,$\dot{U}_2' = Z_{21}\dot{I}_1$;$\dot{U}_1'' = Z_{12}\dot{I}_2$,$\dot{U}_2'' = Z_{22}\dot{I}_2$。因为 $\dot{U}_1 = \dot{U}_1' + \dot{U}_1''$,$\dot{U}_2 = \dot{U}_2' + \dot{U}_2''$,故

$$\left.\begin{aligned}\dot{U}_1 &= Z_{11}\dot{I}_1 + Z_{12}\dot{I}_2 \\ \dot{U}_2 &= Z_{21}\dot{I}_1 + Z_{22}\dot{I}_2\end{aligned}\right\} \tag{11-1}$$

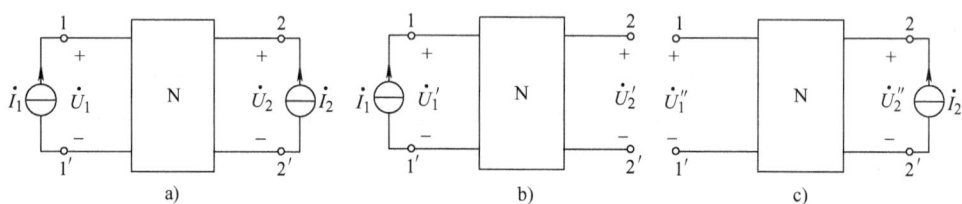

图 11-3 二端口网络的阻抗方程和 Z 参数

式(11-1)称为阻抗方程,式中 Z_{11}、Z_{12}、Z_{21}、Z_{22} 称为 Z 参数,具有阻抗的量纲。式(11-1)的矩阵形式为

$$\begin{bmatrix}\dot{U}_1 \\ \dot{U}_2\end{bmatrix} = \begin{bmatrix}Z_{11} & Z_{12} \\ Z_{21} & Z_{22}\end{bmatrix}\begin{bmatrix}\dot{I}_1 \\ \dot{I}_2\end{bmatrix} \tag{11-2}$$

式(11-2) 中系数矩阵称为 Z 参数矩阵,记为 **Z**。由式(11-1) 可得

$$Z_{11} = \left.\frac{\dot{U}_1}{\dot{I}_1}\right|_{\dot{I}_2=0} \quad Z_{21} = \left.\frac{\dot{U}_2}{\dot{I}_1}\right|_{\dot{I}_2=0} \quad Z_{12} = \left.\frac{\dot{U}_1}{\dot{I}_2}\right|_{\dot{I}_1=0} \quad Z_{22} = \left.\frac{\dot{U}_2}{\dot{I}_2}\right|_{\dot{I}_1=0} \tag{11-3}$$

式(11-3) 中前两项是令端口 22′ 开路,即 $\dot{I}_2=0$,在端口 11′ 加一电流源 $\dot{I}_1$ 得到,如图 11-3b 所示。Z_{11} 为端口 22′ 开路时的输入阻抗;Z_{21} 为端口 22′ 开路时端口 11′ 转移到端口 22′ 的转移阻抗。

式(11-3) 中后两项是令端口 11′ 开路,即 $\dot{I}_1=0$,在端口 22′ 加一电流源 $\dot{I}_2$ 得到,如图 11-3c 所示。Z_{12} 为端口 11′ 开路时,端口 22′ 转移到端口 11′ 的转移阻抗。Z_{22} 为端口 11′ 开路时的输入阻抗。

2. Z 参数的求法

Z 参数可按式(11-3) 中的定义求,也可根据端口伏安特性求。

记一记:Z 参数是在一个端口开路的情况下得到的,故 Z 参数又称为开路阻抗参数。

例 11-1 求图 11-4a 所示 T 形二端口网络的 Z 参数。

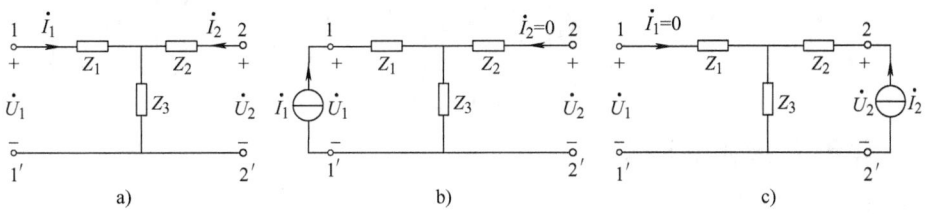

图 11-4 例 11-1 图

解 令端口 22′开路，如图 11-4b 所示，得

$$Z_{11} = \left.\frac{\dot{U}_1}{\dot{I}_1}\right|_{\dot{I}_2=0} = Z_1 + Z_3 \qquad Z_{21} = \left.\frac{\dot{U}_2}{\dot{I}_1}\right|_{\dot{I}_2=0} = Z_3$$

令端口 11′开路，如图 11-4c 所示，得

$$Z_{12} = \left.\frac{\dot{U}_1}{\dot{I}_2}\right|_{\dot{I}_1=0} = Z_3 \qquad Z_{22} = \left.\frac{\dot{U}_2}{\dot{I}_2}\right|_{\dot{I}_1=0} = Z_2 + Z_3$$

若无源线性二端口网络能等效为图 11-4a 所示 T 形二端口网络，则由图 11-4b 和图 11-4c 得 $Z_{21} = \left.\frac{\dot{U}_2}{\dot{I}_1}\right|_{\dot{I}_2=0} = Z_{12} = \left.\frac{\dot{U}_1}{\dot{I}_2}\right|_{\dot{I}_1=0}$，$Z$ 参数中只有 3 个是独立的。若无源线性二端口网络对称，即 $Z_1 = Z_2$，则 Z 参数中仅 2 个是独立的。

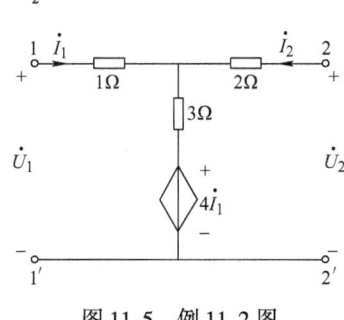

图 11-5 例 11-2 图

例 11-2 求图 11-5 所示 T 形二端口网络的 Z 参数。

解 由 KCL 得，3Ω 电阻上电流参考方向向下时为 $\dot{I}_1 + \dot{I}_2$，列支路电流法方程，有

$$\dot{U}_1 = \dot{I}_1 + 3(\dot{I}_1 + \dot{I}_2) + 4\dot{I}_1 = 8\dot{I}_1 + 3\dot{I}_2$$

$$\dot{U}_2 = 2\dot{I}_2 + 3(\dot{I}_1 + \dot{I}_2) + 4\dot{I}_1 = 7\dot{I}_1 + 5\dot{I}_2$$

同式(11-1) 比较，可知 $Z_{11} = 8\Omega$，$Z_{12} = 3\Omega$，$Z_{21} = 7\Omega$，$Z_{22} = 5\Omega$。一般含受控源的无源线性二端口网络的 Z 参数中 4 个都是独立的。

例 11-3 求图 11-6 所示 T 形二端口网络的 Z 参数。

解 两个二端口网络的输入端口和输出端口分别串联时，称这两个二端口网络串联。图 11-6 所示电路中

$$\dot{U}_1 = \dot{U}_{11} + \dot{U}_{12} \qquad \dot{I}_1 = \dot{I}_{11} = \dot{I}_{12} \qquad \dot{U}_2 = \dot{U}_{21} + \dot{U}_{22}$$

$$\dot{I}_2 = \dot{I}_{21} = \dot{I}_{22}$$

故两个二端口网络 N_1 和 N_2 串联。设 N_1 和 N_2 的 Z 参数分别为 Z_1 和 Z_2，则

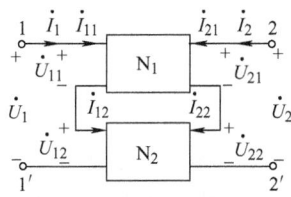

图 11-6 例 11-3 图

想一想：无源线性二端口网络都能等效为 T 形二端口网络吗？

$$\begin{bmatrix} \dot{U}_1 \\ \dot{U}_2 \end{bmatrix} = \begin{bmatrix} \dot{U}_{11} \\ \dot{U}_{21} \end{bmatrix} + \begin{bmatrix} \dot{U}_{12} \\ \dot{U}_{22} \end{bmatrix} = \mathbf{Z}_1 \begin{bmatrix} \dot{I}_{11} \\ \dot{I}_{21} \end{bmatrix} + \mathbf{Z}_2 \begin{bmatrix} \dot{I}_{12} \\ \dot{I}_{22} \end{bmatrix} = (\mathbf{Z}_1 + \mathbf{Z}_2) \begin{bmatrix} \dot{I}_1 \\ \dot{I}_2 \end{bmatrix} = \mathbf{Z} \begin{bmatrix} \dot{I}_1 \\ \dot{I}_2 \end{bmatrix}$$

即

$$\mathbf{Z} = \mathbf{Z}_1 + \mathbf{Z}_2$$

11.2.2 导纳方程和 Y 参数

1. 导纳方程和 Y 参数

对图 11-2 所示的二端口网络，在两个端口上各施加一个电压源，如图 11-7a 所示。由叠加定理，图 11-7a 所示电路可视为图 11-7b 和图 11-7c 所示电路的叠加。对后两者电路，分别有 $\dot{I}_1' = Y_{11} \dot{U}_1$，$\dot{I}_2' = Y_{21} \dot{U}_1$；$\dot{I}_1'' = Y_{12} \dot{U}_2$，$\dot{I}_2'' = Y_{22} \dot{U}_2$。因为 $\dot{I}_1 = \dot{I}_1' + \dot{I}_1''$，$\dot{I}_2 = \dot{I}_2' + \dot{I}_2''$，故

$$\left. \begin{array}{l} \dot{I}_1 = Y_{11} \dot{U}_1 + Y_{12} \dot{U}_2 \\ \dot{I}_2 = Y_{21} \dot{U}_1 + Y_{22} \dot{U}_2 \end{array} \right\} \quad (11\text{-}4)$$

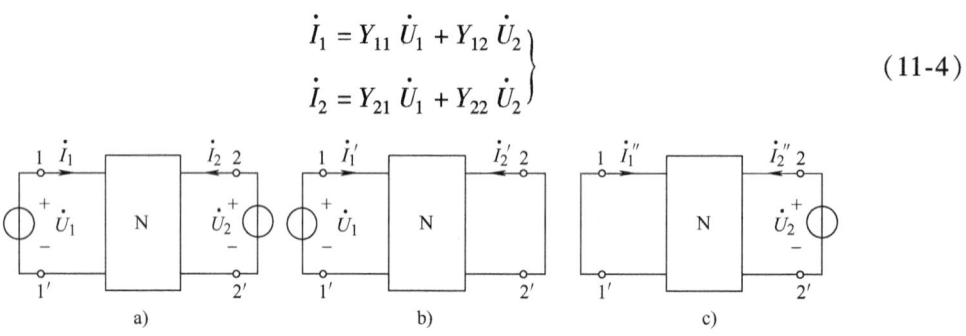

图 11-7 二端口网络的导纳方程和 Y 参数

式(11-4) 为导纳方程，式中 Y_{11}、Y_{12}、Y_{21}、Y_{22} 为 Y 参数，具有导纳的量纲。式(11-4) 的矩阵形式为

$$\begin{bmatrix} \dot{I}_1 \\ \dot{I}_2 \end{bmatrix} = \begin{bmatrix} Y_{11} & Y_{12} \\ Y_{21} & Y_{22} \end{bmatrix} \begin{bmatrix} \dot{U}_1 \\ \dot{U}_2 \end{bmatrix} \quad (11\text{-}5)$$

式(11-5) 中系数矩阵为 Y 参数矩阵，记为 **Y**。由式(11-4) 可得

$$Y_{11} = \left. \frac{\dot{I}_1}{\dot{U}_1} \right|_{\dot{U}_2 = 0} \quad Y_{21} = \left. \frac{\dot{I}_2}{\dot{U}_1} \right|_{\dot{U}_2 = 0} \quad Y_{12} = \left. \frac{\dot{I}_1}{\dot{U}_2} \right|_{\dot{U}_1 = 0} \quad Y_{22} = \left. \frac{\dot{I}_2}{\dot{U}_2} \right|_{\dot{U}_1 = 0} \quad (11\text{-}6)$$

式(11-6) 中前两项是令端口 22′短路，即 $\dot{U}_2 = 0$，在端口 11′加一电压源 $\dot{U}_1$ 得到，如图 11-7b 所示，Y_{11} 为端口 22′短路时的输入导纳；Y_{21} 为端口 22′短路时端口 11′转移到端口 22′的转移导纳。

式(11-6) 中后两项是令端口 11′短路，即 $\dot{U}_1 = 0$，在端口 22′加一电压源 $\dot{U}_2$ 得到，如图 11-7c 所示。Y_{12} 为端口 11′短路时，端口 22′转移到端口 11′的转移导纳。Y_{22} 为端口 11′短路时的输入导纳。

2. Y 参数的求法

Y 参数可按式(11-6) 中的定义求，也可根据端口伏安特性求。

例 11-4 求图 11-8a 所示二端口网络的 Y 参数。

思一思：两个二端口网络串联后满足端口条件吗？

记一记：Y 参数是在一个端口短路的情况下得到的，故 Y 参数又称为短路导纳参数。

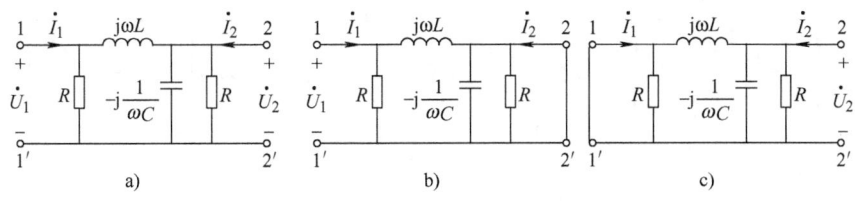

图 11-8 例 11-3 图

解 令端口 22′ 短路，如图 11-8b 所示，当右侧 R、C 元件短路时

$$Y_{11} = \left.\frac{\dot{I}_1}{\dot{U}_1}\right|_{\dot{U}_2=0} = \frac{1}{R} + \frac{1}{j\omega L} \qquad Y_{21} = \left.\frac{\dot{I}_2}{\dot{U}_1}\right|_{\dot{U}_2=0} = -\frac{1}{j\omega L}$$

令端口 11′ 短路，如图 11-8c 所示，当左侧 R 元件短路时

$$Y_{12} = \left.\frac{\dot{I}_1}{\dot{U}_2}\right|_{\dot{U}_1=0} = -\frac{1}{j\omega L} \qquad Y_{22} = \left.\frac{\dot{I}_2}{\dot{U}_2}\right|_{\dot{U}_1=0} = \frac{1}{R} + \frac{1}{j\omega L} + j\omega C$$

若无源线性二端口网络能等效为如图 11-9 所示的 π 形二端口网络，则有

$$Y_{21} = \left.\frac{\dot{I}_2}{\dot{U}_1}\right|_{\dot{U}_2=0} = Y_{12} = \left.\frac{\dot{I}_1}{\dot{U}_2}\right|_{\dot{U}_1=0} = -Y_2$$

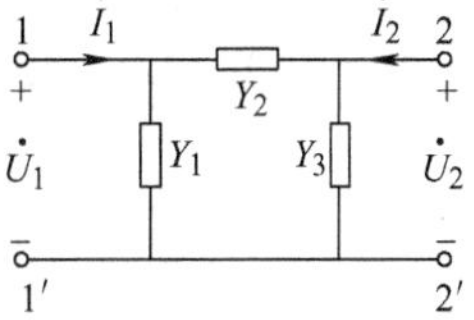

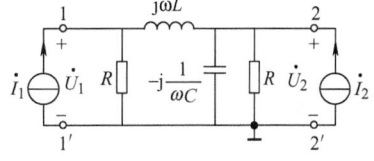

图 11-9 π 形二端口网络

Y 参数中只有 3 个是独立的。若无源线性二端口网络对称（本例中 $C=0$），即 $Y_1 = Y_3$，则 Y 参数中仅 2 个是独立的。

例 11-5 求图 11-8a 所示二端口网络的 Y 参数。

解 图 11-8a 所示的二端口网络可用图 11-10 所示电路表示，列节点电压法方程为

$$\left(\frac{1}{R} + \frac{1}{j\omega L}\right)\dot{U}_1 - \frac{1}{j\omega L}\dot{U}_2 = \dot{I}_1$$

$$-\frac{1}{j\omega L}\dot{U}_1 + \left(\frac{1}{R} + \frac{1}{j\omega L} + j\omega C\right)\dot{U}_2 = \dot{I}_2$$

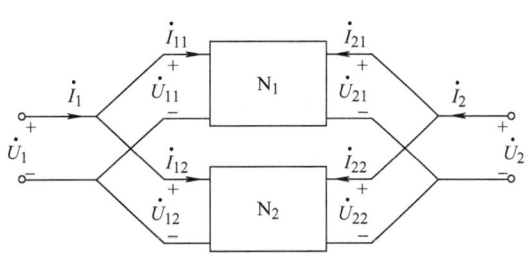

图 11-10 例 11-5 图

同式 (11-4) 比较，得 $Y_{11} = \frac{1}{R} + \frac{1}{j\omega L}$，$Y_{12} = Y_{21} = -\frac{1}{j\omega L}$，$Y_{22} = \frac{1}{R} + \frac{1}{j\omega L} + j\omega C$。

例 11-6 求图 11-11 所示二端口网络的 Y 参数。

解 两个二端口网络的输入端口和输出端口分别并联时，称这两个二端口网络并联。如图 11-11 所示电路中

$$\dot{U}_1 = \dot{U}_{11} = \dot{U}_{12} \qquad \dot{I}_1 = \dot{I}_{11} + \dot{I}_{12}$$

$$\dot{U}_2 = \dot{U}_{21} = \dot{U}_{22} \qquad \dot{I}_2 = \dot{I}_{21} + \dot{I}_{22}$$

故两个二端口网络 N_1 和 N_2 并联。设 N_1 和 N_2 的 Y 参数分别为 $\boldsymbol{Y}_1$ 和 $\boldsymbol{Y}_2$，则

图 11-11 例 11-6 图

比一比：例 11-4 和例 11-5 中哪种方法更适用于你？

$$\begin{bmatrix}\dot{I}_1\\\dot{I}_2\end{bmatrix}=\begin{bmatrix}\dot{I}_{11}\\\dot{I}_{21}\end{bmatrix}+\begin{bmatrix}\dot{I}_{12}\\\dot{I}_{22}\end{bmatrix}=\boldsymbol{Y}_1\begin{bmatrix}\dot{U}_{11}\\\dot{U}_{21}\end{bmatrix}+\boldsymbol{Y}_2\begin{bmatrix}\dot{U}_{12}\\\dot{U}_{22}\end{bmatrix}=(\boldsymbol{Y}_1+\boldsymbol{Y}_2)\begin{bmatrix}\dot{U}_1\\\dot{U}_2\end{bmatrix}=\boldsymbol{Y}\begin{bmatrix}\dot{U}_1\\\dot{U}_2\end{bmatrix}$$

即
$$\boldsymbol{Y}=\boldsymbol{Y}_1+\boldsymbol{Y}_2$$

3. Y 参数和 Z 参数的关系

由式(11-2)和式(11-5)得

$$\begin{bmatrix}\dot{U}_1\\\dot{U}_2\end{bmatrix}=\begin{bmatrix}Z_{11}&Z_{12}\\Z_{21}&Z_{22}\end{bmatrix}\begin{bmatrix}\dot{I}_1\\\dot{I}_2\end{bmatrix}=\begin{bmatrix}Z_{11}&Z_{12}\\Z_{21}&Z_{22}\end{bmatrix}\begin{bmatrix}Y_{11}&Y_{12}\\Y_{21}&Y_{22}\end{bmatrix}\begin{bmatrix}\dot{U}_1\\\dot{U}_2\end{bmatrix}$$

故 $\boldsymbol{ZY}=\boldsymbol{1}$，即 $\boldsymbol{Y}=\boldsymbol{Z}^{-1}$，$\boldsymbol{Z}=\boldsymbol{Y}^{-1}$。由线性代数知识得

$$\begin{bmatrix}Y_{11}&Y_{12}\\Y_{21}&Y_{22}\end{bmatrix}=\frac{\begin{bmatrix}Z_{22}&-Z_{12}\\-Z_{21}&Z_{11}\end{bmatrix}}{\begin{vmatrix}Z_{11}&Z_{12}\\Z_{21}&Z_{22}\end{vmatrix}} \qquad \begin{bmatrix}Z_{11}&Z_{12}\\Z_{21}&Z_{22}\end{bmatrix}=\frac{\begin{bmatrix}Y_{22}&-Y_{12}\\-Y_{21}&Y_{11}\end{bmatrix}}{\begin{vmatrix}Y_{11}&Y_{12}\\Y_{21}&Y_{22}\end{vmatrix}}$$

例 11-7 求图 11-5 所示二端口网络的 Y 参数。

解 由例 11-2 的解可知，图 11-5 所示电路的 Z 参数矩阵为

$$\boldsymbol{Z}=\begin{bmatrix}8&3\\7&5\end{bmatrix}\Omega$$

由 $\boldsymbol{Y}=\boldsymbol{Z}^{-1}$，可得

$$\begin{bmatrix}Y_{11}&Y_{12}\\Y_{21}&Y_{22}\end{bmatrix}=\frac{\begin{bmatrix}5&-3\\-7&8\end{bmatrix}}{\begin{vmatrix}8&3\\7&5\end{vmatrix}}=\frac{1}{8\times5-3\times7}\begin{bmatrix}5&-3\\-7&8\end{bmatrix}=\begin{bmatrix}\dfrac{5}{19}&-\dfrac{3}{19}\\-\dfrac{7}{19}&\dfrac{8}{19}\end{bmatrix}S$$

一般含受控源的无源线性二端口网络的 Y 参数中 4 个都是独立的。

11.3 二端口网络 H 参数和 T 参数

11.3.1 混合方程和 H 参数

1. 混合方程和 H 参数

对图 11-2 所示的二端口网络，在两个端口上各施加一个电流源和一个电压源，如图 11-12a 所示。由叠加定理，图 11-12a 所示电路可视为图 11-12b 和图 11-12c 所示电路的叠加。对后两者电路，分别有 $\dot{U}'_1=H_{11}\dot{I}_1$，$\dot{I}'_2=H_{21}\dot{I}_1$；$\dot{U}''_1=H_{12}\dot{U}_2$，$\dot{I}''_2=H_{22}\dot{U}_2$。因为 $\dot{U}_1=\dot{U}'_1+\dot{U}''_1$，$\dot{I}_2=\dot{I}'_2+\dot{I}''_2$，故

$$\left.\begin{aligned}\dot{U}_1&=H_{11}\dot{I}_1+H_{12}\dot{U}_2\\\dot{I}_2&=H_{21}\dot{I}_1+H_{22}\dot{U}_2\end{aligned}\right\} \qquad (11\text{-}7)$$

式(11-7)为混合方程，式中 H_{11}、H_{12}、H_{21}、H_{22} 为 H 参数。式(11-7)的矩阵形式为

议一议：行列式和矩阵的区别是什么？

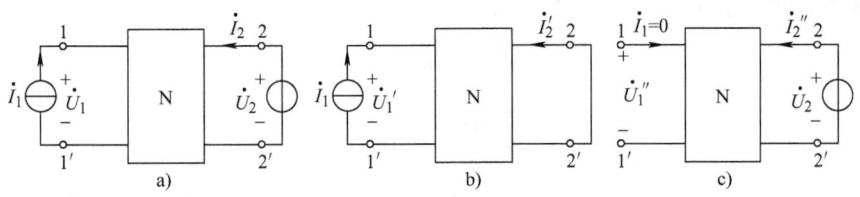

图 11-12 二端口网络的混合方程和 H 参数

$$\begin{bmatrix} \dot{U}_1 \\ \dot{I}_2 \end{bmatrix} = \begin{bmatrix} H_{11} & H_{12} \\ H_{21} & H_{22} \end{bmatrix} \begin{bmatrix} \dot{I}_1 \\ \dot{U}_2 \end{bmatrix} \Bigg\} \tag{11-8}$$

式(11-8) 中系数矩阵为 H 参数矩阵, 记为 **H**。由式(11-7) 可得

$$H_{11} = \frac{\dot{U}_1}{\dot{I}_1}\bigg|_{\dot{U}_2=0} \qquad H_{21} = \frac{\dot{I}_2}{\dot{I}_1}\bigg|_{\dot{U}_2=0} \qquad H_{12} = \frac{\dot{U}_1}{\dot{U}_2}\bigg|_{\dot{I}_1=0} \qquad H_{22} = \frac{\dot{I}_2}{\dot{U}_2}\bigg|_{\dot{I}_1=0} \tag{11-9}$$

式(11-9) 中前两项是令端口 22′短路, 即 $\dot{U}_2 = 0$, 在端口 11′加一电流源 $\dot{I}_1$ 得到, 如图 11-12b 所示。H_{11} 为端口 22′短路时输入阻抗, 具有阻抗量纲; H_{21} 为端口 22′短路时转移电流比, 无量纲。

式(11-9) 中后两项是令端口 11′开路, 即 $\dot{I}_1 = 0$, 在端口 22′加一电压源 $\dot{U}_2$ 得到, 如图 11-12c 所示, H_{12} 为端口 11′开路时转移电压比, 无量纲。H_{22} 为端口 11′开路时的输入导纳, 具有导纳量纲。

2. H 参数的求法

H 参数可按式(11-9) 中的定义求, 也可根据端口伏安特性求。

例 11-8 求图 11-13a 所示三极管放大电路中简化等效电路的 H 参数。

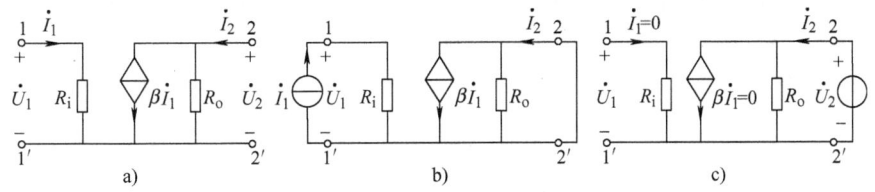

图 11-13 例 11-8 的图

解 令端口 22′短路, 如图 11-13b 所示, R_o 短路, 可得

$$H_{11} = \frac{\dot{U}_1}{\dot{I}_1}\bigg|_{\dot{U}_2=0} = R_i \qquad H_{21} = \frac{\dot{I}_2}{\dot{I}_1}\bigg|_{\dot{U}_2=0} = \beta$$

令端口 11′开路, 如图 11-13c 所示, R_i 上 $\dot{I}_1 = 0$, $\dot{U}_1 = 0$, $\beta \dot{I}_1 = 0$, 可得

$$H_{12} = \frac{\dot{U}_1}{\dot{U}_2}\bigg|_{\dot{I}_1=0} = 0 \qquad H_{22} = \frac{\dot{I}_2}{\dot{U}_2}\bigg|_{\dot{I}_1=0} = \frac{1}{R_o}$$

答一答: H 参数又称为混合参数, 为什么?

忆一忆: 晶闸管模型可用哪种电流受控源表示?

若按端口伏安特性求，对图 11-13a 所示电路有

$$\dot{U}_1 = R_i \dot{I}_1$$

$$\dot{I}_2 = \beta \dot{I}_1 + \frac{1}{R_o} \dot{U}_2$$

同式(11-7) 比较，可知 $H_{11} = R_i$，$H_{12} = 0$，$H_{21} = \beta$，$H_{22} = \frac{1}{R_o}$。一般含受控源的无源线性二端口网络的 H 参数中 4 个都是独立的。

3. H 参数与 Z 参数、Y 参数的关系

已知阻抗方程

$$\dot{U}_1 = Z_{11} \dot{I}_1 + Z_{12} \dot{I}_2 \tag{11-10}$$

$$\dot{U}_2 = Z_{21} \dot{I}_1 + Z_{22} \dot{I}_2 \tag{11-11}$$

由式(11-11) 得

$$\dot{I}_2 = \frac{-Z_{21} \dot{I}_1 + \dot{U}_2}{Z_{22}} = -\frac{Z_{21}}{Z_{22}} \dot{I}_1 + \frac{1}{Z_{22}} \dot{U}_2 \tag{11-12}$$

将式(11-12) 代入式(11-10) 得

$$\dot{U}_1 = Z_{11} \dot{I}_1 + Z_{12} \left(-\frac{Z_{21}}{Z_{22}} \dot{I}_1 + \frac{1}{Z_{22}} \dot{U}_2 \right) = \frac{Z_{11}Z_{22} - Z_{12}Z_{21}}{Z_{22}} \dot{I}_1 + \frac{Z_{12}}{Z_{22}} \dot{U}_2 \tag{11-13}$$

将式(11-13) 和式(11-12) 同式(11-7) 比较，可知

$$H_{11} = \frac{Z_{11}Z_{22} - Z_{12}Z_{21}}{Z_{22}} \quad H_{12} = \frac{Z_{12}}{Z_{22}} \quad H_{21} = -\frac{Z_{21}}{Z_{22}} \quad H_{22} = \frac{1}{Z_{22}}$$

由例 11-1 可知，若无源线性二端口网络能等效为图 11-4a 所示 T 形二端口网络，$Z_{21} = Z_{12}$，Z 参数中只有 3 个是独立的，此时，$H_{12} = -H_{21}$，H 参数中只有 3 个是独立的。若无源线性二端口网络对称，则 $Z_{21} = Z_{12}$，$Z_{11} = Z_{22}$，Z 参数中仅 2 个是独立的，此时，$H_{12} = -H_{21}$，$H_{11}H_{22} - H_{12}H_{21} = 1$，$H$ 参数中仅 2 个是独立的。

已知导纳方程

$$\dot{I}_1 = Y_{11} \dot{U}_1 + Y_{12} \dot{U}_2 \tag{11-14}$$

$$\dot{I}_2 = Y_{21} \dot{U}_1 + Y_{22} \dot{U}_2 \tag{11-15}$$

由式(11-14) 得

$$\dot{U}_1 = \frac{\dot{I}_1 - Y_{12} \dot{U}_2}{Y_{11}} = \frac{1}{Y_{11}} \dot{I}_1 - \frac{Y_{12}}{Y_{11}} \dot{U}_2 \tag{11-16}$$

将式(11-16) 代入式(11-15) 得

$$\dot{I}_2 = Y_{21} \left(\frac{1}{Y_{11}} \dot{I}_1 - \frac{Y_{12}}{Y_{11}} \dot{U}_2 \right) + Y_{22} \dot{U}_2 = \frac{Y_{21}}{Y_{11}} \dot{I}_1 + \frac{Y_{11}Y_{22} - Y_{12}Y_{21}}{Y_{11}} \dot{U}_2 \tag{11-17}$$

将式(11-16) 和式(11-17) 同式(11-7) 比较，可知

$$H_{11} = \frac{1}{Y_{11}} \quad H_{12} = -\frac{Y_{12}}{Y_{11}} \quad H_{21} = \frac{Y_{21}}{Y_{11}} \quad H_{22} = \frac{Y_{11}Y_{22} - Y_{12}Y_{21}}{Y_{11}}$$

推一推：由 H 参数如何得到 Z 参数或 Y 参数？

11.3.2 传输方程和 T 参数

1. 传输方程和 T 参数

已知阻抗方程为

$$\dot{U}_1 = Z_{11}\dot{I}_1 + Z_{12}\dot{I}_2 \tag{11-18}$$

$$\dot{U}_2 = Z_{21}\dot{I}_1 + Z_{22}\dot{I}_2 \tag{11-19}$$

由式(11-19)得

$$\dot{I}_1 = \frac{\dot{U}_2 - Z_{22}\dot{I}_2}{Z_{21}} = \frac{1}{Z_{21}}\dot{U}_2 + \frac{Z_{22}}{Z_{21}}(-\dot{I}_2) \tag{11-20}$$

将式(11-20)代入式(11-18)得

$$\dot{U}_1 = Z_{11}\left(\frac{1}{Z_{21}}\dot{U}_2 + \frac{Z_{22}}{Z_{21}}(-\dot{I}_2)\right) + Z_{12}\dot{I}_2 = \frac{Z_{11}}{Z_{21}}\dot{U}_2 + \frac{Z_{11}Z_{22} - Z_{12}Z_{21}}{Z_{21}}(-\dot{I}_2) \tag{11-21}$$

若将式(11-21)和式(11-20)写成

$$\left.\begin{array}{l}\dot{U}_1 = A\dot{U}_2 + B(-\dot{I}_2)\\ \dot{I}_1 = C\dot{U}_2 + D(-\dot{I}_2)\end{array}\right\} \tag{11-22}$$

则

$$A = \frac{Z_{11}}{Z_{21}} \quad B = \frac{Z_{11}Z_{22} - Z_{12}Z_{21}}{Z_{21}} \quad C = \frac{1}{Z_{21}} \quad D = \frac{Z_{22}}{Z_{21}} \tag{11-23}$$

式(11-22)为传输方程,式中 A、B、C、D 为 T 参数。式(11-22)的矩阵形式为

$$\begin{bmatrix}\dot{U}_1\\ \dot{I}_1\end{bmatrix} = \begin{bmatrix}A & B\\ C & D\end{bmatrix}\begin{bmatrix}\dot{U}_2\\ -\dot{I}_2\end{bmatrix} \tag{11-24}$$

式(11-24)中系数矩阵为 T 参数矩阵,记为 T。由式(11-22)可得

$$A = \left.\frac{\dot{U}_1}{\dot{U}_2}\right|_{\dot{I}_2=0} \quad C = \left.\frac{\dot{I}_1}{\dot{U}_2}\right|_{\dot{I}_2=0} \quad B = \left.\frac{\dot{U}_1}{-\dot{I}_2}\right|_{\dot{U}_2=0} \quad D = \left.\frac{\dot{I}_1}{-\dot{I}_2}\right|_{\dot{U}_2=0} \tag{11-25}$$

式(11-25)中前两项是令端口 22′开路,即 $\dot{I}_2 = 0$ 时得到,A 为转移电压比,无量纲;C 为转移导纳,具有导纳量纲。

式(11-25)中后两项是令端口 22′短路,即 $\dot{U}_2 = 0$ 时得到,B 为转移阻抗,具有阻抗量纲;D 为转移电流比,无量纲。

2. T 参数的求法

T 参数可按式(11-25)中的定义求,也可根据端口伏安特性求。

例 11-9 求图 11-14a 所示二端口网络的 T 参数。

解 令端口 22′开路,如图 11-14b 所示,$\dot{I}_2 = 0$,$\dot{I}'_1 = 0$,可得

$$A = \left.\frac{\dot{U}_1}{\dot{U}_2}\right|_{\dot{I}_2=0} = 2 \qquad C = \left.\frac{\dot{I}_1}{\dot{U}_2}\right|_{\dot{I}_2=0} = \left.\frac{2\dot{I}_1}{\dot{U}_1}\right|_{\dot{I}_2=0} = \mathrm{j}2\omega C$$

辨一辨:理想变压器能用 Z 参数、Y 参数、H 参数和 T 参数中哪些参数表示?

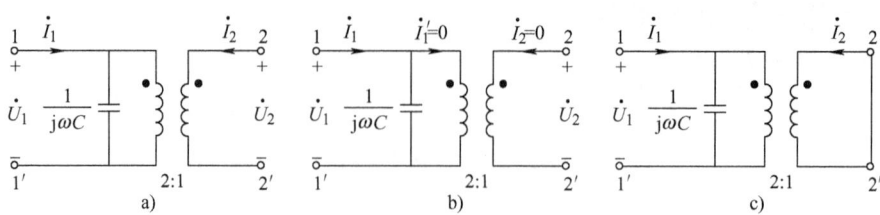

图 11-14 例 11-9 的图

令端口 22′ 短路,如图 11-14c 所示,$\dot{U}_2 = 0$,$\dot{U}_1 = 0$,C 元件上电流为零,可得

$$B = \left.\frac{\dot{U}_1}{-\dot{I}_2}\right|_{\dot{U}_2=0} = 0 \qquad D = \left.\frac{\dot{I}_1}{-\dot{I}_2}\right|_{\dot{U}_2=0} = \frac{1}{2}$$

若按端口伏安特性求,对图 11-14a 所示电路有

$$\dot{U}_1 = 2\dot{U}_2$$

$$\dot{I}_1 = j\omega C \dot{U}_1 - \frac{1}{2}\dot{I}_2 = j2\omega C \dot{U}_2 - \frac{1}{2}\dot{I}_2$$

同式 (11-22) 比较,可知 $A = 2$,$B = 0$,$C = j2\omega C$,$D = \frac{1}{2}$。一般含受控源的无源线性二端口网络的 T 参数中 4 个都是独立的。

由例 11-1 可知,若无源线性二端口网络能等效为图 11-4a 所示 T 形二端口网络,$Z_{21} = Z_{12}$,Z 参数中只有 3 个是独立的。由式 (11-23) 得,$AD - BC = 1$,T 参数中只有 3 个是独立的。若无源线性二端口网络对称,则 $Z_{21} = Z_{12}$,$Z_{11} = Z_{22}$,Z 参数中仅 2 个是独立的,此时,$AD - BC = 1$,$A = D$,T 参数中仅 2 个是独立的。

例 11-10 求图 11-15 所示二端口网络的 T 参数。

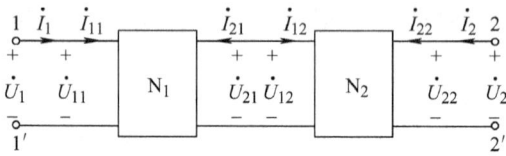

图 11-15 例 11-10 的图

解 一个二端口网络的输出端口和另一个二端口网络的输入端口相联时,称这两个二端口网络级联。图 11-15 所示电路中有

$$\dot{U}_1 = \dot{U}_{11} \qquad \dot{U}_{21} = \dot{U}_{12} \qquad \dot{U}_2 = \dot{U}_{22} \qquad \dot{I}_1 = \dot{I}_{11}$$

$$\dot{I}_{21} = -\dot{I}_{12} \qquad \dot{I}_2 = \dot{I}_{22}$$

故两个二端口网络 N_1 和 N_2 级联。设 N_1 和 N_2 的 T 参数分别为 T_1 和 T_2,则

$$\begin{bmatrix}\dot{U}_1\\ \dot{I}_1\end{bmatrix} = \begin{bmatrix}\dot{U}_{11}\\ \dot{I}_{11}\end{bmatrix} = T_1\begin{bmatrix}\dot{U}_{21}\\ -\dot{I}_{21}\end{bmatrix} = T_1\begin{bmatrix}\dot{U}_{12}\\ \dot{I}_{12}\end{bmatrix} = T_1 T_2\begin{bmatrix}\dot{U}_{22}\\ -\dot{I}_{22}\end{bmatrix} = T\begin{bmatrix}\dot{U}_2\\ -\dot{I}_2\end{bmatrix}$$

即

$$T = T_1 T_2$$

聊一聊:T 参数方程中自变量输出电流前为什么加负号?

11.4 二端口网络的等效电路

任何一个线性无源二端口网络,不管内部如何复杂,在保持端口特性不变的条件下,总可以用一个最简的线性无源二端口网络等效替代。

11.4.1 已知 Z 参数用 T 形二端口网络等效

由式(11-1),二端口网络的阻抗方程为

$$\left.\begin{array}{l}\dot{U}_1 = Z_{11}\dot{I}_1 + Z_{12}\dot{I}_2 \\ \dot{U}_2 = Z_{21}\dot{I}_1 + Z_{22}\dot{I}_2\end{array}\right\} \quad (11\text{-}26)$$

将式(11-26)写为

$$\left.\begin{array}{l}\dot{U}_1 = (Z_{11} - Z_{12})\dot{I}_1 + Z_{12}(\dot{I}_1 + \dot{I}_2) \\ \dot{U}_2 = (Z_{22} - Z_{12})\dot{I}_2 + Z_{12}(\dot{I}_1 + \dot{I}_2) + (Z_{21} - Z_{12})\dot{I}_1\end{array}\right\} \quad (11\text{-}27)$$

由式(11-27),可画出图 11-16 所示的 T 形等效电路。

11.4.2 已知 Y 参数用 π 形二端口网络等效

由式(11-4),二端口网络的导纳方程为

$$\left.\begin{array}{l}\dot{I}_1 = Y_{11}\dot{U}_1 + Y_{12}\dot{U}_2 \\ \dot{I}_2 = Y_{21}\dot{U}_1 + Y_{22}\dot{U}_2\end{array}\right\} \quad (11\text{-}28)$$

将式(11-28)写为

$$\left.\begin{array}{l}\dot{I}_1 = (Y_{11} + Y_{12})\dot{U}_1 - Y_{12}(\dot{U}_1 - \dot{U}_2) \\ \dot{I}_2 = (Y_{22} + Y_{12})\dot{U}_2 - Y_{12}(\dot{U}_2 - \dot{U}_1) + (Y_{21} - Y_{12})\dot{U}_1\end{array}\right\} \quad (11\text{-}29)$$

由式(11-29),可画出图 11-17 所示的 π 形等效电路。

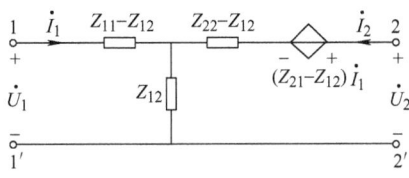

图 11-16 T 形等效电路

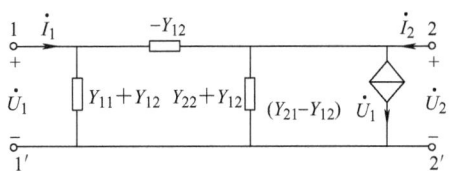

图 11-17 π 形等效电路

11.4.3 已知任意二端口网络参数用 T 形或 π 形二端口网络等效

由于各二端口网络参数之间可等效变换,当变换为 Z 参数时就可用 T 形二端口网络等效,变换为 Y 参数时就可用 π 形二端口网络等效。

例 11-11 求图 11-18a 所示二端口网络的 T 形和 π 形等效电路。

解 对图 11-18a 所示电路,令端口 22′开路,则

$$Z_{11} = \frac{\dot{U}_1}{\dot{I}_1}\bigg|_{\dot{I}_2=0} = \frac{(4+1)(3+2)}{4+1+3+2}\Omega = 2.5\Omega$$

读一读:等效前后的这两个二端口网络的网络参数完全相等。

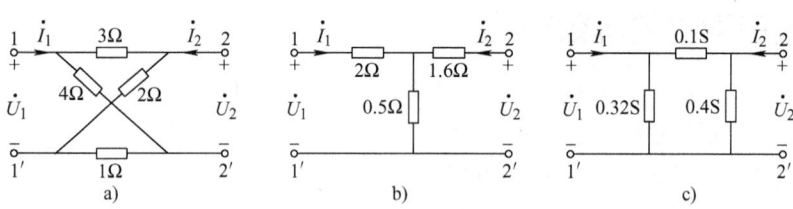

图 11-18 例 11-11 的图

$$Z_{21} = \frac{\dot{U}_2}{\dot{I}_1}\bigg|_{\dot{I}_2=0} = \frac{\frac{1}{2}\dot{I}_1 \times 2 - \frac{1}{2}\dot{I}_1 \times 1}{\dot{I}_1} = 0.5\Omega$$

令端口 11′ 开路,则

$$Z_{12} = \frac{\dot{U}_1}{\dot{I}_2}\bigg|_{\dot{I}_1=0} = \frac{\frac{3}{10}\dot{I}_2 \times 4 - \frac{7}{10}\dot{I}_2 \times 1}{\dot{I}_2} = 0.5\Omega$$

$$Z_{22} = \frac{\dot{U}_2}{\dot{I}_2}\bigg|_{\dot{I}_1=0} = \frac{(2+1)(3+4)}{2+1+3+4}\Omega = 2.1\Omega$$

对照图 11-16 可画出图 11-18b 所示的 T 形等效电路。

由于 $\boldsymbol{Y} = \boldsymbol{Z}^{-1}$,故

$$\boldsymbol{Y} = \begin{bmatrix} Y_{11} & Y_{12} \\ Y_{21} & Y_{22} \end{bmatrix} = \frac{\begin{bmatrix} 2.1 & -0.5 \\ -0.5 & 2.5 \end{bmatrix}}{\begin{vmatrix} 2.5 & 0.5 \\ 0.5 & 2.1 \end{vmatrix}} = \frac{1}{5}\begin{bmatrix} 2.1 & -0.5 \\ -0.5 & 2.5 \end{bmatrix} = \begin{bmatrix} 0.42 & -0.1 \\ -0.1 & 0.5 \end{bmatrix}S$$

对照图 11-17 可画出图 11-18c 所示的 π 形等效电路。

例 11-12 如图 11-19a 所示电路中,N 为无源线性电阻二端口网络,其 T 参数矩阵为

$$\boldsymbol{T} = \begin{bmatrix} 2 & 10 \\ 0.5 & 3 \end{bmatrix}$$

试求 $\dot{I}_1$、$\dot{I}_2$、$\dot{U}_2$。

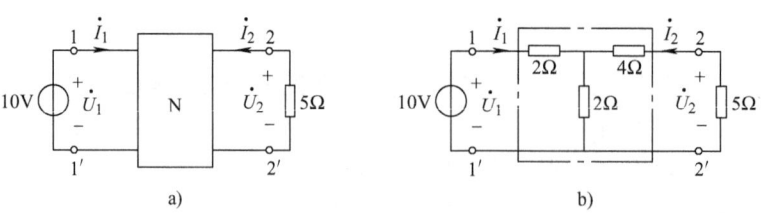

图 11-19 例 11-12 的图

解 由 T 参数矩阵得

$$\dot{U}_1 = 2\dot{U}_2 + 10(-\dot{I}_2) \tag{11-30}$$

$$\dot{I}_1 = 0.5\dot{U}_2 + 3(-\dot{I}_2) \tag{11-31}$$

考一考:为什么说图 11-18a、图 11-18b 和图 11-18c 所示三个电路对外都是等效的?

由式(11-31) 得

$$\dot{U}_2 = \frac{\dot{I}_1 + 3\dot{I}_2}{0.5} = 2\dot{I}_1 + 6\dot{I}_2 \quad (11\text{-}32)$$

将式(11-32) 代入式(11-30) 得

$$\dot{U}_1 = 2(2\dot{I}_1 + 6\dot{I}_2) - 10\dot{I}_2 = 4\dot{I}_1 + 2\dot{I}_2 \quad (11\text{-}33)$$

将式(11-33) 和式(11-32) 同式(11-1) 对比，得 $Z_{11} = 4\Omega$，$Z_{12} = Z_{21} = 2\Omega$，$Z_{22} = 6\Omega$。对照图 11-16 可画出图 11-19b 虚线框所示的 T 形等效电路。对图 11-19b 所示电路有

$$\dot{I}_1 = \frac{10}{2 + \frac{2 \times 9}{2 + 9}}\text{A} = 2.75\text{A} \qquad \dot{I}_2 = -\dot{I}_1 \times \frac{2}{2 + 9} = -0.5\text{A}$$

$$\dot{U}_2 = -5\dot{I}_2 = 2.5\text{V}$$

11.5 回转器

11.5.1 回转器伏安特性

回转器是一种二端口网络元件，其电路符号如图 11-20 所示，图中箭头表示回转方向，其伏安关系可表示为

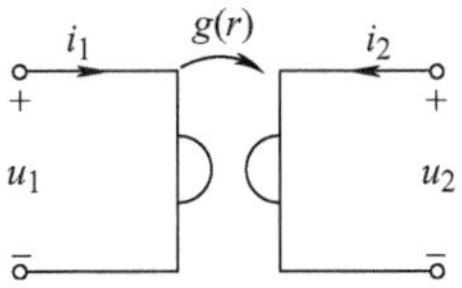

$$\left.\begin{array}{l} i_1 = gu_2 \\ i_2 = -gu_1 \end{array}\right\} \quad (11\text{-}34)$$

或

$$\left.\begin{array}{l} u_1 = -ri_2 \\ u_2 = ri_1 \end{array}\right\} \quad (11\text{-}35)$$

图 11-20 回转器

式(11-34) 和式(11-35) 中，g 和 r 分别为回转器的回转电导和回转电阻，单位分别为 S 和 Ω。g 和 r 简称回转常数，且 $g = \frac{1}{r}$。

11.5.2 回转器等效电路

由式(11-34)，回转器等效电路可用如图 11-21a 所示受控电流源电路表示；由式(11-35)，可用如图 11-21b 所示受控电压源电路表示。

11.5.3 回转器性质

1. 回转性

由式(11-34) 和式(11-35) 可知，回转器的一端口电压（或电流）可用另一端口电流（或电压）表示，即回转器具有把一个端口的电压（或电流）"回转"成另一端口电流（或电压）的作用。利用这一

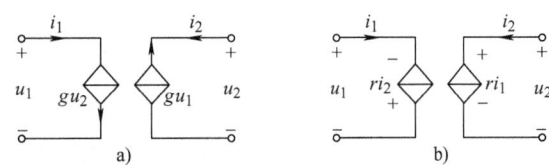

图 11-21 回转器的等效电路

变一变：传输方程如何变形才能成为阻抗方程？

性质，如图 11-22a 所示，在回转器端口 22′接电容 C，则由式(11-35)得

$$u_1 = -ri_2 = -r\left(-C\frac{du_2}{dt}\right)$$
$$= rC\frac{du_2}{dt} = rC\frac{d(ri_1)}{dt}$$
$$= r^2C\frac{di_1}{dt} = L\frac{di_1}{dt}$$

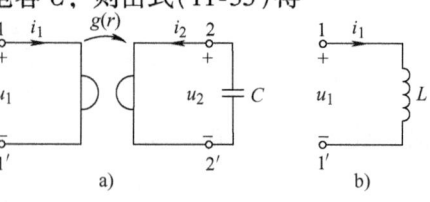

图 11-22 回转器把电容"回转"成电感

从端口 11′看进去就是电感，如图 11-22b 所示，且 $L = r^2C$。回转器把电容"回转"成了电感。

2. 无源性

对图 11-20 所示电路，在任一时刻，输入回转器的瞬时功率为

$$p = u_1i_1 + u_2i_2 = -ri_2i_1 + -ri_1i_2 = 0$$

说明回转器与理想变压器一样，是一个既不储能也不耗能的理想二端口无源元件。

11.5.4 回转器的实现

回转器可利用运算放大器电路实现。如图 11-23 所示电路，当运算放大器输入端"虚断"时，列节点 1、2、3、5 的节点电压法方程为

$$(G+G)u_1 - Gu_{n4} - Gu_2 = i_1$$
$$-Gu_1 + (G+G)u_2 - Gu_{n6} = i_2$$
$$(G+G)u_{n3} - Gu_{n4} = 0$$
$$-Gu_{n4} + (G+G)u_{n5} - Gu_{n6} = 0$$

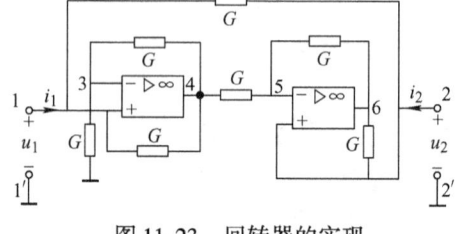

图 11-23 回转器的实现

当运算放大器输入端"虚短"时

$$u_{n3} = u_1$$
$$u_{n5} = u_2$$

联立求解上述方程组可得

$$i_1 = -Gu_2$$
$$i_2 = Gu_1$$

实现了回转器功能。

本 章 小 结

1. 二端口网络具有二个端口，在每个端口上都满足电流流进一个端钮，再从另一个端钮流出的端口条件。

2. Z 参数方程为

$$\dot{U}_1 = Z_{11}\dot{I}_1 + Z_{12}\dot{I}_2$$
$$\dot{U}_2 = Z_{21}\dot{I}_1 + Z_{22}\dot{I}_2$$

Z 参数 Z_{11}、Z_{12}、Z_{21}、Z_{22} 可按定义求，但常用支路电流法、网孔电流法求。

3. Y 参数方程为

$$\dot{I}_1 = Y_{11}\dot{U}_1 + Y_{12}\dot{U}_2$$

算一算：图 11-22 中，若 $r = 1\text{k}\Omega$，$C = 1\mu\text{F}$，则等效电感 L 为多少？

$$\dot{I}_2 = Y_{21}\dot{U}_1 + Y_{22}\dot{U}_2$$

Y 参数 Y_{11}、Y_{12}、Y_{21}、Y_{22} 可按定义求，但常用节点电压法求。Z 参数矩阵和 Y 参数矩阵互为逆矩阵。

4. H 参数方程为

$$\dot{U}_1 = H_{11}\dot{I}_1 + H_{12}\dot{U}_2$$
$$\dot{I}_2 = H_{21}\dot{I}_1 + H_{22}\dot{U}_2$$

H 参数可按定义求，也可由 Z 参数方程或 Y 参数方程变换成 H 参数方程求。

5. T 参数方程为

$$\dot{U}_1 = A\dot{U}_2 + B(-\dot{I}_2)$$
$$\dot{I}_1 = C\dot{U}_2 + D(-\dot{I}_2)$$

T 参数可按定义求，也可由其他三种参数方程变换成 H 参数方程求。

6. 二端口网络以 Z 参数呈现时可用 T 形二端口网络等效，以 Y 参数呈现时可用 π 形二端口网络等效。

7. 回转器的一个重要用途是可把电容"回转"成电感。

● 实验链接

1. 单个线性无源二端口网络参数测量：Z 参数测量、Y 参数测量、H 参数测量和 T 参数测量。
2. 两个线性无源二端口网络串联、并联和级联连接时参数的测量。
3. **拓展性实验** 回转器的设计、实现和测量。

※小知识

回转器把电容"回转"成了电感，在工程上有重要意义。在微电子器件中易于集成电容，却难以集成电感，利用回转器和电容模拟电感是一种有效方法。

习 题

判一判

1. 具有四个引出端钮的网络都是二端口网络。
2. 二端口网络一定是四端网络，但四端网络不一定是二端口网络。
3. 三端元件一般都可以用二端口网络理论进行研究。
4. 二端口网络的内部总是连通的。
5. 二端网络有一个输入端和一个输出端。
6. 不论二端口网络内部是否含有独立源和受控源，都可以只用 Z 参数或 Y 参数表示。

选一选

1. 理想变压器可用_____表示。
   A. Z 参数　　　B. Y 参数　　　C. H 参数　　　D. T 参数
2. H 参数矩阵的单位为_____。
   A. $\begin{bmatrix} S & \times \\ \times & \Omega \end{bmatrix}$　　B. $\begin{bmatrix} \Omega & \times \\ \times & S \end{bmatrix}$　　C. $\begin{bmatrix} \times & S \\ \Omega & \times \end{bmatrix}$　　D. $\begin{bmatrix} \times & \Omega \\ S & \times \end{bmatrix}$
   （注：×表示无量纲）
3. T 参数矩阵的单位为_____。
   A. $\begin{bmatrix} S & \times \\ \times & \Omega \end{bmatrix}$　　B. $\begin{bmatrix} \Omega & \times \\ \times & S \end{bmatrix}$　　C. $\begin{bmatrix} \times & S \\ \Omega & \times \end{bmatrix}$　　D. $\begin{bmatrix} \times & \Omega \\ S & \times \end{bmatrix}$
   （注：×表示无量纲）
4. 因为 Z 参数矩阵和 Y 参数矩阵互为逆矩阵，所以 $Y_{22} =$ _____。

A. $\dfrac{Z_{11}}{\det Y}$ B. $\dfrac{Z_{11}}{\det Z}$ C. $\dfrac{Z_{22}}{\det Z}$

D. $\dfrac{Z_{22}}{\det Y}$ E. $\dfrac{1}{Z_{22}}$

（注：$\det Y$ 和 $\det Z$ 分别为 Y、Z 的行列式）

5. 对于对称二端口网络，下列关系中_____是错误的。

A. $Y_{11} = Y_{22}$ B. $Z_{11} = Z_{22}$ C. $A = D$ D. $H_{11} = H_{22}$

填一填

1. 如图 11-24 所示二端口网络的 Z 参数矩阵为_____。
2. 如图 11-25 所示二端口网络的 Y 参数矩阵为_____。

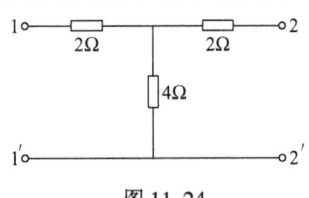
图 11-24

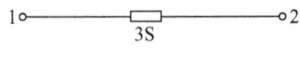
图 11-25

3. 如图 11-26 所示二端口网络的 T 参数矩阵为_____。
4. 如图 11-27 所示二端口网络的 Z 参数矩阵为_____。

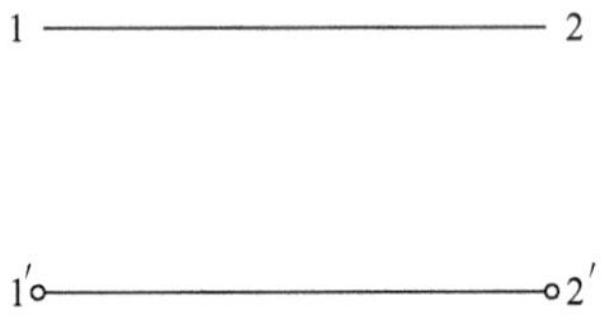

图 11-26

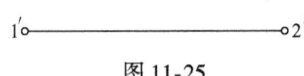
图 11-27

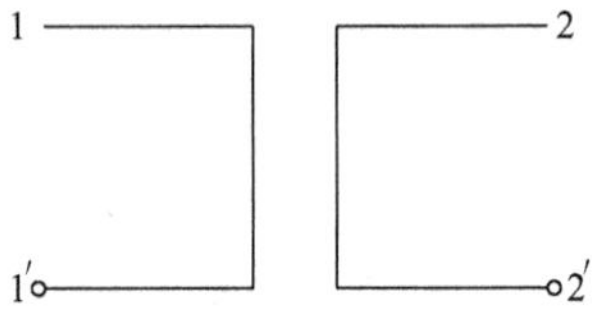

5. 如图 11-28 所示二端口网络的 H 参数矩阵为_____。

图 11-28

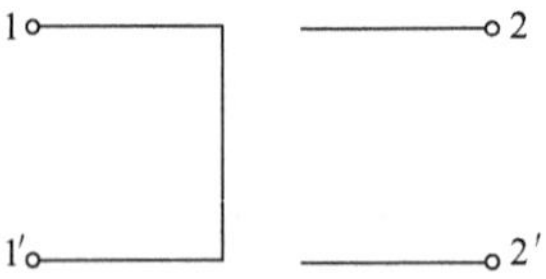

算一算

1. 如图 11-29 所示二端口网络的 Z 参数矩阵为_____ Ω。

A. $\begin{bmatrix} \frac{1}{3} & \frac{1}{3} \\ \frac{1}{3} & \frac{1}{3} \end{bmatrix}$ B. $\begin{bmatrix} \frac{1}{3} & -\frac{1}{3} \\ -\frac{1}{3} & \frac{1}{3} \end{bmatrix}$

C. $\begin{bmatrix} 3 & 3 \\ 3 & 3 \end{bmatrix}$ D. $\begin{bmatrix} 3 & -3 \\ -3 & 3 \end{bmatrix}$

图 11-29

2. CCVS 的 Z 参数矩阵为 $\begin{bmatrix} 0 & 0 \\ r & 0 \end{bmatrix}$，$Y$ 参数矩阵为_____，H 参数矩阵为_____，T 参数矩阵为_____。

A. $\begin{bmatrix} 0 & \frac{1}{r} \\ 0 & 0 \end{bmatrix}$ B. $\begin{bmatrix} 0 & 0 \\ \frac{1}{r} & 0 \end{bmatrix}$

C. $\begin{bmatrix} 0 & 0 \\ 0 & r \end{bmatrix}$ D. 不存在

3. VCCS 的 Y 参数矩阵为 $\begin{bmatrix} 0 & 0 \\ g & 0 \end{bmatrix}$，$H$ 参数矩阵为_____，T 参数矩阵为_____，Z 参数矩阵为_____。

A. $\begin{bmatrix} 0 & -\dfrac{1}{g} \\ 0 & 0 \end{bmatrix}$ B. $\begin{bmatrix} 0 & 0 \\ -\dfrac{1}{g} & 0 \end{bmatrix}$ C. $\begin{bmatrix} 0 & 0 \\ 0 & -g \end{bmatrix}$ D. 不存在

4. 下列二端口网络参数矩阵中，_____所对应的网络中含有受控源。

A. $Y = \begin{bmatrix} 3 & -1 \\ -10 & 6 \end{bmatrix}$ S B. $T = \begin{bmatrix} 1 & j\omega L \\ 0 & 1 \end{bmatrix}$

C. $Z = \begin{bmatrix} 5 & -4 \\ -4 & 5 \end{bmatrix}$ Ω D. $H = \begin{bmatrix} 2 & 5 \\ -5 & 4 \end{bmatrix}$

5. 如果两个二端口网络的 T 参数矩阵都为 $\begin{bmatrix} 2 & 1 \\ 3 & 2 \end{bmatrix}$，则级联后的 T 参数矩阵为_____。

A. $\begin{bmatrix} 4 & 2 \\ 6 & 4 \end{bmatrix}$ B. $\begin{bmatrix} 5 & 5 \\ 13 & 11 \end{bmatrix}$

C. $\begin{bmatrix} 7 & 4 \\ 12 & 7 \end{bmatrix}$ D. $\begin{bmatrix} 7 & 12 \\ 4 & 7 \end{bmatrix}$

练一练

1. 电路如图 11-30 所示，求二端口网络的 Z 参数矩阵。

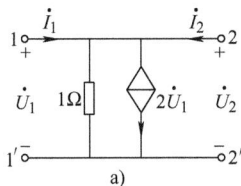
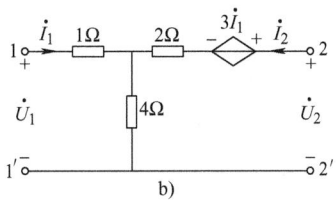

图 11-30

2. 电路如图 11-31 所示，求二端口网络的 Y 参数矩阵。

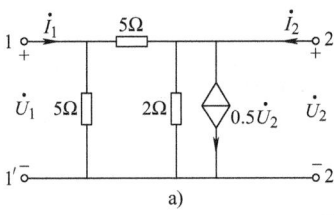
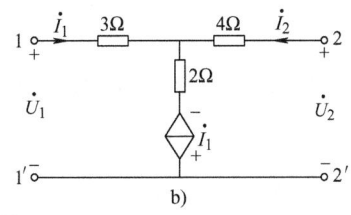

图 11-31

3. 电路如图 11-32 所示，求二端口网络的 Z 参数矩阵和 Y 参数矩阵。

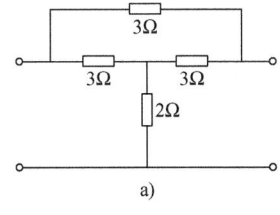
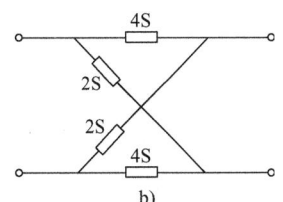

图 11-32

4. 电路如图 11-33 所示，求二端口网络的 T 参数矩阵和 H 参数矩阵。

5. 电路如图 11-34 所示，已知 Z 参数矩阵为 $\begin{bmatrix} 8 & 4 \\ 3 & 5 \end{bmatrix}$ Ω，求 R_1、R_2、R_3 和 r 的值。

6. 已知某二端口网络的 T 参数矩阵为 $\begin{bmatrix} 9 & 7 \\ 5 & 4 \end{bmatrix}$，求它的等效 T 形网络和 π 形网络。

7. 电路如图 11-35 所示，求二端口网络的 Y 参数矩阵。

8. 电路如图 11-36 所示，已知二端口网络 N_0 的 T 参数矩阵为 $\begin{bmatrix} A & B \\ C & D \end{bmatrix}$，分别求图11-36a、图 11-36b 所示两个二端口网络的 T 参数矩阵。

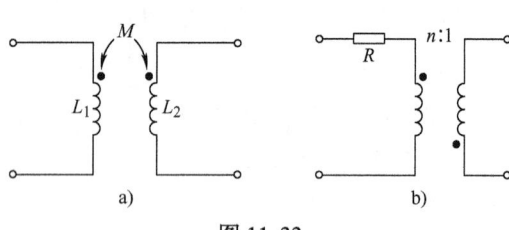

图 11-33

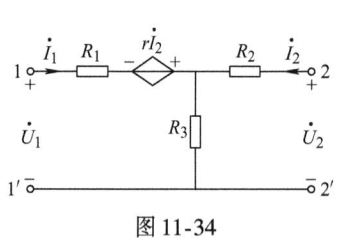

图 11-34

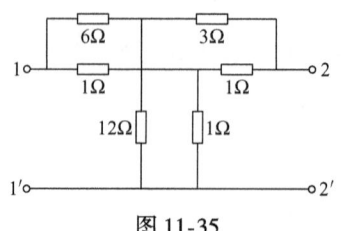

图 11-35

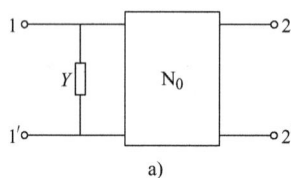
a)

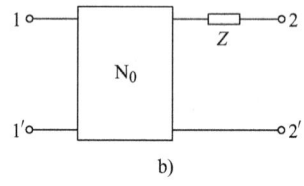
b)

图 11-36

9. 电路如图 11-37 所示，已知二端口网络 N_0 的 Z 参数矩阵为 $\begin{bmatrix} 4 & 2 \\ 2 & 2 \end{bmatrix} \Omega$，求 $\dfrac{\dot{U}_O}{\dot{U}_S}$。

10. 电路如图 11-38 所示，已知二端口网络 N_0 的 Y 参数矩阵为 $\begin{bmatrix} 3 & -1 \\ 20 & 2 \end{bmatrix} S$，求 $\dfrac{\dot{U}_O}{\dot{U}_S}$。

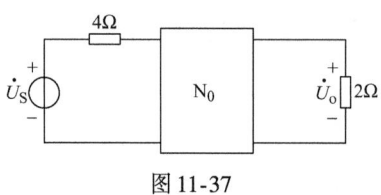

图 11-37

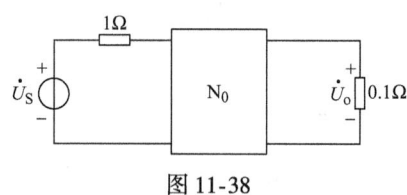

图 11-38

11. 电路如图 11-39 所示，已知二端口网络 N_0 的 T 参数矩阵为 $\begin{bmatrix} 0.5 & j25\Omega \\ j0.02S & 1 \end{bmatrix}$，正弦电流源 $\dot{I}_S = 1A$，当负载阻抗 Z_L 为何值时，它将获得最大功率？并求此最大功率。

12. 已知某二端口网络的 Z 参数矩阵为 $\begin{bmatrix} 3 & 4 \\ 6 & 10 \end{bmatrix} \Omega$，当端口 1-1′处连接电压为 5V 的直流电压源，端口 2-2′处连接负载电阻 R 时，调节 R 使其获得最大功率，求这一最大功率。

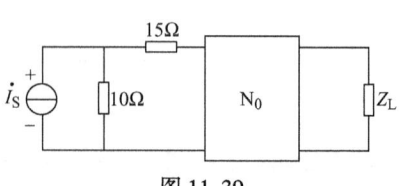

图 11-39

第12章 Multisim 仿真设计研究

导读

　　Multisim 是常用的电路仿真软件，本章分别以戴维南定理、一阶电路、谐振电路和三相电路的仿真设计研究为例，巩固和验证理论知识。

基本要求

- 掌握 Multisim 10 仿真软件的基本操作。
- 能够根据实验步骤完成对应的实验数据，并绘制相应的曲线图。
- 能够根据实验要求设计实验电路，并自拟表格完成实验数据的记录。

12.1 戴维南定理的仿真设计研究

1. 实验目的

1）进一步理解戴维南定理的正确性，验证戴维南定理和最大功率传输定理。
2）掌握线性有源一端口网络的戴维南等效电路的一般分析方法。
3）加深对等效变换的理解。

2. 实验原理与说明

实验原理参考 4.3 节的相关描述。

3. 实验内容和步骤

（1）测量有源线性一端口网络的外特性

1）在 Multisim 10 环境下创建如图 12-1 所示的仿真实验电路。

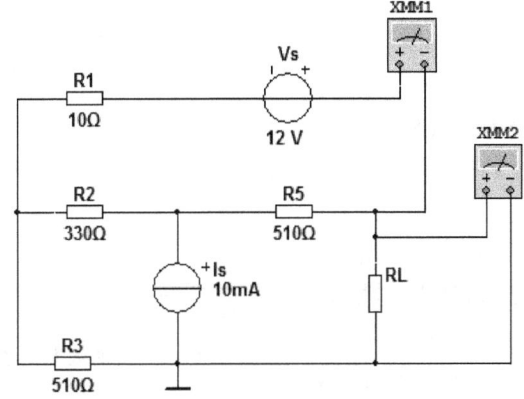

图 12-1　测量有源线性一端口网路伏安特性仿真电路

2）按下仿真软件"启动/停止"开关，启动电路，开始仿真分析。依次改变 R_L 的阻值，分别测量不同阻值时负载上的电压和电流，记入表12-1中。

表12-1　有源一端口网络的伏安特性测量数据

R_L/Ω	0	100	300	400	500	600	800	1k	1.5k	2k	5k	10k	90k
U/V													
I/mA													

（2）戴维南定理的验证

1）根据实验内容（1）的仿真测试数据，可求出该一端口网络的戴维南等效电路中的串联电阻 R_{eq}。由被测有源一端口网络的开路电压 U_{OC} 值及等效电阻 R_{eq} 值，在 Multisim 10 环境下创建如图12-2所示的戴维南等效电路。

2）按下仿真软件"启动/停止"开关，启动电路。依次改变 R_L 的阻值，分别测量不同阻值时负载上的电压和电流，将电压表和电流表的读数记入表12-2中。

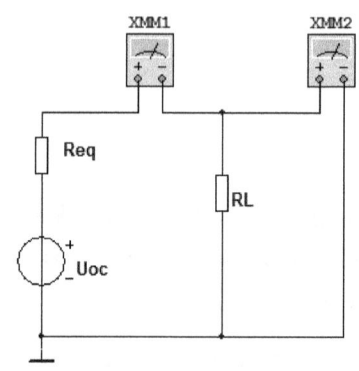

图12-2　戴维南等效电路

表12-2　等效电路的伏安特性测量数据

R_L/Ω	0	100	300	400	500	600	800	1k	1.5k	2k	5k	10k	90k
U/V													
I/mA													

（3）最大功率传输定理的研究

1）将仪表库里的功率表接入图12-1所示电路中，建立最大功率传输定理验证仿真电路，如图12-3所示。测试负载电阻 R_L 为何值时获得最大功率，验证最大功率传输条件是否正确。

2）选取若干测试点，改变电阻 R_L，测量负载 R_L 的功率，自拟数据记录表格，并绘制负载 R_L 的功率 P 随电阻 R_L 变化的曲线。

（4）含受控源的一端口等效参数测量实验设计

1）实验参数分别为：电阻元件 $R_1 = R_2 = 1\Omega$，$R_3 = R_4 = 2\Omega$，电压源 $V_1 = 10V$，电流源 $I_1 = 5A$，受控电流源 CCCS 的控制系数 $\beta = 2$，负载电阻 R_L 的阻值可改变，创建图12-4所示的仿真电路。

2）用仿真软件测出开路电压 U_{OC} 和短路电流 I_{SC}，用"开路短路法"测量等效电阻 R_{eq}，画出戴维南等效电路。

3）设计仿真方案，分别测量图12-4所示一端口网络及其戴维南等效电路的外特性，自拟表格，记录测量数据。验证戴维南

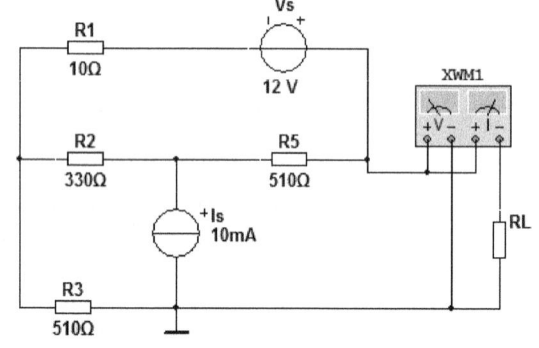

图12-3　验证最大功率传输定理仿真电路

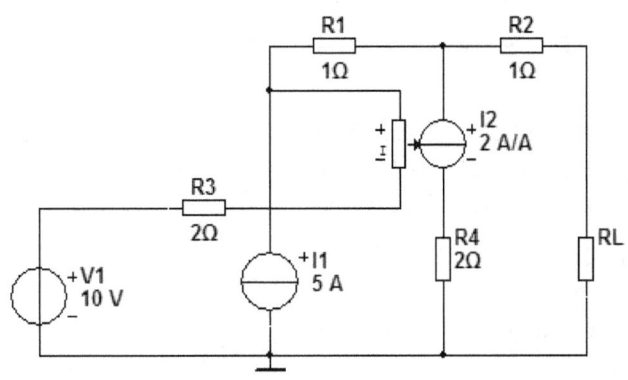

图 12-4 含受控源的一端口等效参数测量仿真电路

定理。

4) 根据等效电路,从理论上求负载取何值时得到最大功率。设计仿真方案,测试负载 R_L 为何值时获得最大功率,并测出负载功率 P 随 R_L 变化的曲线。验证最大功率传输定理。

4. 实验注意事项

1) 注意电压表、电流表的极性。

2) 测量时注意电流表量程的更换。

3) 注意受控源控制支路的连接。

4) 改接线路时,要先关掉电源。

5. 实验报告要求

1) 根据表 12-1 的测量数据,写出 U_{oc}、I_{sc}、R_{eq} 三个参数,并画出被测一端口网络的戴维南等效电路。

2) 根据表 12-1 和表 12-2 的测量数据,绘制被测一端口网络及其等效电路的外特性曲线,验证戴维南定理的正确性。

3) 根据实验内容(3)的测量数据,验证最大功率传输条件是否正确,即当 $R_L = R_{eq}$ 时,负载 R_L 获得的功率是否最大。绘制负载 R_L 的功率 P 随电阻 R_L 变化的曲线。

4) 详述实验内容(4)中的仿真设计方案,自拟表格,记录相关数据,绘制相关曲线。

5) 总结对含有受控源的电路求取戴维南等效电路的特点和注意事项。

12.2 一阶电路的仿真研究

1. 实验目的

1) 掌握一阶动态电路的三要素法及其测量方法。

2) 用示波器观察研究一阶动态电路的响应。

2. 实验原理与说明

实验原理参考 6.7 节相关描述。

3. 实验内容与步骤

(1) 一阶电路三要素的测量

实验参数分别为:$R_1 = R_2 = 4\Omega$,$R_3 = 2\Omega$,$L = 100\text{mH}$,电压源 $V_1 = 8\text{V}$,电流源 $I_1 = 2\text{A}$,CCVS 控制系数为 2Ω,按以上参数创建如图 12-5 所示的仿真实验电路,换路前,电路

处于稳定状态。

试按"Space"键,开关 S_1 由位置"2"接到位置"1",电路发生换路,求换路后的全响应电感电流。

1) 从仪表库中取出电流表,串联在电感元件所在支路上,按"Space"键,开关 S_1 由位置"1"接到位置"2",如图 12-6a 所示。按"启动/停止"开关,测电感电流初始值 $i_L(0+)$。数据记入表 12-3。

2) 按"Space"键,开关 S_1 由位置"2"合向位置"1",如图 12-6b 所示。当电路稳定后,电流表的读数就是电感电流的稳态值 $i_L(\infty)$,记入表 12-3 中。

3) 如图 12-7 所示电路,将电流源开路,断开电感元件,用"外加激励法"测等效电

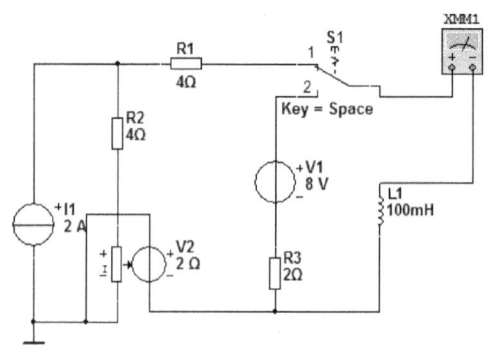

图 12-5 一阶电路全响应仿真实验电路

阻,等效电路如图 12-6c 所示,电路外加电压源 $V_3 = 12V$。按"启动/停止"开关,激活电路,开始仿真计算。当电路稳定后,记录电流表的读数,电压源 V_3 的电压除以该读数,即为电路的等效电阻 R_{eq},求出时间常数 τ,数据记入表 12-3 中。

4) 按三要素公式,写出电路电感电流的全响应表达式。

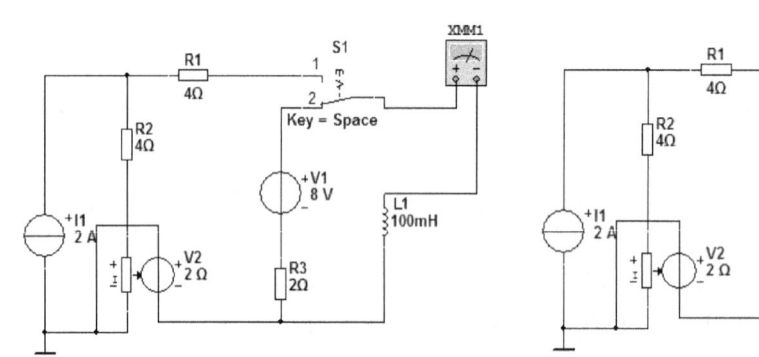

a) 测电感电流初始值 $i_L(0+)$

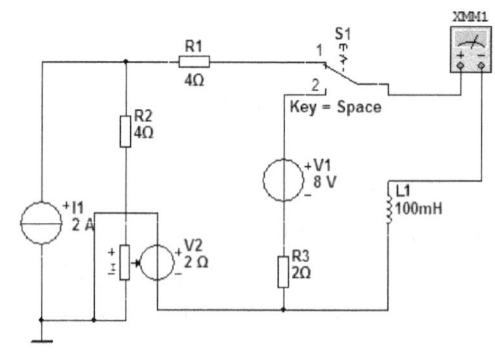

b) 测电感电流稳态值 $i_L(\infty)$

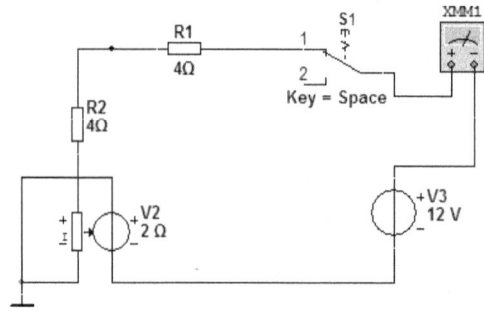

c) 外加激励法测等效电阻 R_{eq}

图 12-6 一阶电路三要素的测量

表 12-3　一阶电路全响应的三要素

	初始值 $i_L(0+)$	稳态值 $i_L(\infty)$	时间常数 $\tau = L/R_{eq}$		全响应 $i_L(t)$ 表达式
计算值			$R_{eq}=$	$\tau=$	
仿真值			$R_{eq}=$	$\tau=$	

（2）一阶电路的方波响应

1）一阶 RC 积分电路的响应。

① 实验参数分别为：$R=10\mathrm{k}\Omega$，$C=10\mathrm{nF}$，函数信号发生器输出幅值为 3V、频率为 1kHz 的方波，创建如图 12-7 所示一阶 RC 积分电路。

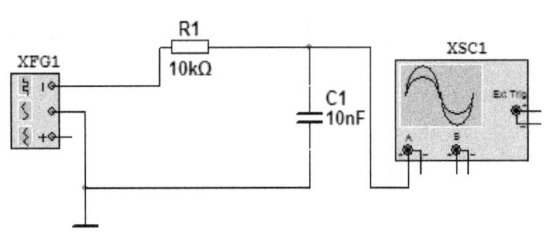

图 12-7　一阶 RC 积分电路

② 按下"启动/停止"开关，启动电路，双击示波器可观察到响应电压 u_C 的波形，如图 12-8 所示，测出时间常数。

③ 增减 C 的值，用示波器观察对响应波形的影响，写出相应结论。

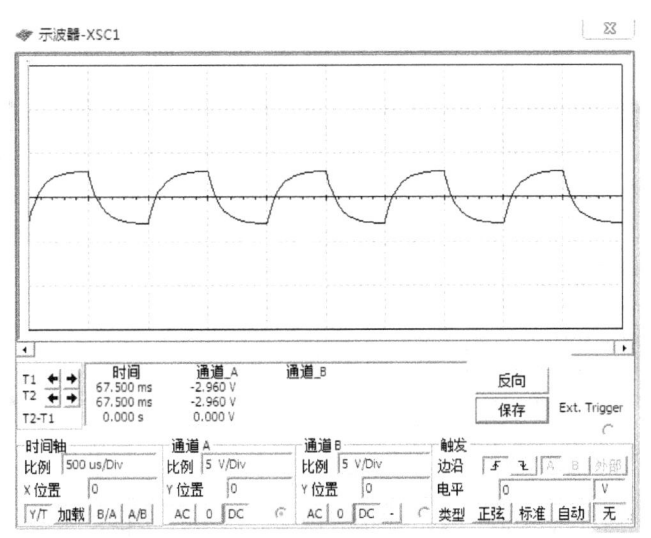

图 12-8　示波器观察的积分电路响应 u_C 的波形

2）一阶 RC 微分电路的响应。

① 将函数信号发生器设置改为：输出幅值为 3V、频率为 1kHz 的方波，创建如图 12-9 所示一阶 RC 微分电路。按下"启动/停止"开关，启动电路，双击示波器可观察到响应电压 u_R 的波形，如图 12-10 所示。

② 增减 R 的值，用示波器观察对响应波形的影响，写出相应结论。

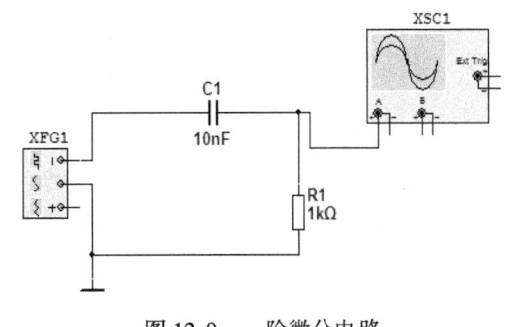

图 12-9　一阶微分电路

3）RL 电路的方波响应。

① 函数信号发生器仍然设置为：输出幅

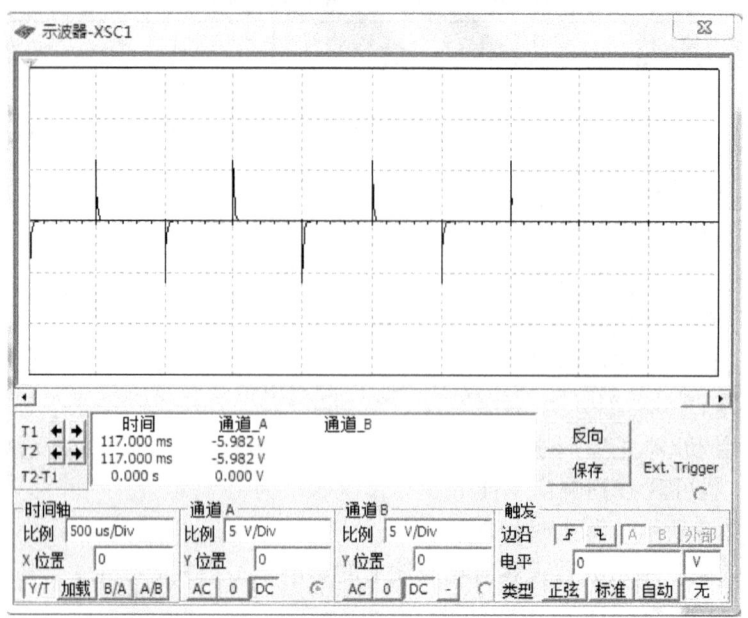

图 12-10 示波器观察的微分电路响应 u_C 的波形

值为 3V。频率为 1kHz 的方波。创建如图 12-11 所示的一阶 RL 电路。

② 按下 "启动/停止" 开关，启动电路进行动态分析，双击示波器，可在示波器上观察到完整的方波响应 i_L 的波形。

③ 增减 R 的值，用示波器观察对 RL 电路的响应波形的影响，写出相应结论。

4. 实验注意事项

1）电路要有接地。

2）为了观察电感电流 i_L，可利用示波器观察采样电阻 R_0 上的电压波形，同时要注意它们之间的参考关系和参考方向。

3）注意各采样量之间的公共端问题。

5. 报告要求

1）完成表 12-3 的计算任务，并将实验值与计算值进行比较。

2）绘出一阶 RC 电路方波响应 u_C，u_R 波形，记录一阶 RL 电路方波响应 i_L 的波形。由曲线测得时间常数 τ 值，并与理论计算结果相比较。绘出一阶 RL 电路方波响应 i_L 的波形。

12.3 谐振电路的仿真研究

1. 实验目的

1）利用计算机仿真分析谐振电路的特性。

2）了解谐振现象，加深对谐振电路特性的认识，掌握电路品质因数的物理意义和测定方法。

3）学习掌握用仿真软件的波特图仪测试谐振电路的幅频特性曲线。

2. 实验原理与说明

实验原理可参考 8.6 节的相关描述。

3. 实验内容与步骤

(1) 观察 RLC 串联电路的谐振现象,确定谐振点

函数信号发生器设置为:输出幅值为1V正弦波,创建如图 12-11 所示电路。数字万用表设置为交流电压表。

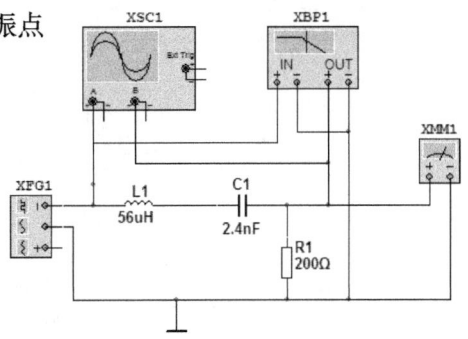

1) 按下"启动/停止"开关,启动电路仿真分析。改变信号源,用示波器或电压表观察电路的谐振现象(示波器观察输入和输出波形如图 12-12 所示)寻找谐振点,确定电路的谐振频率。在谐振点 f_0,用电压表测量电阻 R 上的电压 U_R、电感电压 U_L 和电容电压 U_C 的值,记入表 12-4 中。

图 12-11 *RLC* 串联谐振电路仿真实验图

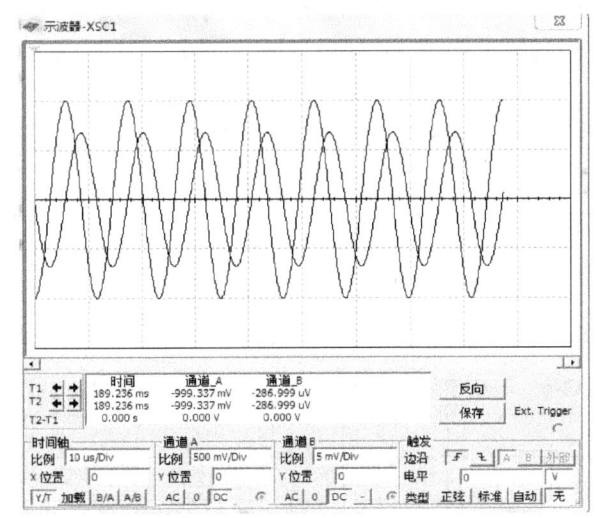

图 12-12 示波器显示的 *RLC* 串联电路的输入和输出波形(信号源频率为 $f=13\text{kHz}$)

2) 改变 R 阻值,取 $R=1\text{k}\Omega$,按下"启动/停止"开关,启动电路。用示波器或电压表观察电路的谐振现象,寻找谐振点,确定电路的谐振频率。在谐振点 f_0,用电压表测量电阻 R 上的电压 U_R、电感电压 U_L 和电容电压 U_C 的值,记入表 12-4 中。

表 12-4 *RLC* 串联谐振时的各参数测量数据表

$R/\text{k}\Omega$	f_0/kHz	U_{R0}/V	U_{L0}/V	U_{C0}/V	I_0/A
0.2					
1					

3) 调节函数信号发生器的输出幅值为 25V,频率 $f_0=540\text{kHz}$。调整电路参数,取 $R=50\Omega$,$L=0.238\text{mH}$。调节电容 C 的数值,通过示波器或电压表监测电路,定性观察电路的谐振现象,寻找谐振点,记录此时的谐振电容值,并用波特图仪观察幅频特性曲线,波特图仪显示的幅频特性曲线如图 12-13 所示。

(2) 测定 RLC 串联电路的通用谐振曲线

1) 实验电路仍如图 12-11 所示,实验参数不变。函数信号发生器输出幅值为1V 的正弦

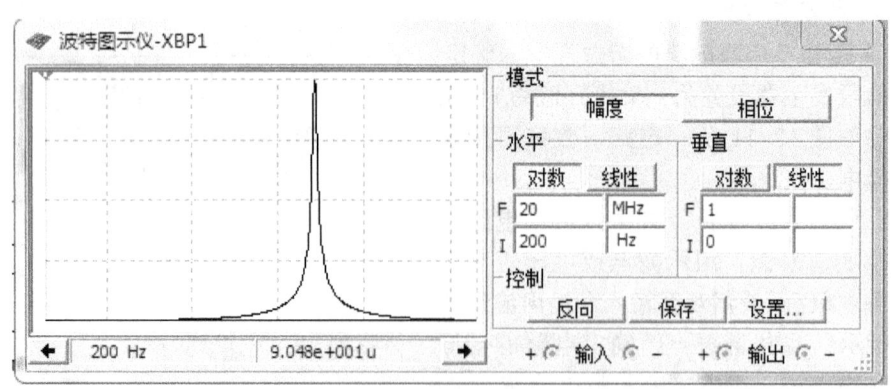

图 12-13　波特图仪显示的调谐电路的幅频特性曲线

信号。调节函数信号发生器的频率，测量电阻电压 U_R。测量点以谐振频率 f_0 为中心，左右各扩展 9 个测试点。用数字万用表分别测量对应不同频率的电阻电压 U_R，将数据记录在表 12-5 中。测量谐振电路的上限频率 f_H 和下限频率 f_L，计算品质因数 Q。将数据记录在表 12-5 中。

2) 改变电阻 R 的值，取 $R=1\text{k}\Omega$，重复上述步骤的测量过程，将数据记入表 12-6 中。

表 12-5　RLC 串联电路通用幅频特性曲线数据表（$R=0.2\text{k}\Omega$）

f/f_0	0.1																		10
f/kHz																			
U_R/V																			

表 12-6　RLC 串联电路通用幅频特性曲线数据表（$R=1\text{k}\Omega$）

f/f_0	0.1																		10
f/kHz																			
U_R/V																			

3) 实验电路仍如图 12-11 所示，分别取电阻为：$R=200\Omega$，$R=1\text{k}\Omega$，$R=2\text{k}\Omega$，用波特仪观察不同 R 值时 RLC 串联谐振电路的幅频特性曲线。如图 12-14 所示，记录幅频特性曲线，并写出改变串联电阻 R 之值对响应幅频特性的影响。

(3) 观察 LC 并联电路的谐振现象的仿真设计

1) 在 Multisim 10 环境中创建仿真实验电路 LC 并联谐振电路，设计仿真方案，利用仿真软件，观察电路的谐振现象，寻找谐振点，确定电路的谐振频率。

2) 在谐振点 f_0，测量各支路电流的大小及相位，设计仿真方案，自拟表格，记录实验数据，并画出相量图。

4. 实验注意事项

1) 选用虚拟型（Virtual）的电阻、电感和电容，双击元件图标，便可在弹出的参数设置对话框中设置所需的元件参数值。

2) 在测谐振频率的时候，可以先根据电路参数计算谐振频率，根据计算结果，调节信号频率。

3) 信号源选择函数信号发生器（Function Generator），设定为输出正弦信号。

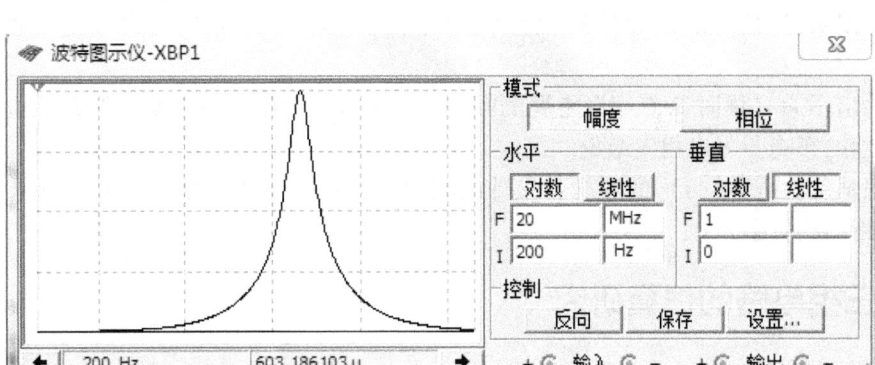

a) $R=200\Omega$

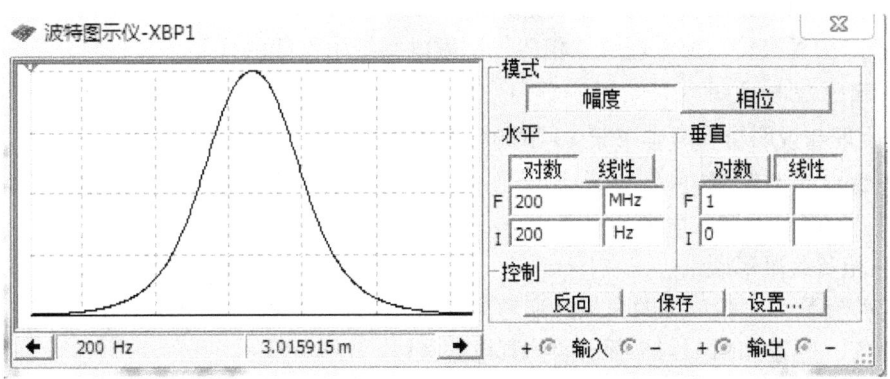

b) $R=1\text{k}\Omega$

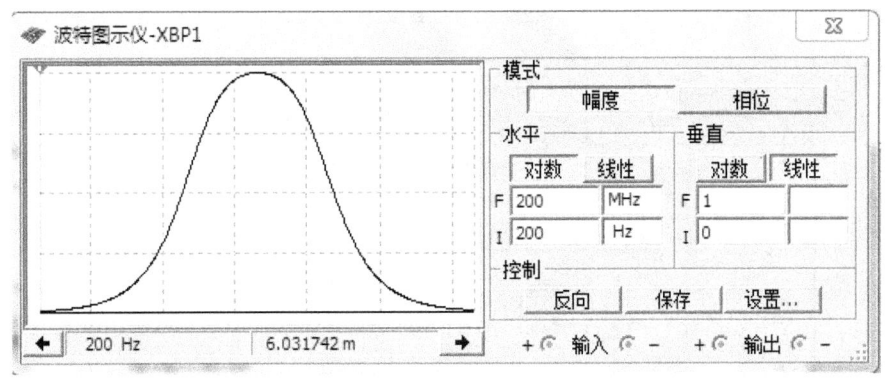

c) $R=2\text{k}\Omega$

图 12-14 用波特图仪观察不同 R 值时的 RLC 串联谐振电路幅频特性曲线

4）电路一定要有接地线，否则电路无法工作。

5）串联电路中的电流可通过模拟示波器观察采样电阻 R_0 上的电压得到，注意电压与电流之间参数关系及参考方向关系。

5. 实验报告要求

1）根据实验内容（1）的测量数据，计算调节信号源频率和调节电容两种情况下电路的品质因数和通频带。

2）绘出实验内容（1）中谐振电路的幅频特性曲线，写出相应的电容参数值。

3）根据实验内容（2）的要求，分别绘出：$R=200\Omega$，$R=1\mathrm{k}\Omega$ 时 RLC 电路通用幅频特性曲线。

4）绘出不同 R 值时 RLC 串联电路的幅频特性曲线，总结归纳改变电阻 R 的值对谐振电路幅频特性的影响，写出相应结论。

5）根据实验内容（3）的要求，设计电路参数，找出谐振频率，并根据测量数据画出谐振时电路的相量图。

12.4 三相电路的仿真研究

1. 实验目的

1）利用仿真软件测量三相电路中的相电压、线电压、相电流和线电流的关系。

2）掌握三相电路的功率的测量方法。

3）通过仿真实验，加深理解三相四线制供电系统中性线的作用。

2. 实验原理与说明

实验原理与说明可参考本书第 10 章的相关描述。

3. 实验内容与步骤

（1）三相电路电压、电流的测量

1）三相负载星形联结。

① 实验参数：三相负载的白炽灯泡均为 25W/220V；三相对称电压源 V1、V2、V3 的相电压为 127V，创建如图 12-15 所示的仿真电路图。

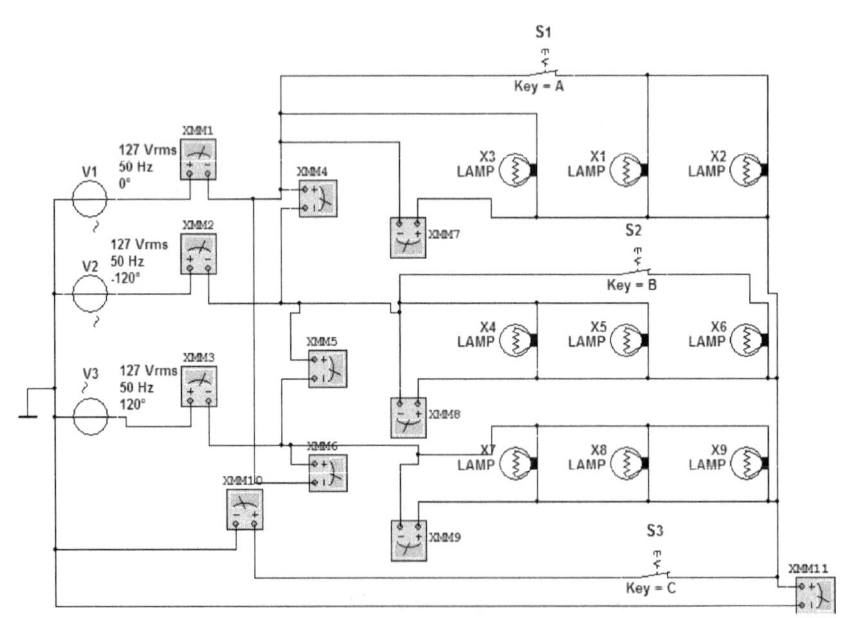

图 12-15　三相负载星形联结的电压、电流测量电路图

② 闭合开关 S1、S2、S3，形成三相对称 Y 形有中性线连接。分别测量三相负载的线电压、相电压、线电流、中性线电流、电源与负载中点的电压，数据记入表 12-7 中。启动仿真分析，激活电路。

表12-7 三相负载星形联结的电压电流测量数据

负载情况	开灯盏数			线电流/A			线电压/V			相电压/V			中性线电流I_0/A	中性点电压$U_{NN'}$/V
	A	B	C	I_A	I_B	I_C	U_{AB}	U_{BC}	U_{CA}	U_A	U_B	U_C		
对称Y有中性线	3	3	3											
对称Y无中性线	3	3	3											
不对称Y有中性线	1	2	3											
不对称Y无中性线	1	2	3											

③ 断开开关S3，其余开关闭合，形成对称三相负载Y无中性线连接。分别测量三相负载的线电压、相电压、线电流、电源与负载中性点的电压，数据记入表12-7中。

④ 断开开关S1、S2，闭合开关S3，形成不对称三相负载Y有中性线连接。分别测量三相负载的线电压、相电压、线电流、中线电流、电源与负载中性点的电压，数据记入表12-7中。

⑤ 闭合开关S1、S2、S3，形成不对称三相负载Y无中性线连接。分别测量三相负载的线电压、相电压、线电流、电源与负载中性点的电压，数据记入表12-7中。

2) 三相负载△角形联结。

① 创建如图12-16所示Multisim 10仿真电路图。实验参数为：三相负载灯泡25W/220V，V1、V2、V3为三相对称电源，线电压为220V/50Hz，正相序。

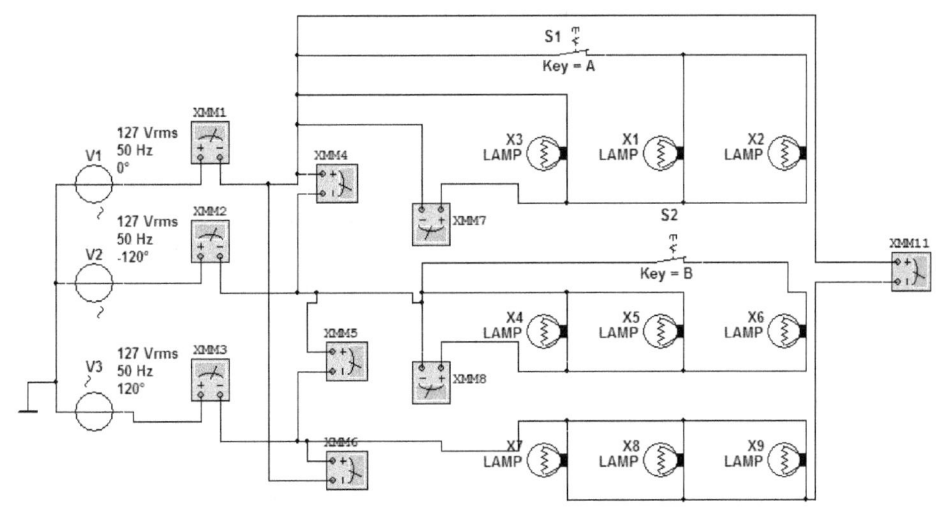

图12-16 负载三角形联结仿真实验图

② 按下仿真软件的"启动/停止"开关，启动电路，闭合开关S1、S2，负载为对称三相三角形联结，分别测量三相负载的线电压、相电流、线电流，仿真数据记入表12-8中。

③ 断开开关S1、S2，负载为不对称三相三角形联结。分别测量三相负载的线电流、相电流和相电压，仿真数据记入表12-8中。

表12-8 三相负载三角形联结的电压电流测量仿真数据

负载情况	开灯盏数			线电流/A			相电流/A			相电压/V		
	A-B	B-C	C-A	I_A	I_B	I_C	I_{AB}	I_{BC}	I_{CA}	U_{AB}	U_{BC}	U_{CA}
对称△	3	3	3									
不对称△	1	2	3									

(2) 三相电路有功功率的测量

1) 三相负载 Y 形联结。

① 用三表法测量三相电路功率。实验参数为：三相负载的自炽灯泡均为 25W/220V，三相对称电压源 V1、V2 和 V3 的相电压为 127V，创建如图 12-17a 所示的仿真电路。

闭合开关 S1、S2、S3，形成三相对称 Y 形有中性线连接。启动仿真分析，激活电路。测量三相负载的功率，仿真数据记入表 12-9 中。

断开开关 S3(S1、S2 仍闭合)，形成对称三相负载 Y 形无中性线连接。启动仿真分析，激活电路，读取各功率表的读数。数据记入表 12-9 中。

② 用二表法测量三相电路功率。实验参数为：三相负载的白炽灯泡均为 25W/220V，三相对称电压源 V1、V2 和 V3 的相电压为 127V，创建如图 12-17b 所示的仿真电路。

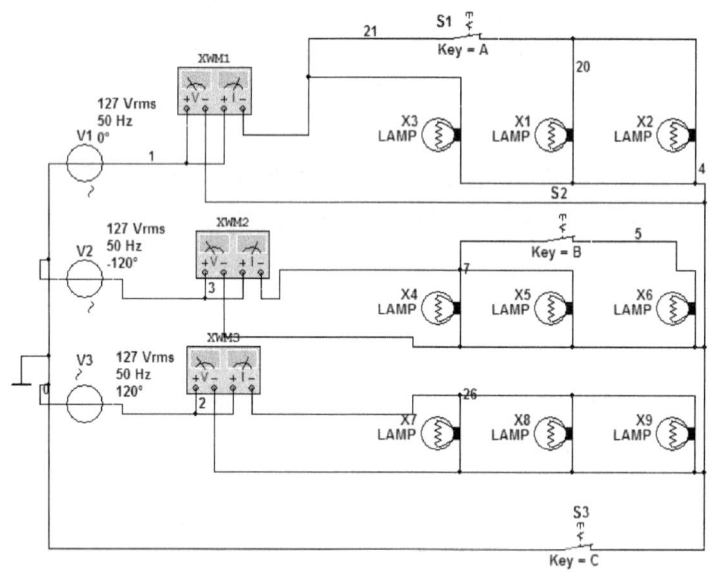

a) 三表法测功率接线图

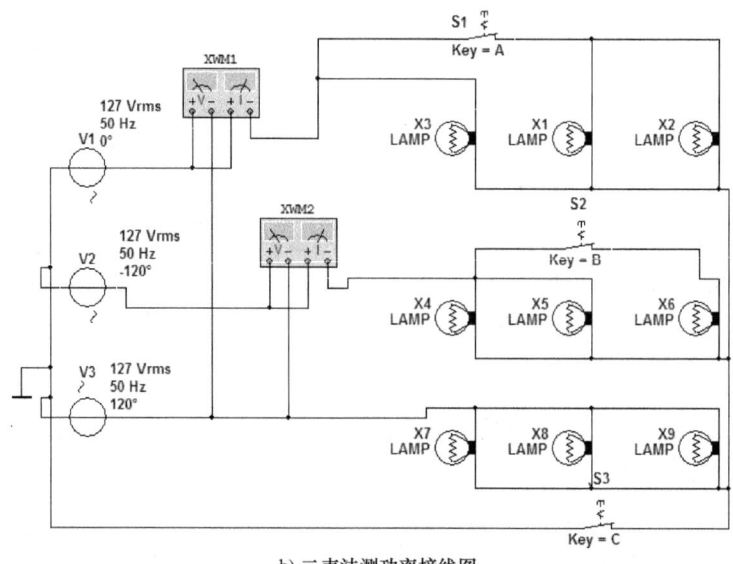

b) 二表法测功率接线图

图 12-17　三相星组形负载的有功功率测量

闭合开关 S1、S2、S3，形成三相对称 Y 形有中性线连接。启动仿真分析，激活电路。测量三相负载的功率，仿真数据记入表 12-9 中。

断开开关 S3（S1、S2 仍闭合），形成对称三相负载 Y 形无中性线连接。启动仿真分析，激活电路，读取各功率表的读数。数据记入表 12-9 中。

表 12-9 三相负载星形联结的功率

负载情况	开灯盏数			三表法/W				二表法/W		
	A	B	C	P_A	P_B	P_C	P	P_1	P_2	P_1+P_2
对称 Y 有中性线	3	3	3							
对称 Y 无中性线	3	3	3							
不对称 Y 有中性线	1	2	3							
不对称 Y 无中性线	1	2	3							

2）三相负载三角形联结。

用二表法测量三相负载有功功率。实验参数：三相负载的白炽灯泡均为 25W \ 220V，V1、V2、V3 为三相对称电源，线电压为 220V/50Hz，正相序，创建如图 12-18 所示的仿真电路图。

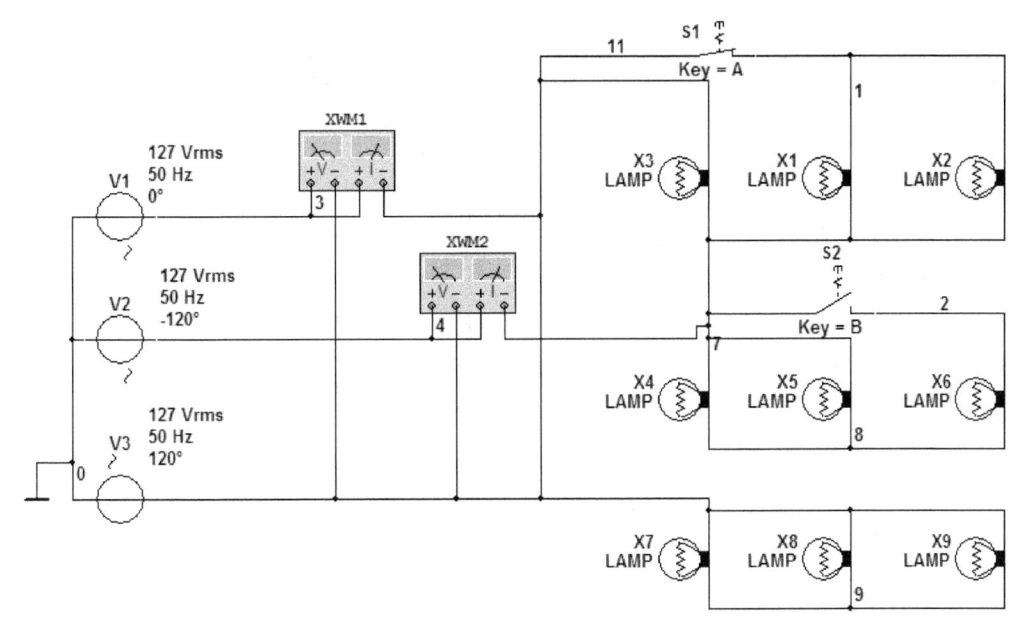

图 12-18 二表法测功率实验图

闭合开关 S1、S2，负载为对称三相三角形联结，断开开关 S1、S2，负载为不对称三相三角形联结。

按下仿真软件的"启动/停止"开关，启动电路。待电路稳定后，读取各功率表的读数并记入表 12-10 中。

表 12-10　负载三角形联结时功率测量数据表

负载情况	开灯盏数			二表法/W		
	A-B	B-C	C-A	P_1	P_2	P_1+P_2
对称△	3	3	3			
不对称△	1	2	3			

（3）三相对称负载的无功功率的测量

实验参数为：$C_1 = C_2 = C_3 = 4.7\mu F/220V$，V1、V2、V3 为三相对称电源，线电压为 220V，创建如图 12-19 所示的仿真电路图。

按下仿真软件的"启动/停止"开关，启动电路。待电路稳定后，读取各电压表、电流表和功率表的读数并记入表 12-11 中。

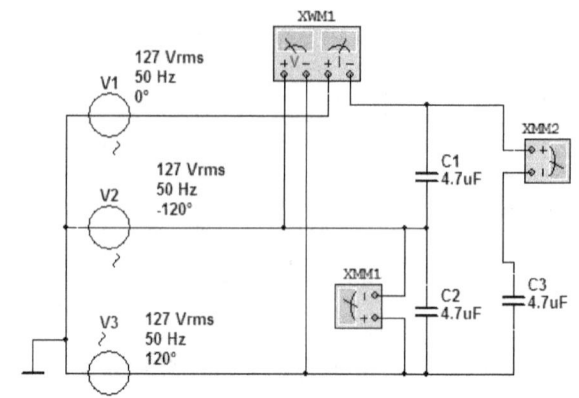

图 12-19　一表法测无功功率

表 12-11　对称三相负载的无功功率测量数据

负载情况	$U_相$	$I_相$	功率表读数 Q/Var	$\sum Q = \sqrt{3} Q$/Var
对称△（每相 $C = 4.7\mu F$）				

4. 实验注意事项

1）电阻、电容元件参数设置时，注意其额定电压值不能太低。
2）灯泡在仪表库中，注意其额定电压值。
3）三相电源的相位每个电源相位相差 120°，用参数设置对话框中的 phase 进行设置。
4）三相电源的时延应设置为 0s，否则电路延时就不能正常工作了。
5）电路一定要有接地线，否则电路无法工作。

5. 实验报告要求

1）由实验内容（1）的测量数据，验证星形联结负载，线电压和相电压的关系。
2）由实验内容（1）的测量数据，验证三角形联结负载线电流和相电流的关系。
3）根据实验内容（2）、（3）中的功率测量数据，分析和总结测量三相电路功率的方法和结果。

第 13 章 电路应用实例

导读

通过电路应用实例，巩固所学的理论知识，本章分别介绍直流电表、电位器式数字位移传感器、热电阻传感器测量电路和数模转换器的电路设计。

基本要求

- 掌握常用电路的设计过程。

13.1 直流电表的设计

13.1.1 电位计设计

电位计是一个三端元件，其工作原理是串联电阻的分压原理，作为电压调节器，被用作收音机、电视机和其他装置的音量控制。如图 13-1 所示电路中，输出电压 U_2 为

$$U_2 = \frac{R_{cb}}{R_{ab}}U_1 = \frac{R_{cb}}{R_{ac}+R_{cb}}U_1$$

输出电压随触点移向 a 点或 b 点而增加或减小，从而控制音量的相应增加或减小。

13.1.2 模拟式直流电压表量程设计

电压表在测量时与被测元件并联，其内电阻 R_V 非常大（理论上为无穷大），从而减小电压表对被测元件的分流作用。如图 13-2 所示电路中，扩程电阻均与电压表串联，当开关分别合向 R_1、R_2 和 R_3 时，可分别选择测量电压范围 0～1V、0～10V 和 0～100V。现设计扩程电阻阻值 $R_n = R_1$、R_2 或 R_3。任何设计中要考虑最坏情况，该设计中的最坏情况即出现满偏电压 U_{fs}，此时流过电压表的电流最大，即为满偏电流 I_{fs}，因此与电压表串联的扩程电阻 R_n 与电压表内阻 R_V 满足

$$U_{fs} = I_{fs}(R_n + R_V)$$

即

$$R_n = \frac{U_{fs}}{I_{fs}} - R_V$$

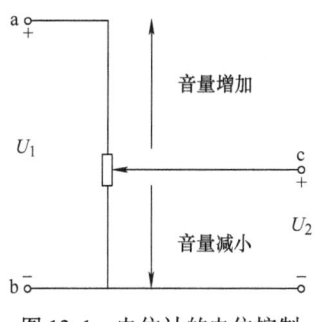

图 13-1 电位计的电位控制

13.1.3 模拟式直流电流表量程设计

电流表在测量时与被测元件串联，其内电阻 R_I 非常小（理论上为零），从而减小电流表对被测元件的分压作用。如图 13-3 所示电路中，旁路电阻与电流表并联，当开关分别合向 R_1、R_2 和 R_3 时，可分别选择测量电流

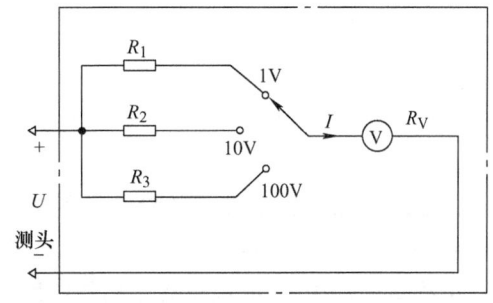

图 13-2 多量程模拟式电流电压表

范围 0～10mA、0～100mA 和 0～1A。现设计旁路电阻阻值 $R_n = R_1$、R_2 或 R_3。电流表满偏时的读数 $I = I_{fs} = I_A + I_n$，其中 I_n 是流向旁路电阻 R_n 的电流，由分流公式得

$$I_A = \frac{R_n}{R_n + R_A} I_{fs}$$

即

$$R_n = \frac{I_A}{I_{fs} - I_A} R_A$$

13.2 电位器式数字位移传感器的设计

电位器式传感器测量的基本参数是直线位移或转角位移，因此，凡能转变成位移的参数均可用电位器作为检测元件，例如，温度、物位、振动、位移、速度和线膨胀等。图 13-4 为电位器式数字位移测量仪，其量程达到 40.00mm，精度达 ±0.01mm，用位数字显示。

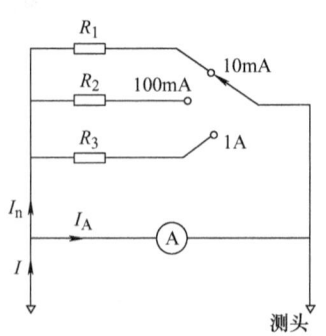

图 13-3 多量程模拟式直流电流表

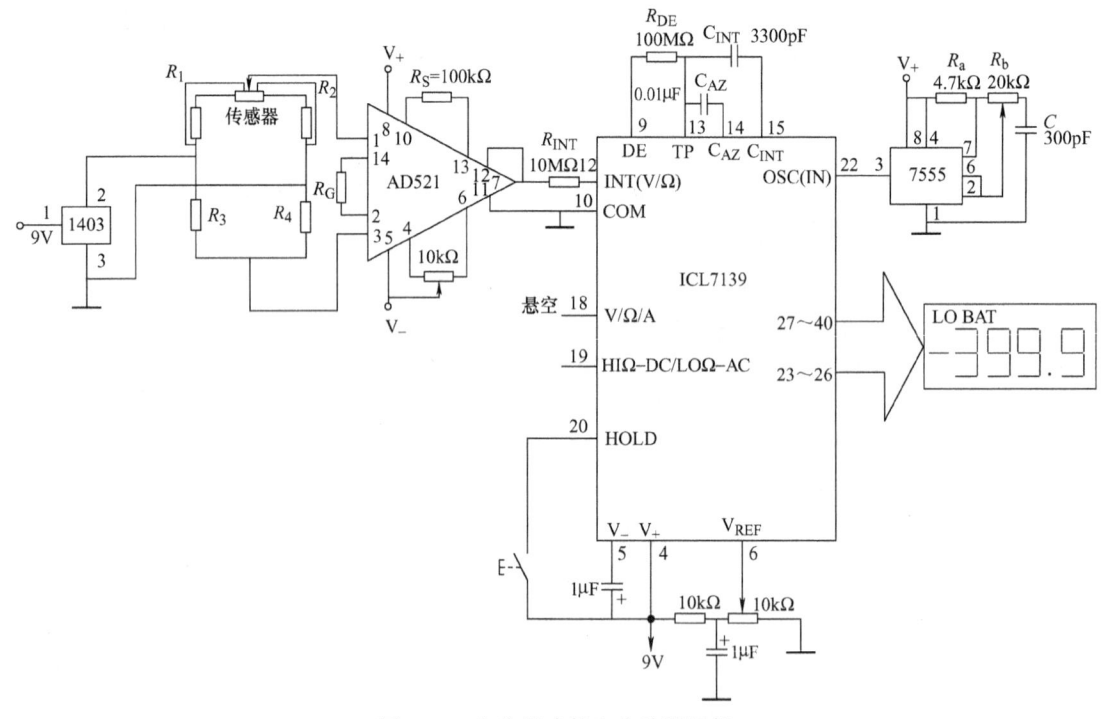

图 13-4 电位器式数字位移测量仪

图中，1403 为集成稳压块，输出电压 2.5V，稳定度达 ±0.088%。因此供桥电压相当稳定。

AD521 是测量放大器（也称为电桥放大器或仪表放大器），其对称性强，受温度的影响可以互相补偿，具有高输入阻抗和高共模抑制比、低失调电压、低失调电流和低噪声等特点。AD521 中，10kΩ 电位器的作用是调整仪表的零点，放大倍数 $K = R_s/R_G$，当 R_G 取值为 1MΩ～100MΩ 时，K 在 0.1～1000 之间变化。

ILC7139 为 $3\frac{3}{4}$ 位 A/D 转换器，其输入电压量程为 400MV、4V、40V 和 400V。7555 和阻容组成外时钟振荡器，其振荡频率为

$$f_0 = \frac{1}{T_0} = \frac{1.433}{(R_a + 2R_b)C} \approx 100\text{kHz}$$

作为 ILC7139 外时钟。积分电阻 R_{INT} 和反向积分电阻 R_{DE} 应相等，均为 10MΩ，积分电容 C_{INT} 可选择 3000pF 或 4000pF，应选择介质吸收系数很小的聚丙烯电容器。参考电压 V_{REF} 由 10kΩ 多圈精密电位器调整。

ILC7139 为双积分式 A/D 转换器，速度较慢，但有很强的抗干扰能力。

13.3 热电阻传感器测量电路设计

热电阻传感器主要用于测量温度以及与温度有关的物理量，例如压力（真空度）、流量、气体和液体的成分分析等。此外，可作温度补偿、过负荷保护、火灾报警以及温度控制等。应用是十分广泛的。但热电阻的特性是非线性的，利用热电阻测温时，必须进行线性化，线性化方法很多。这里介绍一种简易的线性化方法，如图 13-5 为线性桥路。

A/D 转换器的参考电压 V_{REF}，取自电阻 R_3 与 R_1 的电位差，即

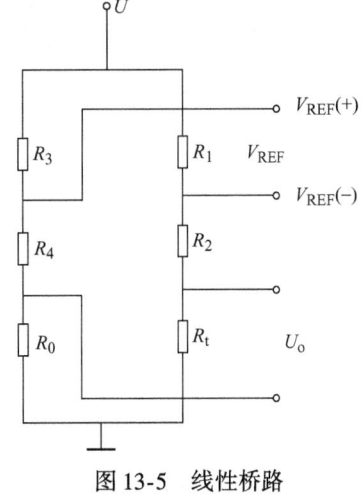

图 13-5 线性桥路

$$V_{REF} = \left(\frac{R_3}{R_3 + R_4 + R_0} - \frac{R_1}{R_1 + R_2 + R_t}\right)U$$

式中，R_t 为热电阻。

桥路的输出电压 U_o 取自 R_t 与 R_0 的电位差，即

$$U_o = \left(\frac{R_t}{R_1 + R_2 + R_t} - \frac{R_0}{R_3 + R_4 + R_0}\right)U$$

令 $R_1 + R_2 = R_3 + R_4 = R$，则

$$V_{REF} = \frac{R_3(R + R_t) - R_1(R + R_0)}{(R + R_t)(R + R_0)}U$$

$$U_o = \frac{R(R_t - R_0)}{(R + R_t)(R + R_0)}U$$

$3\frac{1}{2}$ 位 A/D 转换器 ICL7106 的参考电压 V_{REF} 为 200mV 或 2.000V 时，若输入满度电压 U_{om} 为 200mV 或 2.000V，则计数值 $N_m = 1999 \approx 2000$，则

$$N = \frac{U_o}{V_{REF}} \times 2000 = \frac{R(R_t - R_0)}{R_3(R + R_t) - R_1(R + R_0)} \times 2000$$

上式中分母的第一项是非线性校正项，可大大减小非线性误差。

由上式可见，仪表的显示精度与供桥电压和电源电压无关，电压的波动不会影响测量精度，仅取决于电阻 R_0、R_1、R_2、R_3 和 R_4 的精度，因此这几个电阻应使用锰铜导线绕制的精密电阻。

设 R_1 为 P_{t100}，若不经线性化处理，在 0~200℃范围内，非线性误差可达 ±2℃；经上述线性化处理后，其精度可达 ±0.1℃。

电路分析

具有线性化桥路的数字测温仪如图 13-6 所示。测量范围为 0～20℃，ICL7106 是具有 A/D 转换和 BCD 七段译码、驱动 LCD 显示的 $3\frac{1}{2}$ 位多功能转换器，满度显示为 1999，所以取一位小数点。图中，RP_1 的作用是调满度值；RP_2 的作用是调零；RP_1 和 RP_2 应选择精密多圈电位器。

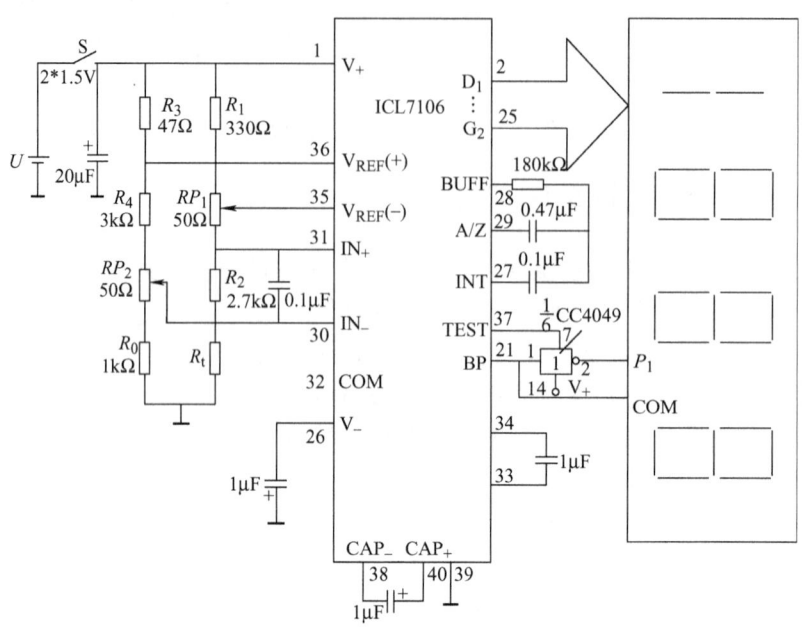

图 13-6 具有线性化桥路的数字测温仪

13.4 数/模转换器的电路设计

使用电子计算机对生产过程进行控制时，首先要将被控制的模拟量转为数字量，才能送到计算机中进行运算和处理；然后将处理得出的数字量转换为模拟量，才能实现对被控制的模拟量进行控制。能将数字量转换为模拟量的装置称为数模转换器（D/A 转换器），基本电路如图 13-7 所示。

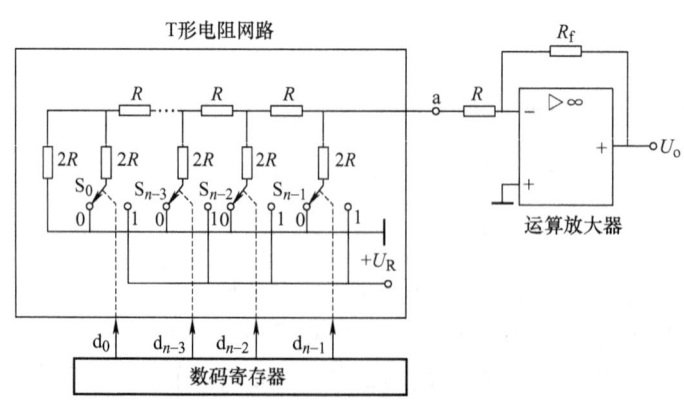

图 13-7 T 形电阻网络数/模转换器

该电路由 T 形电阻网络、模拟电子开关和运算放大器组成。U_R 是基准电压，S_0、S_1、…、

S_{n-1} 是各位的模拟电子开关,受数码寄存器的输出数字代码控制,代码为 0 时开关接地,代码为 1 时开关接基准电压 U_R。T 形电阻网络把每位代码转换成相应的模拟量。应用叠加原理可得出图 13-7 所示电路 n 点的开路电压,即等效电压源的电压为

$$U_o = \frac{U_R}{2}d_{n-1} + \frac{U_R}{2^2}d_{n-2} + \cdots + \frac{U_R}{2^{n-1}}d_1 + \frac{U_R}{2^n}d_0$$

$$= \frac{U_R}{2^n}(d_{n-1}2^{n-1} + d_{n-2}2^{n-2} + \cdots + d_1 2^1 + d_0 2^0)$$

不难求得 T 形电阻网络的等效电阻为 R,因此其戴维南等效电路如图 13-8 所示,T 形电阻网络与运算放大器连接的等效电路如图 13-9 所示。运算放大器输出的模拟电压为

$$U_o = -\frac{R_f}{R+R}U_o$$

当取 $R_f = 2R$ 时,有

$$U_o = \frac{U_R}{2^n}(d_{n-1}2^{n-1} + d_{n-2}2^{n-2} + \cdots + d_1 2^1 + d_0 2^0)$$

可见,输出模拟量均与输入的数字量成正比,从而实现了数模转换。

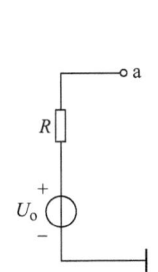
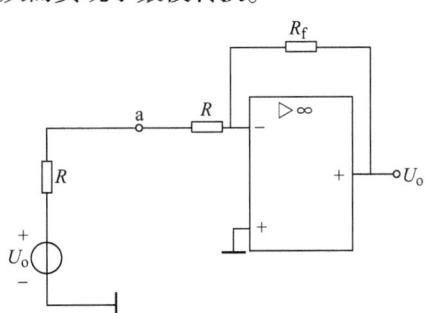

图 13-8 T 形电阻网络的等效电路　　图 13-9 T 形电阻网络与运算放大器连接的等效电路

参 考 文 献

[1] 邱关源. 电路 [M]. 5版. 北京：高等教育出版社，2006.
[2] 黄锦安. 电路 [M]. 2版. 北京：机械工业出版社，2007.
[3] 钱建平. 电路学习指导与与习题详解 [M]. 2版. 北京：机械工业出版社，2008.
[4] 刘健. 电路分析 [M]. 2版. 北京：电子工业出版社，2011.
[5] NILSSON J W，等. 电路（第十版）[M]. 周玉坤，等译. 北京：电子工业出版社，2015.